Heidelberger Taschenbücher Band 132

Donald F. Hoelzl Wallach
Hubertus G. Knüfermann

Plasmamembranen
Chemie, Biologie und Pathologie

Mit 31 Abbildungen

Springer-Verlag
Berlin · Heidelberg · New York 1973

Donald F. Hoelzl Wallach, M.D., Director
Radiobiology Division, Professor of Therapeutic Radiology, Tufts University, School of Medicine
136 Harrison Avenue, Boston, Massachusetts/USA

Dr. Hubertus G. Knüfermann, Max-Planck-Institut für Immunbiologie, Stübeweg 51
D-78 Freiburg-Zähringen

Titel der englischen Originalausgabe:
Donald F. Hoelzl Wallach, The Plasma Membrane: Dynamic Perspectives, Genetics and Pathology
Veröffentlicht 1972 als Band 18 der Reihe Heidelberg Science Library
© by Springer-Verlag New York Inc.
The Englisch Universities Press Ltd. London

ISBN-13:978-3-540-06360-5   e-ISBN-13:978-3-642-65650-7
DOI: 10.1007/978-3-642-65650-7

Das Werk ist urheberrechtlich geschützt. Die dadurch begründeten Rechte, insbesondere die der Übersetzung, des Nachdruckes, der Entnahme von Abbildungen, der Funksendung, der Wiedergabe auf photomechanischem oder ähnlichem Wege und der Speicherung in Datenverarbeitungsanlagen bleiben, auch bei nur auszugsweiser Verwertung, vorbehalten.

Bei Vervielfältigungen für gewerbliche Zwecke ist gemäß § 54 UrhG eine Vergütung an den Verlag zu zahlen, deren Höhe mit dem Verlag zu vereinbaren ist.

© by Springer-Verlag Berlin · Heidelberg 1973
Library of Congress Catalog Card Number 73-83241

Die Wiedergabe von Gebrauchsnamen, Handelsnamen, Warenbezeichnungen usw. in diesem Werk berechtigt auch ohne besondere Kennzeichnung nicht zu der Annahme, daß solche Namen im Sinne der Warenzeichen- und Markenschutz-Gesetzgebung als frei zu betrachten wären und daher von jedermann benutzt werden dürften.

Herstellung: Zechner, Speyer

HERBERT FISCHER
gewidmet

Vorwort

Für wen schreibt man ein Buch, warum schreibt man es zu einem bestimmten Zeitpunkt und aus welchen Gründen schreibt man es? Es ist unser wesentlichstes Ziel eine zusammengefaßte Darstellung der experimentellen Ergebnisse und der theoretischen Vorstellungen über die Plasmamembran vorzulegen, die Studenten der Biologie und Medizin, Immunologen, Genetiker, Onkologen und Ärzte griffbereit zur Hand haben können. Dabei scheint es uns von besonderem Vorteil zu sein, dies in einem Zeitpunkt vorzunehmen, in dem sich zahlreiche Verbindungen zwischen der Membranologie und anderen Gebieten der Biologie entwickeln, und in dem die Untersuchung der Plasmamembran nicht nur eine zunehmende Zahl von Biologen, Biochemikern und Biophysikern beschäftigt, sondern auch Ärzte, deren Hauptinteresse auf dem Gebiet der klinischen Medizin liegt. So ist es eine der Absichten dieses Bandes die klinische Relevanz der Grundlagenforschung über Plasmamembranen zu beleuchten und dabei mögliche Kommunikationsschwierigkeiten zu überbrücken. Zudem soll dieses Buch dabei helfen wesentliche theoretische Ansätze, wie die dynamischen Membranmodelle und neue Techniken zur Untersuchung von Biomembranen mit so wichtigen Teilgebieten der Membranbiologie wie z. B. der Genetik, der Immunologie und der Pathophysiologie zu verknüpfen. Diesem Ziel dient auch die umfangreiche Bibliographie; sie soll dazu beitragen, die Barriere einer so umfangreichen und interdisziplinär verstreuten Literatur zu überwinden und damit neue Perspektiven für eines der erregendsten Gebiete der Biologie zu ermöglichen.

Boston, Massachusetts	Donald F. H. Wallach
Freiburg/Breisgau	Hubertus G. Knüfermann
August 1973	

Inhaltsverzeichnis

I. Kapitel

Einleitung 1
1. Historische Entwicklung 2
2. Allgemeine Eigenschaften der Membran 3
2.1. Morphologie 3
2.2. Transport und elektrische Eigenschaften 9
2.3. Röntgenstreuungsanalyse 12
2.4. Molekulare Organisation und Kooperativität 13
3. Die Membran als Träger pathologischer Prozesse. . . . 17
4. Definitionen: „marker", „label" und „probe" 17

II. Kapitel

Isolierung, Fraktionierung und Biochemische Eigenschaften von Biomembranen 19

1. Einleitung 19
2. Zellaufschluß 21
2.1. Einleitung 21
2.2. Physikalische Methoden 21
2.3. Chemische Methoden 23
3. Trennung von Membranfragmenten durch Zentrifugieren 23
3.1. Differentialzentrifugation 23
3.2. Isopyknische Technik 24
3.3. Gradientenmedien 24
3.4. Herstellung von Gradienten 26
3.5. Probenzuführung 27
3.6. Zentrifugation 27
4. Membranfraktionierung durch Phasentrennung 27
5. Membranfraktionierung durch „affinity-density-pertubation" 28
6. Membranfraktionierung durch Mikrodissektion 30
7. Analyse der Ergebnisse 31

7.1.	Zonenlokalisation	31
7.2.	Quantifizierung	31
8.	Membran-„marker"	32
8.1.	Morphologie	32
8.2.	Enzym-„marker"	33
8.3.	Immunologische „marker"	33
8.4.	Virus-Rezeptoren als „marker"	34
8.5.	Verschiedene andere „marker"	34
8.5.1.	Elektrische Ladung der Membran	34
8.5.2.	Kovalente „label"	34
8.5.3.	Chemische Zusammensetzung	34
8.5.3.1.	Lipide	34
8.5.3.2.	Kohlenhydrate	35
8.5.3.3.	Proteine	35
9.	Spezielle Trennmethoden für Plasmamembranen	35
9.1.	Allgemeines	35
9.1.1.	Alkalische Phosphatase	37
9.1.2.	Adenosintriphosphatase	38
9.1.3.	5'-Nukleotidase	38
9.1.4.	Leucin-Aminopeptidase	39
9.1.5.	NADase	39
9.1.6.	ATP-Diphosphohydrolase	40
9.1.7.	Phosphodiesterase	40
9.1.8.	Triglyzerid-Hydrolase	40
9.2.	Große Membranfragmente	40
9.2.1.	Erythrocytenmembranen	40
9.2.2.	Plasmamembran der Leber-Galle-Grenze	42
9.2.3.	Myelin	44
9.2.4.	Plasmamembranen mit spezialisierter Oberfläche	45
9.2.5.	Membranstabilisierung	45
9.3.	Fraktionierung von Membranvesikeln	46
10.	Zytoplasmatische Membranen	47
10.1.	Einleitung	47
10.2.	Kernmembranen	48
10.2.1.	Eigenschaften	48
10.2.2.	Isolierung und chemische Zusammensetzung	49
10.3.	Mitochondriale Membranen	50
10.3.1.	Eigenschaften	50
10.3.2.	Isolierung	51
10.3.3.	„Marker"	52
10.4.	Peroxoisosomen	52
10.4.1.	Eigenschaften	52

10.4.2.	„Marker"	53
10.5.	Lysosomale Membranen	53
10.5.1.	Eigenschaften	53
10.5.2.	Isolierung	53
10.5.3.	„Marker"	54
10.6.	Golgi-Membranen	54
10.6.1.	Eigenschaften	54
10.6.2.	Isolierung	55
10.6.3.	„Marker"	55
10.7.	Endoplasmatisches Retikulum (ER)	56
10.7.1.	Eigenschaften	56
10.7.2.	Isolierung	56
10.7.3.	„Marker"	57

III. Kapitel

Spezielle Methoden zur Untersuchung von Biomembranen — 58

1.	Einleitung	58
2.	Biochemische Methoden	59
2.1.	Solubilisierung von Membranen	59
2.1.1.	Variation der Ionenzusammensetzung	59
2.1.2.	Detergentien	60
2.1.2.1.	Chromatographie	60
2.1.2.2.	Ultrazentrifugation	61
2.1.2.3.	Polyacrylamid-Gelektrophorese	61
2.1.3.	Organische Lösungsmittel	63
2.2.	Die Verwendung von Proteasen zum Studium der Membranstruktur	63
2.3.	„Labelling"-Techniken zum Studium der molekularen Organisation von Membranproteinen	65
2.3.1.	Nicht permeable „labels"	65
2.3.2.	Makromolekulare „labels"	66
2.3.3.	Enzymatisches „labelling"	67
2.3.4.	Lokalisierbare permeable Reagentien	69
2.3.5.	„Labelling" mit radioaktiven Substraten	71
3.	Spektroskopische Methoden	72
3.1.	Einleitung	72
3.2.	Techniken, die Signale verwenden, die von Membranbestandteilen ausgehen	72
3.2.1.	Infrarot-Spektroskopie (IR)	72
3.2.2.	Magnetische Kernresonanz (NMR)	75

3.2.3.	Optische Aktivität. Zirkulardichroismus (=CD); optische Rotationsdispersion (=ORD)	76
3.3.	„Probes"	77
3.3.1.	Prinzip der Methode	77
3.3.2.	Elektronenspin-Resonanz (ESR) und „spin labels"	78
3.3.2.1.	Einleitung	78
3.3.2.2.	Lokalisation	79
3.3.3.	NMR-„probes"	82
3.3.4.	Fluoreszierende „probes"	82
4.	Schlußbemerkung	84

IV. Kapitel

Genetik tierischer Plasmamembranen 85

1.	Einleitung	85
2.	Antigene	85
2.1.	Blutgruppenantigene	86
2.2.	Histokompatibilitätsantigene	88
2.2.1.	Biologische Genetik	88
2.2.2.	Biochemie der Histokompatibilitätsantigene	92
2.3.	Antigene Derepression	93
2.3.1.	„Kryptische" Antigene	93
2.3.2.	Antigene Veränderungen während der Differenzierung	94
2.4.	Tumorantigene	97
2.4.1.	Tumoren, die nicht durch Viren induziert sind	97
2.4.2.	Virus-induzierte Tumoren	98
2.5.	Zell-Hybridisierung	100
3.	Funktion	102
3.1.	Permeabilität	102
3.2.	Transport	102
4.	Zusammensetzung	106
5.	Oberflächenorganisation	109
6.	Abnorme Myelinisierung	110

V. Kapitel

Membranmodelle und Modellmembranen 111

1.	Membranmodelle	111
1.1.	Einleitung	111
1.2.	Das „paucimolekulare" Modell	113

1.3.	Überblick über die Struktur-Modelle	122
1.4.	Dynamische Modelle	122
1.4.1.	Einleitung	122
1.4.2.	Indirekte Koppelung am Beispiel des Adenylzyklase-Zyklus	126
1.4.3.	Die Theorie des kooperativen Gitters von der CHANGEUX'schen Arbeitsgruppe	129
1.4.4.	Konformations-Übergänge in der Membran	135
1.4.4.1.	Wachstumshormon	136
1.4.4.2.	Insulin	137
1.4.5.	Elektrisch erregbare Membranen	137
1.4.5.1.	Chemische Reizung	138
1.4.5.2.	Elektrische Reizung	139
1.4.5.3.	Transport und Kooperativität	140
1.4.6.	Kodierung der Membran-Oberfläche	143
2.	Modellmembranen	144

VI. Kapitel

Biologie und Pathologie der Plasmamembranen 150

1.	Einleitung	150
2.	Neoplasien	150
2.1.	Einleitung	150
2.2.	Morphologie der Membranen	153
2.3.	Zell-Kontakt	154
2.3.1.	Zelluläre Adhäsion	154
2.3.2.	Kontakthemmung der Bewegung	155
2.3.3.	Kontakthemmung des Wachstums	155
2.3.4.	Elektrische Koppelung und Ionenaustausch	155
2.3.5.	Zellfusion	156
2.4.	Oberflächenladung	157
2.4.1.	Elektrophorese	157
2.4.2.	Spezifische ionogene Gruppen	158
2.5.	„Undichtigkeit" der Plasmamembran	160
2.6.	Immunologische Veränderungen	160
2.6.1.	Neue Antigene	160
2.6.2.	Embryonale Antigene	161
2.6.3.	„Demaskierung" und Veränderung der Agglutination	162
2.6.4.	Verlust von Antigenen	165
2.7.	Wachstumshemmung	165
2.8.	Transport	165

2.8.1.	Zuckertransport	166
2.8.2.	Aminosäuretransport	166
2.9.	Schlußbemerkung	167
3.	Membranaspekte der Immunologie	167
3.1.	Einleitung	167
3.2.	Zelluläre immunologische Individualität	168
3.3.	Antigen-Erkennung	168
3.4.	Komplement	170
3.5.	Zell-vermittelte Cytotoxizität	175
4.	Toxische Metalle	177
4.1.	Einleitung	177
4.2.	Die Wirkung toxischer Metalle auf die Oberflächenladung	178
4.2.1.	Elektrophorese	178
4.2.2.	Agglutination	179
4.2.3.	Spezifische Effekte einzelner Metalle	180
4.2.3.1.	Quecksilber	180
4.2.3.2.	Blei	182
4.2.3.3.	Kupfer	183
4.2.3.4.	Thallium	183
4.2.3.5.	Platin	184
4.2.3.6.	Uran	184
5.	Veränderungen der menschlichen Erythrocytenmembran infolge Hämoglobinmutanten	184
5.1.	Einleitung	184
5.2.	Sichelzell-Hämoglobin (Hb S)	185
5.3.	Hämolyse infolge „instabiler" Hämoglobine	186
5.4.	Hb Köln	188
6.	Intrazelluläre Parasiten	189
6.1.	Einleitung	189
6.2.	Passiver Eintritt	189
6.3.	Penetration von Plasmodium in Erythrocyten	190
6.4.	Der Eintritt von Toxoplasma in die Zelle	191
6.5.	Zusätzliche Membraneffekte	191
6.5.1.	Transport	191
6.5.2.	Lipidgehalt infizierter Erythrocyten	192
6.6.	Schlußbemerkung	193
7.	Membranveränderungen infolge von Strahlungen	193
7.1.	Einleitung	193
7.2.	Strahlenchemie des Wassers	195
7.3.	Die Wirkung ionisierender Strahlungen auf Proteine	196
7.4.	Die Wirkung ionisierender Strahlungen auf Lipide	197

7.5.	Künstliche Lipid-Membranen	199
7.6.	Radiolyse von Zuckern	199
7.7.	„Schwache" Bindungen	200
7.8.	Strahlungswirkungen auf Membranpermeabilität und Transport	201
7.9.	Die Wirkung ionisierender Strahlungen auf die Nervenleitung	202
7.10.	Strahlungseffekte auf Membran-SH-Gruppen	203
7.11.	Der Einfluß von H_2O_2	205
7.12.	Pleiotropische Membranveränderungen durch ionisierende Strahlungen	205
7.13.	Schlußbemerkung	206
8.	Transportdefekte	206
8.1.	Einleitung	206
8.2.	Genetik	207
8.2.1.	Defekte im Aminosäuretransport	207
8.2.2.	Geschädigte renale Wasserresorption; hereditäter Diabetes insipidus	207
8.2.3.	Defekter Glukosetransport; renale Glukosurie	207
8.2.4.	Verminderte renale H^+-Resorption; renale Acidurie	207
8.2.5.	Hypohosphatämie mit hereditärer Vitamin D-resistenter Rachitis	208
8.2.6.	Cystische Fibrose	208
8.2.7.	Fanconi-Syndrom	208
8.2.8.	Hereditäre Sphärocytose	209
8.3.	Die Wirkung bakterieller Toxine	209
8.3.1.	Cholera	209
8.3.2.	Botulismus	210
8.3.3.	Tetanus	211

Literatur 212

Sachverzeichnis 232

I. Kapitel
Einleitung

Mehr als jedes andere Gebiet der Biomedizin befindet sich die „Membranologie" in einem Zustand außerordentlicher Expansion. Das zeigen schon die vielen internationalen Kongresse und die Fülle der Übersichtsarbeiten, die sich mit den verschiedensten Themenkreisen dieser Forschungsrichtung beschäftigen [62, 100, 142, 179, 257, 297, 338, 339, 440, 540, 610, 681]. Einige der älteren, klassischen Arbeiten über die Membranstruktur sind in einem kleinen Buch von BRANTON und PARK [79] neu herausgegeben worden. Obwohl die Membranologie eine sehr umfassende Wissenschaft ist, wurde ihre Bedeutung für die *Pathologie* und *klinische Medizin* bisher zu wenig berücksichtigt. Dementsprechend ist es das Ziel dieses Buches, den interdisziplinären Rahmen darzustellen, der die allgemeine Membranbiologie mit den speziellen Membranaspekten bei krankhaften Vorgängen verknüpft. Es beschäftigt sich dabei mehr mit der Plasmamembran, als mit den anderen Membransystemen, und hebt die Gebiete hervor, auf denen sich eine Verbindung der Membranbiologie mit den schnellen Fortschritten der Molekularbiologie, Biochemie und Biophysik abzeichnet. Dabei soll die Membran nicht mehr im klassischen Sinn als Permeabilitätsbarriere gegen die Umgebung angesehen werden, sondern vielmehr als eine *Schaltstation* zur Umwandlung von extrazellulären Signalen in interzellulär wirksame Meldungen. So betrachten wir die Plasmamembran auch nicht mehr als eine einheitlich gebaute Grenzschicht der Zelle, sondern als ein dynamisches Mosaik aus verschiedenen funktionellen Einheiten, quasi eine Ansammlung verschiedenster Organellen an der Zellperipherie; dazu gehören auch Strukturen, die das soziale Verhaltensmuster von Zellen im Zellverband tierischer Organismen festlegen. Viele Membranfunktionen, die im Ablauf biologischer Vorgänge eine zentrale Rolle spielen, wie die Zellerkennung, die Unterschiede zwischen „selbst" und „nicht selbst" sowie die spezifische Bindung von Viren, Toxinen und Pharmaka, benötigen vermutlich spezifische Oberflächen-Strukturen der Plasmamembran, wie dies schon sehr früh von EHRLICH [153] und WEISS [706] vorausgesagt wurde.

Die Biologie der Membranen ist ein so breiter Forschungsbereich, daß hier nicht alles im Detail besprochen werden kann; ausführliche

Literaturangaben sollen es jedoch dem Leser ermöglichen, einzelnen Fragen weiter nachzugehen.

1. Historische Entwicklung

Ein Empfinden dafür, daß es sich bei Membranen um vitale Zellstrukturen handelt, entwickelte sich mit der Aufstellung des *Plasmamembran-Konzeptes*, dessen Geschichte von SMITH [508] dargestellt wurde. Seinen frühesten Ursprung findet dieses Konzept in den Arbeiten von NAEGELI [443], der durch mikroskopische Untersuchungen zeigen konnte, daß die Oberfläche vieler Pflanzenzellen eine visköse, halbfeste Grenze ist, die für Farbstoffe, z. B. Pigmente, undurchlässig ist, und deren Oberflächendefekte sich von selbst schließen. Er schuf für diese Oberflächenschicht den Begriff „Plasmamembran". Ungefähr zur gleichen Zeit fand PRINGSHEIM [508], daß die Oberflächenschicht der Zelle für ihr osmotisches Verhalten verantwortlich ist. Für die entscheidende Rolle der Plasmamembran bei Wechselwirkungen von Zellen untereinander und mit ihrer physiologischen Umgebung wurde von EHRLICH [153] eine brilliante Hypothese formuliert, die insbesondere das heute überaus wichtige Konzept der spezifisch immunologischen, pharmakologischen und Transport-Rezeptoren auf der Zelloberfläche liefert.

Historisch gesehen zog nach der Plasmamembran das *Myelin*, das sich von ihr ableitet, die Aufmerksamkeit der Wissenschaft auf sich. Nachdem sein Gesamtaufbau durch licht- und röntgenoptische Untersuchungen [169, 172, 173, 175, 176, 395, 551] schon geraume Zeit bekannt war, konnte GEREN [202] mit elektronenoptischer Untersuchungstechnik auch den Ursprung und die Biogenese dieses Membransystems aufklären.

Durch Verbesserungen in der elektronenoptischen Technik kam es später zur Entdeckung der *intrazellulären* Membransysteme. So konnte SJÖSTRAND [589, 590] zeigen, daß die Außenglieder der Netzhaut-Stäbchenzellen geordnete Anhäufungen von mit einer Membran umgebenen Scheibchen enthalten. Dann wurde klar, daß eine tierische Zelle keine ungeordnete Ansammlung zytoplasmatischer Enzyme darstellt, sondern vielmehr das Zytoplasma ein Labyrinth von distinkten funktionellen Räumen ist, die voneinander alle durch Membranen getrennt sind. Das endoplasmatische Retikulum wurde durch die mikromorphologischen Studien von PORTER [500, 501] erkannt; nahezu gleichzeitig wurde der Golgi-Apparat, vermutlich eine Ausweitung des endoplasmatischen

Retikulums, als eine Region membran-begrenzter, abgeplatteter Zysternen mit assoziierten Vesikeln erkannt [40]. DE DUVE u. Mitarb. charakterisierten die Lysosomen als distinkte, von Membranen umgebene Organellen [50]. Das Membransystem der Mitochondrien wurde unabhängig voneinander von PALLADE [480, 481] und SJÖSTRAND [590] entdeckt.

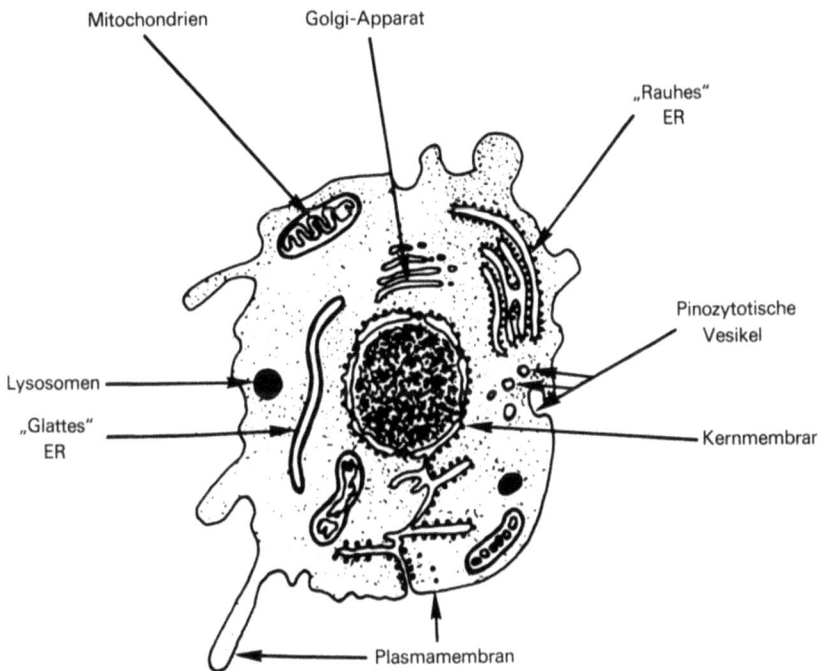

Abb. I.1. Die Plasmamembran und die wesentlichsten intrazellulären Membransysteme

2. Allgemeine Eigenschaften der Membran

2.1. Morphologie

Die Entwicklung von Elektronenmikroskopen mit hohem Auflösungsvermögen hat die Erforschung von Membranstrukturen erheblich beschleunigt und dieses Gebiet auch für lange Zeit beherrscht. Unzweifelhaft hat die Elektronenmikroskopie sehr wesentlich dazu beigetragen, die topologische Vielfalt von Biomembranen zu erkennen, zu beschreiben und zu klassifizieren; sie liefert aber bis heute keine zuverlässigen Daten über die molekulare Struktur von Membranen. Zudem sind ihre Techniken primär qualitativ.

Zelluläre Membranen erscheinen in fixierten, entwässerten und mit Schwermetallen bedampften Dünnschichten als zwei elektronendichte Schichten, die durch eine helle, elektronendurchlässige Zone voneinander getrennt werden. Dieses Bild der „*unit membrane*" wurde auf molekularer Grundlage nach einem Vorschlag von DANIELLI und DAVSON [138] lange als eine Struktur interpretiert, die aus einer bimolekularen Lipidschicht besteht, an deren Membran-Wasser-Grenzflächen Proteine absorbiert sind [528]. Eine solche elektronenoptische Abbildung, wie die der „unit membrane" kann jedoch auch von anderen molekularen Anordnungen herrühren. Sie repräsentiert lediglich die Bindung der zur Kontrastierung verwendeten Metalle, die z. T. an den polaren Enden der Lipidmoleküle erfolgt; STÖCKENIUS [609] hat dies an künstlichen bimolekularen Lipidschichten nachgewiesen. Untersuchungen von KORN [339] zeigen zudem, daß mit elektronenoptischen Kontrastierungsverfahren in keiner Weise eine präzise und ausschließliche Lokalisation bestimmter molekularer Organisationsstrukturen möglich ist. So werden oxidierende Schwermetalle, z. B. Osmiumtetroxid, kovalent an bestimmte ungesättigte Fettsäuren gebunden und sind somit teilweise in der apolaren Lipidschicht lokalisiert. Darüber hinaus weisen viele Untersuchungen nach, daß ein erheblicher Anteil der elektronendichten Kontraststoffe auf und innerhalb der Membranproteine gebunden wird. Dies ist um so weniger erstaunlich, als Membranen, außer Myelin, mehr als 60 Gewichtsprozent Proteine enthalten. Schließlich wurde in jüngsten Arbeiten [182, 447] gezeigt, daß von bestimmten Biomembranen die Lipide extrahiert werden können, ohne die elektronenoptische Darstellung zu verändern. Dies beweist, daß die Bindung von Kontraststoffen nicht auf die Lipide beschränkt ist.

Die elektronendichten Bereiche im Bild der „unit membrane" variieren in ihrem Aussehen, je nach der verwendeten Darstellungsmethode. Ihre Breite, die zwischen 5 und 50Å (letzterer Wert bei Doppelkontrastierung) liegt, hängt von der Korngröße der zur Kontrastierung verwendeten Metalle ab. Liegt diese zwischen 5 und 10 Å, so sollten die Bindungsorte am oder im Proteinmolekül bzw. an kleinen Lipid-Mizellen erkennbar sein. Die primären Ablagerungsorte der Kontrastierungsmetalle bilden aber häufig einen Kristallisationspunkt für weitere Metallpräzipitate; dadurch wird das Auflösungsvermögen vermindert. Die Kontrastierung von Proteinen erfolgt am ehesten im Bereich polarer Aminosäure-Reste.

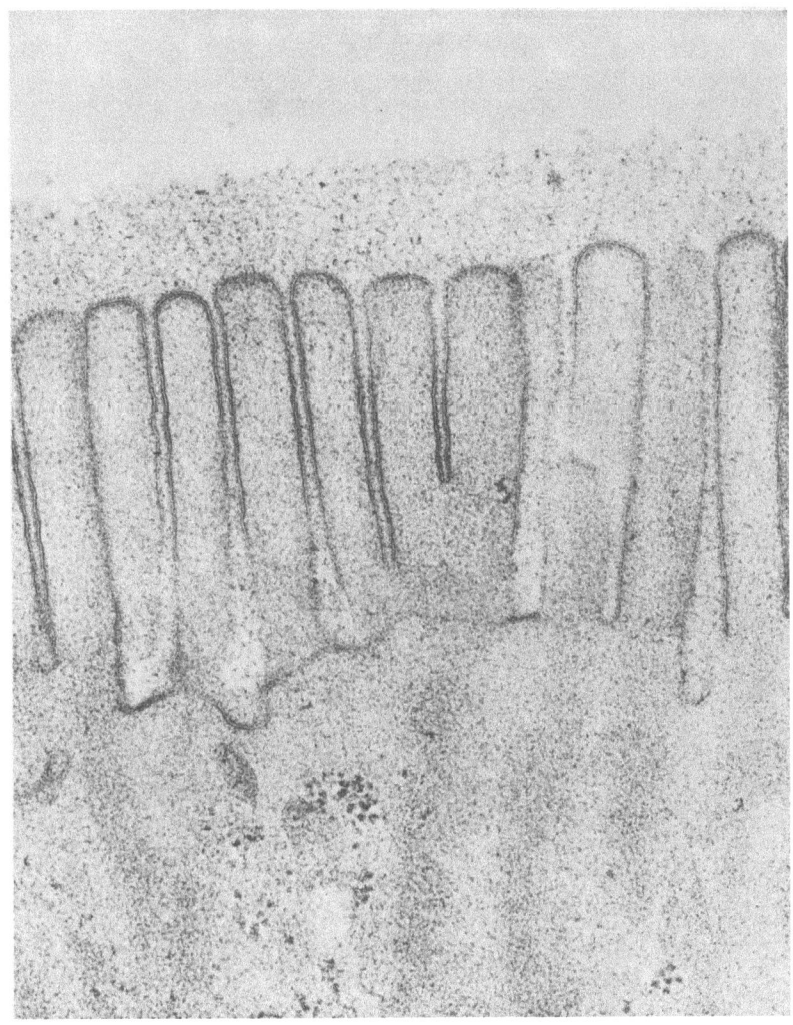

Abb. I.2. Das stark vergrößerte elektronenoptische Bild der klassischen „unit membrane" an intestinalen Katzen-Epithelien. Der Dünnschnitt wurde mit Osmiumtetroxid fixiert und mit Uranylacetat und Bleicitrat kontrastiert. Zwei elektronendichte Bereiche werden von einer transparenten Zone getrennt; dies Aussehen entspricht dem „paucimolekularen" Modell, das in Kapitel V beschrieben wird. Vergrößerung 120000fach. (Mit Genehmigung von Prof. S. Ito, Havard Medical School, Boston)

Sie ist am geringsten im Bereich unpolarer Seitenketten, so daß hier die schwächsten Kontraste zu erwarten sind. Nun weiß man aus Röntgenstrahlenanalysen zahlreicher globulärer Proteine, daß die polaren Aminosäure-Reste an den Oberflächen lokalisiert sind, die unpolaren Seitenketten hingegen sowohl an der Oberfläche, als auch im Inneren der Proteine zu finden sind. Entsprechend der Bindung der zur Kontrastierung verwendeten Metalle an polare Moleküle ist anzunehmen, daß die Peripherie solcher Proteine stärker kontrastiert ist als das Zentrum. Kontrastierte Querschnitte durch globuläre Proteine sollten deshalb einen elektronendichten Mantel um einen elektronendurchlässigen Kern zeigen; globuläre Lipidmizellen würden ein gleiches Bild aufweisen. So kann man mit den gegenwärtigen hochauflösenden Kontrastierungsmethoden zwar zwischen vornehmlich polaren und weitgehend apolaren Regionen in Proteinmolekülen und Lipid-Aggregaten unterscheiden, man kann aber nicht Lipide und Proteine selbst voneinander differenzieren. Aus dem Bild der „unit membrane" läßt sich für die molekulare Organisation der Membran nur der Schluß ziehen, daß eine Membran aus einer zentral gelegenen, hauptsächlich aus apolaren Verbindungen gebildeten Mittelzone und zwei Oberflächen-Schichten, die sich durch die Konzentrierung von polaren Gruppen elektronendicht darstellen, besteht. Das Aussehen der „unit membrane" kann demnach eine reine Proteinmembran mit an der Oberfläche konzentrierten polaren Aminosäure-Resten, eine bimolekulare Phospholipid-Schicht, mit der von DANIELLI und DAVSON [138] vorgeschlagenen Struktur oder verschiedene Kombinationen dieser Möglichkeiten repräsentieren. Schließlich sei noch erwähnt, daß elektronenoptische Methoden kein hinreichendes Auflösungsvermögen zur Darstellung von Membran-Poren in molekularer Größe besitzen. Die Gefrierätzung hat der Membranmorphologie die dritte Dimension eröffnet. Bei dieser Methode werden die Zellen zunächst unter Bedingungen, die ihre funktionelle und strukturelle Integrität erhalten, auf $-180\,°C$ abgekühlt, mechanisch gespalten und mit Metall bedampft (alles bei $-180\,°C$ und im Hochvakuum); zum Teil wird vor der Bedampfung der Wassergehalt durch Sublimation vermindert. Das elektronenoptische Bild dieser Präparationen zeigt dann die „unveränderte" äußere Oberfläche und die Bruchfläche. Die tangentiale Bruchebene innerhalb der Membran wird vor allem durch die apolaren Bereiche innerhalb der Membran vorbestimmt. Sie zeigt, mit Ausnahme der Myelin-Membran, zahlreiche „membran-gebundene" Partikel, die wahrscheinlich aus Proteinen bestehen [597] (vgl. Abb. I. 3.). Die Gefrierätzung und ihre Anwendung sind verschiedentlich zusammenfassend dargestellt worden [78, 411, 429]; sie wird in diesem Buch mehrfach demonstriert werden.

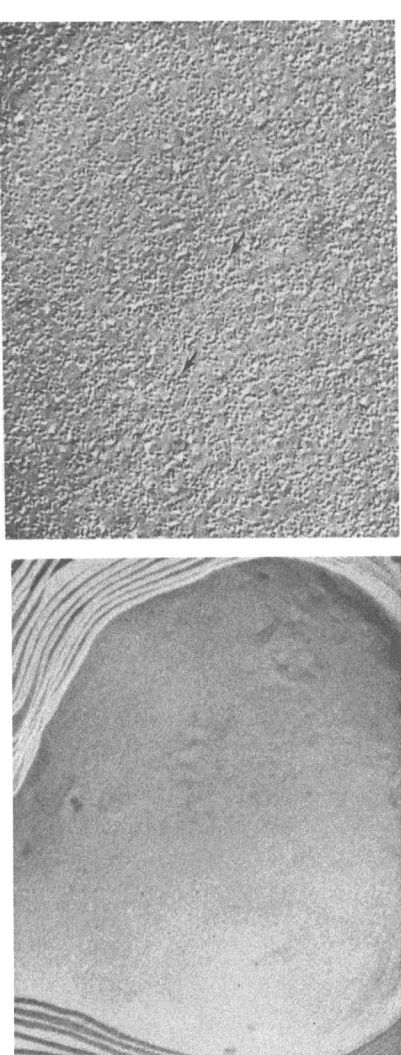

Abb. I.3. Elektronenoptische Darstellung einer Plasmamembran und des Myelins in der Technik der Gefrier-Spaltung. *Oben:* Menschliche Erythrocytenmembran. Die Bruchfläche liegt im Inneren der Membran und ist mit zahlreichen membran-gebundenen Partikeln (Durchmesser 85 Å) bedeckt (s. Pfeile). Vergrößerung: 80000fach. *Unten:* Das Bild einer tubulären Myelinmembran, die aus einem Gehirn-Phospholipidgemisch hergestellt wurde. Die schrägen Bruchflächen zeigen konzentrisch aufgerollte Lamellen. Im Gegensatz zu anderen Biomembranen sind die Bruchflächen glatt und zeigen keine membran-gebundenen Partikel. Vergrößerung 50000fach. (Mit Genehmigung von Dr. R. S. WEINSTEIN und N. S. MCNUTT, Massachusetts General Hospital, Boston)

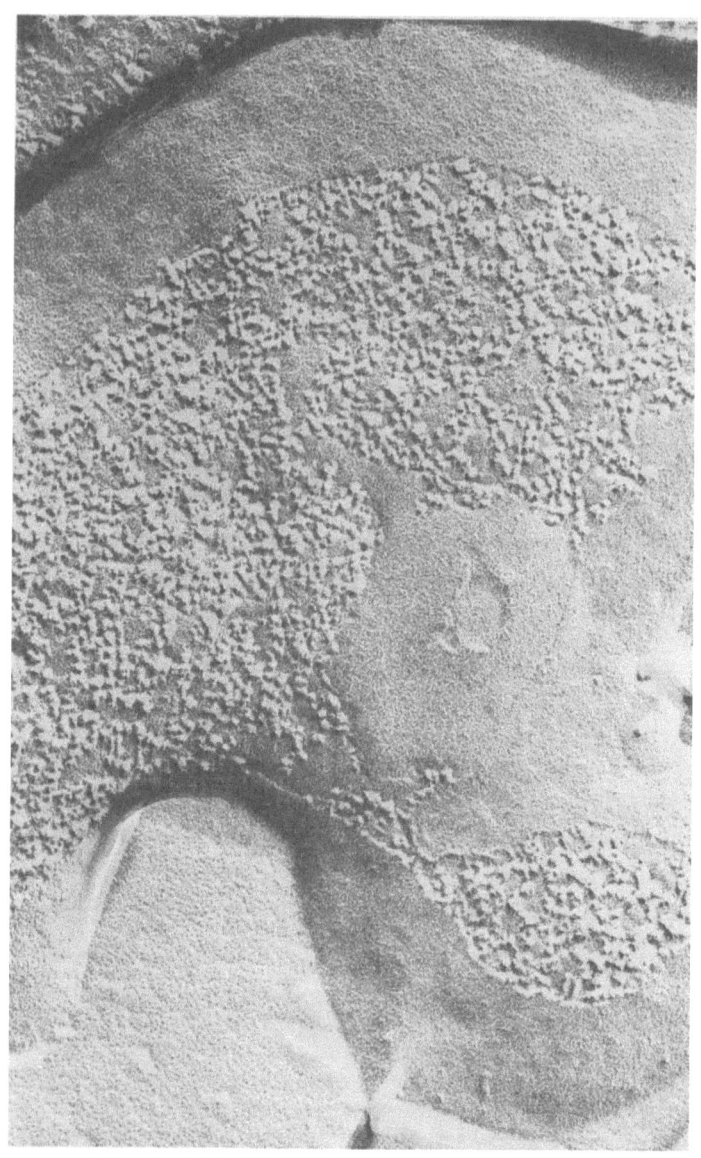

Abb. I. 4. Elektronenoptische Gefrierätz-Darstellung einer Erythrocyten-Plasmamembran. Die Bruchfläche legt einen Teil der inneren Membran-Mittelschicht mit membran-gebundenen Partikeln frei. Die äußere Oberfläche wurde durch Sublimation des flüchtigen Suspensionsmediums freigelegt (Gefrierätz-Technik). Auf dieser äußeren Oberfläche zeigen sich keine definierten Partikel. Vergrößerung 130000fach. (Mit Genehmigung von V. SPETH, Max-Planck-Institut für Immunbiologie, Freiburg/Breisgau)

Alle Membranorganellen, die durch die Elektronenmikroskopie definiert wurden, können jetzt mit unterschiedlichem Reinheitsgrad für biochemische, biophysikalische und immunologische Studien isoliert werden. Dennoch sind auf dem wichtigen Gebiet der *Membranfraktionierung* noch erhebliche Verbesserungen notwendig. Im besonderen stehen der Reinigung von Plasmamembranen und ihrer Subfraktionierung in Untereinheiten mit bestimmten funktionellen Bezirken noch wesentliche Hindernisse entgegen [601]. Auch erfordert die Analyse von Membranen und ihren Komponenten auf molekularer Ebene eine hohe Reinheit der Fraktionen. Maßnahmen, mit denen eine solche Reinheit zu erreichen wäre, verursachen aber häufig selbst Membranveränderungen; davon wird später noch ausführlich die Rede sein.

2.2. Transport und elektrische Eigenschaften

Unsere gegenwärtige Kenntnis von der Membranstruktur setzt sich aus den Ergebnissen von zellphysiologischen und mikroskopischen Untersuchungen zusammen. Die physiologischen Untersuchungen begannen mit den *Permeationsexperimenten* von OVERTON [476], der nachwies, daß kleine Moleküle die pflanzliche Zellmembran um so schneller durchdringen, je kleiner sie sind. OVERTON fand auch, daß die Permeationsgeschwindigkeit von vielen polaren Molekülen durch die Zugabe von Stoffen, die deren Löslichkeit erhöhen, gesteigert werden kann. Er schloß daraus, die Zelloberfläche müsse hydrophober Natur sein. Aus diesen und anderen Studien kann man bezüglich der passiven Permeation von Molekülen durch die Zellmembran folgende allgemein gültigen Schlüsse ziehen:

1. Biomembranen zeigen Filtereigenschaften; kleinere Moleküle penetrieren im allgemeinen schneller als große.
2. Von den Molekülen, deren Molekulargewicht über 80 Dalton liegt, penetrieren die lipophilen schneller als die hydrophilen.

Der *elektrische Widerstand* und die Kapazität, die an Zelloberflächen verschiedener tierischer und pflanzlicher Zellen gemessen wurden, zeigen, daß sich Plasmamembranen gegenüber der Permeation polarer Moleküle wie Isolatoren verhalten, oder genauer ausgedrückt, wie ein schwaches Dielektrikum. Über die molekulare Organisation sagen solche Daten indes nichts aus; dünne Polytetrafluoräthylen-Filme verhalten sich ganz ähnlich. Was die intrazellulären Membranen betrifft, so ist über deren elektrische Eigenschaften nur wenig bekannt.

Der spezifische elektrische Widerstand der Neuron-Membran beträgt nach Messungen mit Mikroelektroden ungefähr 400 Ohm/cm^2 [136]. Der Membranwiderstand des Riesenaxons des Tintenfisches liegt in der Ruhe bei 1000 Ohm/cm^2; dies gilt nicht nur für die eigentliche Axonmembran, sondern auch für die Plasmamembran der sehr stark gefalteten Satellittenzellen. Während der Leitung eines Nervenimpulses sinkt der Widerstand dieses Komplexes auf 25 Ohm/cm^2 [114]. Noch höhere Widerstandswerte wurden an anderen Zellen gemessen, z. B. 10000 Ohm/cm^2 an der Speicheldrüse von Drosophila [374].

Die *elektrische Kapazität* von Plasmamembranen, einschließlich der Erythrocytenmembran beträgt ca. 1 µF/cm^2. Höhere Werte, zwischen 6 und 8 µF/cm^2 wurden am Sarkolemm gemessen; aber diese „Membran" enthält mehrere, dem Bindegewebe zugehörige Schichten [601]. Mitochondrien-Membranen haben eine Kapazität von 0,5 bis 0,6 µF/cm^2. Eine Zusammenstellung der Eigenschaften natürlicher und künstlicher Membranen findet sich in Tab. I. 1.

Tabelle I. 1.

	Natürliche Membran	Lit.	Künstliche Lipid-Membran	Lit.
Durchmesser (Å)	50–120	[592]	68–73	[33]
Oberflächenspannung (dyn/cm)	0,03–3,0	[245]	0,5–1,0	[85]
Permeabilität für Wasser (cm/sek × 10^3)	0,03–3,3		0,5–1,0	[85]
Elektrische Kapazität (µF/cm^2)	0,5–1,3	[709]	0,33–1,3	[85]
Elektrischer Widerstand (Ohm/cm^2)	10^3–10^6		10^6–10^9	[85]
Membranpotential (V)	0,1–3,0	[143]	0,15–0,20	[85]

Die elektrischen Eigenschaften der Plasmamembran und ihr Permeabilitätsverhalten gegenüber kleinen Ionen und anderen wasserlöslichen Molekülen können durch die Annahme einer apolaren Grenzschicht mit „Poren", die die freie Diffusion polarer Moleküle gestatten, erklärt werden. Diese Hypothese der „*äquivalenten Poren*" steht im Einklang mit einigen Membraneigenschaften, aber es gibt keinen Hinweis dafür, daß Plasmamembranen, im Gegensatz zu Kernmembranen [192], fixierte Perforationen mit definiertem Durchmesser besitzen. Trotzdem ist dieses Konzept als Arbeitshypothese von Wert. Das Permeabilitätsverhalten von Erythrocyten-Membranen gegenüber Ionen ließe sich danach durch die Annahme von 10^5 solcher Poren, die ca. 0,001% der Erythrocyten-Oberflächen beanspruchen würden, erklären [113]. Bei gleichförmiger Verteilung würde auf eine Fläche von 10^4 Å^2 eine Pore entfallen, d. h. der Porenstand betrüge 100 Å.

Nimmt man an, daß die ausgeprägten Veränderungen des elektrischen Widerstandes der Axonmembran im Ablauf eines Aktionspotentiales nicht von einem Zusammenbruch der gesamten Membranstruktur begleitet sind, so könnte man mit der „Poren-Hypothese" dieses Ereignis durch die Annahme drastischer Veränderungen im Bereich der existierenden „Poren" – die dann einen Abstand von 10 Å haben müßten – deuten.

Obwohl das Permeabilitätsverhalten und die elektrischen Eigenschaften darauf hinweisen, daß Membranen einen apolaren inneren Teil haben, so kann man daraus jedoch keine Schlüsse über den Aufbau desselben auf molekularer Ebene ziehen. Bislang wurden diese apolaren Eigenschaften der Membran traditionell den Kohlenwasserstoffketten der bimolekularen Lipidschicht zugeordnet. Dies im wesentlichen deshalb, weil bekannt war, daß die Membran die notwendigen Lipide enthält und man bis vor kurzem nur von diesen Lipiden wußte, daß sie in geordneten hochmolekularen Strukturen ähnliche Eigenschaften wie Biomembranen aufweisen können. Diese vereinfachende Anschauung ist nicht mehr gerechtfertigt, seitdem man aus Röntgenstreuungsanalysen erfahren hat, daß viele lösliche globuläre Proteine in ihrem Inneren sehr apolare Anteile besitzen [489]. Die einzige charakterisierte biologische Pore von molekularer Dimension ist der apolare Kanal, der das Hämoglobin-Tetramer, das überhaupt keinen Lipidanteil besitzt, durchzieht [489].

Jede Vorstellung über die Membran-Architektur muß auch die genetisch bedingten spezifischen Unterschiede im Permeabilitätsverhalten der Membran gegenüber sehr nahe verwandten Ionen und deren durch aktiven Transport bewirkte intra- und extrazelluläre Verteilung ebenso berücksichtigen, wie verwandte pharmakologische Phänomene. So hemmen bestimmte Pharmaka, z. B. Tetrodotoxin, den Na^+-Einstrom in ein Axon, der einer normalen Reizung desselben nachfolgt, während die K^+-Permeation unbeeinflußt bleibt [442]; diese wiederum kann durch andere Stoffe unabhängig blockiert werden. Man schätzt die Zahl der tetrodotoxin-empfindlichen Orte, die vermutlich auf der Außenseite der Axonmembran liegen [442], auf 10^9 bis $10^{10}/cm^2$. Es gibt eine Reihe nicht an die Membran gebundener Proteine [661] und zyklischer Verbindungen (mikrobieller Herkunft oder synthetisch hergestellt [108]), die diese Spezifität der Membranpermeabilität gegenüber Alkali-Kationen selektiv stören können. Es ist wahrscheinlich, daß eine solche Spezifität gegenüber Alkali-Kationen nur nach Verlust der Hydratationshülle möglich ist.

Die Transportmechanismen der Membran beschränken sich nicht nur auf Ionen, sondern umfassen auch den aktiven Transport zahlreicher, biologisch wichtiger, organischer Substanzen. Dafür bedarf es spezifischer, genetisch determinierter Prozesse, die genau definierte Enzyme und „Träger-Mechanismen" in Anspruch nehmen. Das umfangreiche Forschungsgebiet des Membrantransportes ist oft und ausführlich dargestellt worden [41, 94, 271, 414, 550, 593], aber einige Aspekte müssen dennoch hier besprochen werden.

2.3. Röntgenstreuungsanalyse

Kleinwinkel-Röntgenstreuungsanalysen haben erheblich zur Strukturaufklärung lamellärer Membranareale (z. B. Myelin, Außenglieder der Netzhaut-Stäbchenzellen) beigetragen (Übersichten siehe [41, 94, 550, 714]). Diese Arbeitstechnik wird jetzt theoretisch und praktisch auf Lipidmizellen und Membranfragmente in wäßriger Suspension ausgedehnt, doch stehen solchen Versuchen erhebliche Schwierigkeiten entgegen. Bimolekulare Lipidschichten lassen sich in Suspension leicht nachweisen. Bei gleichzeitiger Anwesenheit von globulären Proteinen können sie aber vom Lipidanteil nur dann unterschieden werden, wenn die Membranen in dicht und parallel gepacktem Zustand vorliegen [174]. Diesen experimentellen Ansatz hat ENGELMANN [164] auf die Membranen von Acholeplasma laidlawii angewandt. Er hat dabei die Existenz von bimolekularen Phospholipid-Schichten nachweisen können und gezeigt, daß sich die Röntgenstreuung temperaturabhängig verändert. Das stimmt mit den differential-kalorimetrischen Messungen [602] an Organismen mit entsprechender Lipidzusammensetzung überein. Man deutet diese Veränderungen als Phasenumwandlung im Lipidanteil. Der Interpretation der mit diesen Methoden gewonnenen Ergebnisse stehen damit erhebliche Schwierigkeiten entgegen [104].

Das bisher unbekannte Verhalten der Membranproteine, die mehr als 60% des Gewichtes der Plasmamenbran, auch bei Acholeplasma-Membranen, ausmachen, stellt für die gegenwärtige Röntgenstreuungsanalyse ein wesentliches Hindernis dar. So können hydrophobe Regionen von Proteinen eine gleiche Elektronendichte wie die Kohlenwasserstoffketten der Phospholipide besitzen. Peptidketten mit entsprechenden Aminosäure-Sequenzen können derart kompakt angeordnet sein, daß es schwierig wird, diese Strukturen von bimolekularen Lipidschichten zu unterscheiden. An bestimmten synthetischen Polymeren lassen sich solche Strukturen beobachten [529]. Versuche zur Steigerung des Auflösungsvermögens der Methode durch Zentrifugieren der Acholeplasma- [164] und Erythrocyten-Membranen [174], wodurch diese in geordneten, dicht gepackten Bereichen aufgeschichtet werden sollen, haben bislang nur geringen Erfolg gehabt. So kann auch ENGELMAN [164] die Verteilung der Proteine in der Plasmamembran nicht genau beschreiben; er kann lediglich aussagen, daß sich die Membranproteine nicht symmetrisch an den beiden Oberflächen der bimolekularen Phospholipidschicht anordnen, oder, wie andere Autoren [366, 690, 704] vorschlagen, die Lipidschichten durchdringen. Dann aber können in diesen Perforationsbereichen die Lipide nicht mehr in regelmäßiger Schichtanordnung vorliegen. Zur Zeit scheint es, als seien die modernen Röntgenstreuungsstudien nur geeignet, andere Untersuchungen, die den Schluß zulassen, daß Membranen eine Mosaik-Struktur mit bimolekularen Phospholipidanteilen aufweisen, zu bestätigen. Diese Fragen werden in dem Kapitel V über die Membranmodelle noch ausführlich diskutiert werden.

2.4. Molekulare Organisation und Kooperativität

Die zunehmende Verfeinerung der mikromorphologischen Methoden hat gezeigt, daß die morphologischen Unterschiede zwischen den einzelnen Membranen größer sind als ihre Ähnlichkeiten. So ist eine zu allgemeine Betrachtung der Membranstruktur, insbesondere unter ausschließlicher Berücksichtigung des Lipid-Anteiles der Membran nicht statthaft. Dies aus den folgenden Gründen:
1. Das elektronenoptische Bild von Membranen zeigt eine globuläre Feinstruktur (s. Abb. I.3. und I.4.)
2. Membranproteine besitzen einen solchen globulären Aufbau, wie sich aus spektroskopischen Versuchen ergeben hat.
3. Die Protein-Phospholipid-Wechselwirkungen sind ein Entropieproblem.
4. Die biologisch-funktionelle Bedeutung der Protein-Protein- und Protein-Lipid-Wechselwirkung.

Auch jüngste Studien der optischen Aktivität, der Eigenschaften im IR- und NMR-Spektrum, ebenso wie Untersuchungen mit paramagnetischen und fluoreszierenden Sonden an Membranen „in situ" haben die hohe Komplexität des Problems herausgestellt [721].

Membranen haben eine Vielzahl vitaler, biologischer Funktionen, die nicht alle ein erkennbares morphologisches Korrelat besitzen. Zum ersten stellt die Plasmamembran die Grenzschicht zwischen der Zelle und ihrer Umgebung dar; sie enthält Funktionsorte zum Erkennen anderer Zellen, Viren, Hormonen, Antikörpern und weiterer regulativer Stoffe. Zum zweiten haben viele Membranen die Aufgabe, eine präzise topologische Ordnung zwischen verschiedenen, funktionell einander bedingenden, membran-gebundenen Enzymen und anderen Organisationseinheiten herzustellen. Es ist bekannt, daß diese besonders für die oxidative Phosphorylierung in mitochondrialen Membranen wichtig ist [64, 174]. Aber auch für andere Membranen ist dies ohne Zweifel bedeutungsvoll, z. B. für Plasmamembranen, bei denen die topologische Verteilung der Histokompatibilitäts-Antigene eng an die Genetik und an das Differenzierungsstadium der Zelle gebunden ist [72, 75, 76, 364].

Kein einziges der bislang vorgestellten, vereinfachenden und verallgemeinernden Membranmodelle erfüllt alle Forderungen, die sich aus den bisherigen Detail-Kenntnissen ergeben. Dagegen ist es wahrscheinlich, daß die funktionelle Verschiedenheit der morphologisch einheitlichen Biomembranen durch mehrere, nebeneinander vorliegenden, molekularen Anordnungen in einer Membran, bzw. möglicherweise sogar in bestimmten Membran-Arealen, bedingt ist. Trotzdem gibt es einige strukturelle Übereinstimmungen, deren wesentlichste sich wie folgt zusammenfassen lassen:

1. Zelluläre Membranen stellen molekulare Organisationseinheiten dar, die an vielen Reaktionen aktiv teilnehmen.

2. Sie bestehen aus dünnen semipermeablen Lipid-Protein-Komplexen und verhalten sich wie ein schwaches Dielektrikum.

3. Ihre spezifischen Eigenschaften sind genetisch bedingt und hängen vom Differenzierungszustand der Zelle sowie von ihrem metabolischen Status ab.

4. Trotz ihrer funktionellen Unterschiedlichkeit zeigen sie eine gewisse morphologische Ähnlichkeit und teilen einige chemische und physikalische Eigenschaften (s. Tab. I.1. und I.2.).

Ohne bereits schon jetzt auf Details einzugehen, die im Abschnitt über die Membranmodelle besprochen werden, ist es nützlich, sich das folgende *Bild von einer Membran* vor Augen zu halten: Sie besteht aus mindestens zwei einander entgegengesetzt orientierten Schichten, deren jede geordnete, aber topologisch unterschiedliche, zweidimensional angeordnete Proteinbereiche, die mit charakteristischen Lipiden assoziiert sind, besitzt. Die gesamte Membran stellt wahrscheinlich eine dynamische Mosaikstruktur dar, in der auch reine Lipid-Regionen vorkommen können [212]. Im einfachsten Fall von nur zwei Schichten steht jede Schicht auf ihrer Innenseite mit ihrem Gegenstück, auf ihrer Außenseite mit einem bestimmten, flüssigkeitsgefüllten Kompartiment in Verbindung. Makromoleküle der Membran können eine solche Struktur durchdringen und so mit beiden Kompartimenten in Kontakt treten; sie können sich aber auch im apolaren inneren Teil der Membran befinden, auf eine der beiden Oberflächen beschränkt sein und/oder eine gewisse tangentiale Mobilität besitzen. Funktionelle Umordnungen

Tabelle I. 2. *Protein- und Lipidzusammensetzung von Membranen*[a]

Membran	Protein/ Lipid-Verhältnis (wt/wt)	Cholesterin/ Polare Lipide (mol/mol)	Hauptsächliche polare Lipide[b]
Myelin[c]	0,25	0,7–1,2	Cer, PE, PC
Plasmamembranen			
Leberzellen	1,0–2,3	0,3–0,5	PC, PE, PS, Sp
Ehrlich Ascites	2,2		
Intestinale Mikrovilli[d]	4,6	0,5–1,2	
Erythrocytenmembran[e]	1,5–4,0	0,9–1,0	Sp, PE, PC, PS
Endoplasmatisches Retikulum	0,7–1,2	0,03–0,08	PC, PE, Sp, PC, PE, Plas
Mitochondrien[f]			
Äußere Membran	1,2	0,03–0,09	
Innere Membran	3,6	0,02–0,04	
Netzhaut-Stäbchenzellen	1,5	0,13	PC, PE, PS
Chloroplasten-Lamellen	0,8	0	GalDG, SL, PS
Bakterien			
Gram-positive	2,0–4,0	0	DPG, PG, PE, PG
Gram-negative		0	PE, PG, DPG, PA
Halo-Bakterien	1,8	0	Äther – PGP
Acholeplasma Membranen	2,3	0	

[a] Nach [340], soweit nicht anders angegeben. [b] Abkürzungen: Cer – Cerebroside: DPG – Diphosphatidylglyzerin; GalDG – Galaktosyldiglycerid; PA – Phosphatidsäure; PC – Phosphatidylcholin; PE – Phosphatidyläthanolamin; PG – Aminoacyl-Ester des Phosphatidylglycerin; Plas – Plasmalogen; SL – Sulfolipide; Sp – Sphingomyelin. – [c] Das Myelin der peripheren Nerven besitzt relativ mehr Protein und Sphingomyelin als das Myelin des zentralen Nervensystems. [d] Bis zu 50% des Proteins der intestinalen Mikrovilli ist möglicherweise nicht der Membran zugehörig. – [e] Der Vergleich der chemischen Membranzusammensetzung der Erythrocytenmembranen 10 verschiedener Spezies hat ergeben, daß ein konstantes Verhältnis Cholesterin/polare Lipide besteht, daß aber der Gehalt an Lysolipiden und Phosphatidylcholin (Lecithin) stark variiert [450, 451]. – [f] Durch Phospholipase A-Behandlung gewonnene äußere Membranen sollen einen identischen Lipidgehalt und -zusammensetzung haben [12]; die angegebenen Werte wurden an Membranen die durch Digitonin-Behandlung hergestellt wurden, gemessen [456]. Die Präparationen der inneren Membranen haben einen beträchtlichen Gehalt an Strukturproteinen.

der Proteinverteilungen sind möglich, doch befindet sich ein großer Teil der Peptide im apolaren, inneren Anteil der Membran. Durch ihre strukturierten, funktionellen Makromoleküle gestalten, regeln und verbinden Membranen die Kompartimente, die sie trennen.

Membranproteine besitzen sowohl hydrophile Regionen, die den Flüssigkeits-Kompartimenten und möglicherweise hydrophilen Kanälen quer durch die Membran zugewandt sind, als auch apolare, hydrophobe

Regionen, die in Richtung auf Lipid-Kohlenwasserstoffketten und/oder andere Proteine orientiert sind. Die Aminosäure-Sequenz der Membranproteine ist genetisch festgelegt, ihre sekundäre, tertiäre und quaternäre Struktur sowie ihre Wechselwirkungen mit Lipiden sind jedoch thermodynamisch bedingt und resultieren aus der primären Aminosäure-Struktur. Es ist daher anzunehmen, daß sich Struktur und funktionelle Eigenschaften eines „Membranproteins" im Ablauf der Biosynthese oder bei der Extraktion in wäßrige Medien verändern. Membranproteine existieren dann möglicherweise in zwei Formen, deren grundsätzliche Identität nicht immer leicht nachzuweisen sein mag: nämlich in der Form, in der das Protein in der Membran integriert ist und in dem Zustand in Lösung.

Während lösliche Proteine ihre Form ohne wesentliche Behinderung durch Moleküle des sie umgebenden Lösungsmittels verändern können, können solche Zustandsänderungen von in der Membran integrierten Proteinen aus energetischen und anderen Gründen eingeschränkt sein. Die Zustandsänderungen werden vor allem durch die Assoziation der Membranproteine an andere Proteine und/oder Lipidaggregate begrenzt. Die Moleküle der Membrankomponenten liegen in ihrem nativen Zustand „in situ" in einer Form vor, die der in Lösung, wo Wechselwirkungen und Reaktionen nach statistischen und thermodynamischen Gesetzmäßigkeiten auftreten, nicht entspricht. Sie befinden sich vielmehr in einem „verdichteten Zustand", der sich dem eines Festkörpers nähert. Die funktionellen Einheiten treten in einer eingeschränkten Form in Wechselwirkung, d. h. sie sind gegenseitigen Reaktionsbeschränkungen unterworfen. Wie bei einfacheren Systemen (z. B. Hämoglobin) rufen die Kräfte, die die einzelne molekulare Einheit in ein geordnetes System zwingen, gleichzeitig die Kooperationsfähigkeit (Kooperativität)[1] des Systems als ein Ganzes hervor [676]. Da Wechselwirkungen zwischen einzelnen Makromolekülen sehr zahlreich sind, ist die Kooperativität des Systems immens groß [676].Weil die Wechselwirkungen zwischen vielen, funktionell verschiedenen, molekularen Einheiten auftreten, kann jede Änderung einer Membraneinheit mehrere, recht unterschiedliche funktionelle Konsequenzen haben. Weiterhin hängt die spezifische Rolle einer Membran-Untereinheit (= „Protomer") von ihrer sekundären, tertiären und quaternären Struktur ab, die wiederum von der Bindung wichtiger Liganden abhängt. Solche Liganden können anorganische Ionen, Metabolite, Strukturmoleküle (Phospholipide und Glykolipide),

---

[1] Unter „Kooperativität" versteht man die besonderen Wechselwirkungen zwischen den Komponenten eines Systems, bei dem die Reaktion *einer* Komponente mit einem Substrat die Reaktion einer *anderen* Untereinheit des Systems mit dem gleichen Substrat ermöglicht, die vorher nicht möglich gewesen wäre.

regulatorisch wirksame Stoffe (Steroide, Peptidhormone), Makromoleküle (Antigene, Antikörper, cytoplasmatische Proteine) oder supramolekulare Komplexe (Viren und Membranen anderer Zellen) sein.

3. Die Membran als Träger pathologischer Prozesse

Alle Überlegungen über die Membranstruktur führen zu dem Schluß, daß eine Veränderung von Membrankomponenten oder von struktur-bestimmenden Liganden zu „Membran-Krankheiten" führt. Solche Membran-Krankheiten, und zwar erworbene wie angeborene, werden in Laboratorien und Kliniken in zunehmendem Maße erkannt. So sind Fälle von familiär auftretenden Störungen des Membrantransportes und Sekundärveränderungen an der Erythrocytenmembran auf Grund eines abnormen Hämoglobins (obwohl Hämoglobin keinen notwendigen Membranbestandteil darstellt) bekannt geworden. Abnormalitäten der Lysosomen und ihrer Membranen sind mit vielen krankhaften Prozessen in Verbindung gebracht worden [146], und Tumoren rufen stets eine Unzahl verschiedener Membrandefekte hervor, von denen einige für den Übergang der normalen Zelle in eine maligne Zelle verantwortlich sein könnten.

Man weiß heute, daß Membranveränderungen die primäre Ursache für pathologische Prozesse sein können, daß aber auch normale Membranen im Brennpunkt vieler anderer Erkrankungen und therapeutischer Eingriffe stehen. So repräsentiert die normale und gesunde Plasmamembran den Ort der endgültigen Reaktion bei den folgenden, fundamentalen biologischen Vorgängen: Immunantwort und immunologische Erkrankungen, Schwermetallvergiftungen sowie das Eindringen pathogener Bakterien, Viren und intrazellulärer Parasiten. Schließlich sind Membranen als ein „verdichtetes System" gegenüber ionisierenden Strahlen infolge der oxidierenden Wirkung der Radiolyseprodukte des Wassers auf die SH-Gruppen der Proteine und der $-C=C-$Bindungen der Lipide besonders empfindlich.

4. Definitionen: „marker", „label" und „probe"

Einige spezielle Ausdrücke aus dem englischen Sprachbereich sind von der deutschen Wissenschaft in den letzten Jahren übernommen worden.

Eine Übersetzung würde also nur zu Verwirrung und Mißverständnissen führen. Um die Lektüre der folgenden Kapitel zu erleichtern, sollen die Begriffe hier übersichtlich definiert werden!

„marker": Charakteristischer, typisierender Bestandteil einer spezifischen Biomembran. Zumeist handelt es sich dabei um natürliche Membranbestandteile (z. B. Leitenzyme, Antigene, Virus-Rezeptoren); es können aber auch von außen an die Membran physikochemisch oder kovalent gebundene Moleküle (dann gleichzeitig ein „label" oder eine „probe") dazu dienen, sofern diese an eine spezielle Membran binden.

„label": Ein von *außen* an eine Membran physikochemisch oder kovalent gebundenes Molekül (z. B. reaktive, nicht permeable Makromoleküle), die chemisch oder immunologisch nach der Membran-Fraktionierung wieder nachgewiesen werden können. Geben solche „labels" ein physikalisch meßbares Signal (Radioaktivität, Fluoreszenz o. ä.) ab, dienen sie gleichzeitig als „probe".

„probe": (= Sonde) Ein meist von außen an die Membran herangebrachtes Molekül (dann ein spezieller „label"), z. B. die Fluoreszenzsonde ANS, oder seltener ein natürlicher Membranbestandteil (falls typisch für eine spezielle Membran, dann auch als „marker" zu verwenden), der ein physikalisch meßbares Signal abgibt. Dieses physikalische Signal soll sich mit dem Zustand der Membranbestandteile verändern und so einen Aufschluß über konformationelle und andere Übergänge in der Membran geben.

II. Kapitel

Isolierung, Fraktionierung und Biochemische Eigenschaften von Biomembranen

1. Einleitung

Die Untersuchung von Membranen auf einer molekularen Ebene erfordert ihre Isolierung, Reinigung und Fraktionierung. Die dazu nötigen Arbeitsgänge aber bringen für die Analyse einen „Unsicherheitsfaktor" mit sich, da Biomembranen eine dynamische molekulare Anordnung repräsentieren, die normalerweise von ihrer physiologischen Umgebung abhängig ist. Isolierte Membranen können gegenüber ihrem nativen Zustand „in situ" in der folgenden Weise verändert sein:
 1. Verlust normaler biologischer Kontrollmechanismen.
 2. Verlust von hoch- und niedermolekularen Liganden, die normalerweise an die Membran gebunden sind.
 3. Strukturelle Veränderungen gegenüber dem Zustand „in situ".
 4. Anlagerung von Molekülen, die normalerweise nicht mit der Membran assoziiert sind.
 5. Austausch von Molekülen mit anderen Membransystemen.
 6. Aufhebung instabiler Zustandsformen, wenn Membranmoleküle miteinander durch mehrfache, wechselseitige Gleichgewichte verbunden sind.

Diese Überlegungen sind entscheidend für alle experimentellen Ansätze in der Molekularbiologie der Membranen und für alle Verbesserungen im Bereich der Membranisolierung.

Zu 2. liefert das Hämoglobin (Hb) im Erythrocyten ein gutes Beispiel. In vivo muß Hb der Membraninnenseite auf eine Entfernung von wenigen Å benachbart sein, da es an die Membran mit kleinen bifunktionellen Reagentien gebunden werden kann [399]. Dabei scheint HbA_{Ic}, eine Schiffsche Base zwischen β-N-Terminalen und Hexose [282], besonders in Anspruch genommen zu werden. HOLMQUIST und SCHRÖDER [270] haben berechnet, daß ein Erythrocyt 29 $\mu\mu$g Hb enthält, wovon 5,3%

HbA_{Ic} darstellt; d. h. eine Zelle enthält $1,4 \times 10^7$ Moleküle HbA_{Ic}. Die Fläche einer Seite eines solchen Moleküls ($50 \times 55 \times 60$ Å) beträgt 3×10^3 Å^2; entsprechend würden $1,4 \times 10^7$ Moleküle ungefähr $4,5 \times 10^{10}$ Å^2 beanspruchen. Dieser Wert für die Oberfläche eines Erythrocyten wurde auch aus anderen Größen berechnet. HbA_{Ic} könnte so eine einzelne, durchgehende monomolekulare Schicht auf der inneren Oberfläche des Erythrocyten bilden. Auch Hämoprotein 359 liegt in enger Nachbarschaft zur Erythrocytenmembran [190].

Als Beispiel zu Punkt 3., Membranen würden während ihrer Isolierung strukturell umgewandelt, sei angeführt, daß STECK et al. [599] im Einklang mit früheren Annahmen die höhere Protease-Empfindlichkeit von Erythrocytenmembranen nach der Hämolyse beweisen konnten. PHILLIPS und MORRISON [493, 494] finden bei der Jodierung von Erythrocyten mit Lactoperoxidase, einem Molekül, das wegen seiner Größe nur zur Außenseite der Membran Zugang hat, überwiegend ein Peptid vom Molekulargewicht 90000 Dalton jodiert, während beim Erythrocyten-Ghost fast alle Peptide markiert werden. So konnte auch BRETSCHER [81, 82] durch Beladen von intakten Erythrocyten mit hochaktivem, nicht permeablem Formyl-methionyl-sulfan-methyl-phosphat zeigen, daß nur Peptide im Molekulargewichtsbereich von 105000 und 90000 Dalton reagieren. Von beiden Peptiden enthält eine Erythrocytenmembran ca. 4×10^6 Moleküle. Das Peptid vom Molekulargewicht 90000 Dalton besteht zu ca. 50% aus Kohlehydraten und enthält ungefähr 70% der Neuraminsäure der Membran. Bei isolierten Membranen dagegen reagieren viele andere Peptide ebenfalls. Ebenso werden Phosphatidyläthanolamin und -serin in ganzen Zellen kaum, in den isolierten Membranen dagegen sehr stark markiert. Schließlich zeigen Untersuchungen von TSUGAGOSHI und FOX [658] an *E. coli*, unter Verwendung von Bromstearinsäure als Dichte-„label", einen Lipidaustausch zwischen verschiedenen Membranen, z.B. während der Beschallung von Bakterien.

Trotz dieser Hindernisse wenden viele Wissenschaftler die klassische Methode an, ein Ganzes in Untereinheiten zu zerlegen. Da dies aber gerade der kritische Punkt in der Membranbiologie ist – wenn auch nur methodischer Natur –, sollen in diesem Abschnitt die Prinzipien der Membranfraktionierung in den Mittelpunkt einer kritischen Betrachtung gestellt werden, insbesondere die Trennung der Plasmamembranen von anderen cytoplasmatischen Membranen.

2. Zellaufschluß

2.1. Einleitung

Je nach der angewandten Methode werden Plasmamembranen während des Zellaufschlusses in „ghosts" (= geschlossene Zellhüllen), offene Zellhüllen, große und manchmal spezialisierte flächige Stücke oder in kleine geschlossene Vesikel umgewandelt. Kernmembranen können ebenso wie Mitochondrienmembranen, Lysosomenmembranen und Membranen des Golgi-Apparates in einem recht reinen Zustand präpariert werden. Das endoplasmatische Retikulum jedoch neigt dazu, Vesikel von gleicher Größe und Dichte wie die der Plasmamembran zu bilden [601]. Da sich in Zellhomogenaten sehr unterschiedliche Membranarten befinden, ist es oft nötig, ein ganz bestimmtes Fraktionierungsschema zu entwikkeln, um eine einzige Membranfraktion rein zu isolieren. Um verschiedene zelluläre Membranen zu isolieren, muß auf jeden Fall die Plasmamembran zerstört werden; dabei sollten aber nach Möglichkeit Kerne, Mitochondrien und Lysosomen unbeschädigt erhalten bleiben. Dies nicht nur, um zu vermeiden, daß sich die Membranen dieser Organellen miteinander vermischen, sondern auch, um zu verhindern, daß sich ihr Inhalt an andere Membranen adsorbiert bzw. diese aggregiert oder abbaut.

2.2. Physikalische Methoden

Die physikalischen Techniken zum Zellaufschluß beruhen im allgemeinen auf der Verzerrung angreifbarer Membranregionen durch äußere Scherkräfte [512, 513, 537]. Das Ausmaß der Fragmentierung hängt von der Größe der Scherkräfte, der Geschwindigkeit ihrer Änderung, den viskoelastischen Eigenschaften der Membran und von der Zellgröße ab [679].
    1. Ultrabeschallung und mechanische Homogenisierung wirken vermutlich durch Scherkräfte zwischen Flüssigkeit und Zelloberfläche.
    2. Osmotische Einflüsse vergrößern die Membranoberfläche und führen so zu vorübergehenden Undichtigkeiten bis zum totalen Aufbrechen der Zelle; oft wird durch osmotische Kräfte der Aufschluß durch Scherkräfte potenziert.
    3. Bei niedriger Ionenstärke können elektrostatische Wechselwirkun-

gen zwischen den an der Membran fixierten Ladungen zu umgrenzten Zerreißungen führen.

Die Fragmentierung von in Wasser gewaschenen Membranisolaten, die Vesikulierung von intestinalen Mikrovilli, von Bürstensäumen der Nierentubuli und des Sarkolemms von Muskelfasern, die „Auflösung" von Erythrocytenghosts durch erschöpfende Deionisierung [403], ebenso wie die mögliche Extraktion von struktur-bestimmenden Liganden können sehr wohl auf solchen elektrostatischen und osmotischen Einflüssen beruhen.

Beschallung und hohe Scherkräfte zwischen Flüssigkeit und Zelle, wie z. B. bei der „French press", zerreißen Membranen unspezifisch, da nicht nur die Plasmamembran, sondern auch die Membranen der Kerne, der Mitochondrien und der Lysosomen zerstört werden. Begleitet wird dieser Aufschluß durch lokale Erwärmungen und dem Auftreten freier Radikale, wodurch die Membranstruktur sehr leicht verändert werden kann [216, 278, 279]. Die Freisetzung basischer Proteine aus den Zellkernen ist besonders unerwünscht, da diese die negativ geladenen Membranfragmente aggregieren; auch zerstörte Lysosomen können über freigesetzte Hydrolasen zum Membranabbau führen.

Bei dem sehr häufig verwendeten Dounce-Homogenisator hängen die Scherkräfte von der lichten Weite und der relativen Bewegung zwischen Pistill und Mörser ab; diese Parameter sind nur schwer kontrollierbar, und auch Homogenisatoren mit konstanten Abmessungen beseitigen dieses Problem nicht.

Bei der schnellen Dekompression eines inerten Gases von 50 bis 75 atü auf eine Atmosphäre wird selektiv die Plasmamembran aufgeschlossen [679, 284]. Bei der Dekompression zu normalem Druck bilden sich Gasblasen auf der Plasmamembran-Oberfläche und zerreißen diese durch lokale Scherkräfte. Dies erfolgt unter quantitativ kontrollierbaren, isoosmotischen Bedingungen, in einer inerten Atmosphäre ohne lokale Erwärmung und ohne Zerreißung von Kernen, Lysosomen und Mitochondrien.

Bei einer weiteren neuen Technik, die ebenfalls auf dem Auftreten von Scherkräften beruht und die besonders für große Zellen (z. B. Adipocyten) geeignet ist, werden Zellsuspensionen mit bestimmter Geschwindigkeit durch ein Raster gepreßt, dessen freie Öffnungen ein wenig größer sind als die Querschnitte der Zellen; dabei werden isoosmotische Medien unter kontrollierbaren Bedingungen verwendet [26].

Allgemein sind die kritischen Faktoren beim Zellaufschluß die Ionenzusammensetzung, die osmotischen Verhältnisse und der Kolloidgehalt der verwendeten Medien; diese müssen genau bestimmbar sein und der jeweiligen Anwendung entsprechen.

2.3. Chemische Methoden

Chemische Methoden zum Zellaufschluß, wie hypotonische und hypoionische Medien, extreme pH-Werte, oberflächenaktive Stoffe, Lipasen oder Proteasen sind im allgemeinen in ihrer Wirkung nicht selektiv genug. Deshalb werden sie nur für spezielle Zwecke angewandt, z. B. bei der Präparation von Erythrocytenghosts [148] und von Plasmamembranen der Leber-Gallen-Grenze.

3. Trennung von Membranfragmenten durch Zentrifugieren

Diese Technik hat sich zur Trennung und Reinigung von Membranen als äußerst geeignet erwiesen. Chromatographische und elektrophoretische Methoden zeigen dagegen kaum einen Erfolg. Eine einfache und zukunftsträchtige Methode zur Trennung von Membranen, die eine Phasenverteilung zwischen zwei nicht mischbaren polymeren Phasen verwendet, soll aber auch beschrieben werden.

3.1. Differentialzentrifugation

Die Differentialzentrifugation (alternierende Anwendung von hohen und niedrigen Umdrehungszahlen) wird gewöhnlich zur Trennung von Fragmenten, die sich in ihren Sedimentationsgeschwindigkeiten, d. h. in ihrer Partikelgröße, unterscheiden, verwendet. Mit dieser Methode erhält man die besten Resultate in gepufferten Dichtegradienten (Übersichten s. [77, 558, 668]; Anwendung auf Membranen s. [601]). Die Dichtegradienten dienen bei dieser Technik der Verhinderung von Konvektionsartefakten. Die Trennung erfolgt nach Größe, Form und Dichte der Partikel; das Trennergebnis hängt zudem von der Zentrifugalkraft sowie der Dichte und Viskosität des verwendeten Mediums ab. Saccharose, Glycerin, Cäsiumchlorid, Rubidiumchlorid und Kaliumbromid sind die am meisten zur Herstellung von Gradienten angewandten Stoffe. Aber auch Makromoleküle wie Polyglukose und Polysaccharose sind, gerade bei Membrantrennungen, von besonderem Nutzen [600, 601]. Um Membranen in größerem Maßstab zu reinigen, verwendet man in zunehmendem Maße Zonenrotoren [155, 365, 491, 698].

3.2. Isopyknische Technik

Membranpartikel können auch in Abhängigkeit von ihrer Dichte getrennt werden. Wenn diese nahe der Dichte einer Gradientenzone liegt, so hängt die erreichte Trennung der Partikel von ihrer Dichte und ihrem osmotischen Verhalten ab. Diesen Ansatz nennt man isopyknische oder Gleichgewichts-Dichtezentrifugation. Oft werden in einem Fraktionierungsschema diese beiden Techniken, die Differentialzentrifugation und die isopyknische Zentrifugation, nebeneinander verwendet.

Die Kapazität einer Gradientensäule ist in beiden Techniken geringer als theoretisch vorherzusagen ist, da die Stabilität eines Gradienten den limitierenden Faktor darstellt. Überschreitet das Membranmaterial in einer Zone die Konzentration von 1 mg/ml, so tritt eine Zonenverbreiterung infolge Aggregation und nicht idealem Zentrifugationsverhalten auf.

3.3. Gradientenmedien

Dichtegradienten sind nicht nur Gradienten des spezifischen Gewichtes, sondern auch der osmotischen und chemischen Aktivität. Die beiden letztgenannten Eigenschaften beeinflussen ganz wesentlich die Sedimentationsgeschwindigkeit und die isopyknische Dichte von Membranen, die oft als geschlossene Vesikel wandern, deren Verhalten sich mit dem pH verändert und die für Moleküle, die größer als Disaccharide sind, eine begrenzte Permeabilität besitzen [600, 601, 679].

Lösungen von Kohlehydraten sind die am meisten verwendeten Gradientenmedien, da sie Lipoproteinkomplexe eher stabilisieren als schädigen. Saccharose in Konzentrationen zwischen 10 und 60% wird am häufigsten gebraucht, aber es interferiert ebenso wie eine Reihe von anderen Kohlenhydraten mit vielen Proteinbestimmungen [525]. Mit Glycerin, das im allgemeinen membran-permeabel ist, lassen sich höhere Dichten erreichen [601]. Es stabilisiert die Membranstruktur und erlaubt direkt die Aufarbeitung für konventionelle und Gefrierätz-Elektronenmikroskopie. Dichtegradienten auf der Basis von polymeren Kohlenhydraten (Polyglukose und Polysaccharose) haben bei der Membranfraktionierung sehr wichtige und umfangreiche Anwendungen gefunden [600, 601, 679]. Sie vermindern osmotische Kräfte und Ladungseffekte auf ein Minimum, benötigen aber wegen ihrer höheren Viskositäten längere Zentrifugationszeiten oder/und höhere Umdrehungszahlen als Saccharose und Glycerin. Gradienten aus den schweren Alkalisalzen können sowohl für die Differential-Zentrifugation, als auch bei der isopyknischen Technik verwendet werden [601], ohne bestimmte „marker"-Enzyme zu inaktivieren oder Proteine aus der Membran zu extrahieren. Um die unspezifische Aggregation von Membranvesikeln zu verhindern, sind Ionenstärken über 0,15 M, eine geringe Konzentration von zweiwertigen Kationen und ein pH von 7,0 bis 8,5 nötig [387]. In solchen Gradienten findet man die höchste Membrandichte, da elektrostatische und osmotische Effekte auf ein Minimum reduziert werden. Die spezifische Trennung bestimmter Rezeptorareale der Plasmamembran ist mit dieser Technik gelungen [492].

Die Dichten der am meisten verwendeten Gradientenmedien werden in Tab. II. 1. angegeben. Die Salzgradienten mit der niedrigsten Viskosität erfordern wesentlich geringere Umdrehungsgeschwindigkeiten bzw. Zentrifugationszeiten als Polysaccharose- und Polyglukose-Gradienten. Die letzteren sind zudem im allgemeinen polydispers und sedimentieren selbst, so daß sich die Form des Gradienten während der Zentrifugation verändert.

Tabelle II. 1. *Dichten von Gradientenmedien bei 25 °C*

Solute	Konzentration (Gew.-%) nach „International Critical Tables"					
	10%	20%	30%	40%	50%	60%
LiCl	1,054	1,113	1,178	1,250		
LiBr	1,073	1,160	1,261	1,281	1,529	1,716
KBr	1,072	1,158	1,257	1,371		
NaBr	1,078	1,172	1,281	1,410		
RbBr	1,079	1,174	1,285	1,419	1,582	
CsCl	1,079	1,174	1,286	1,420	1,582	1,785
CsBr	1,081	1,180	1,297	1,440	1,616	
Kaliumacetat	1,048	1,100	1,155	1,213	1,242	1,333
Kaliumcitrat	1,066	1,140	1,221			
Kaliumtartrat (20 °C)	1,066	1,139	1,218	1,305	1,400	
Glyzerin	1,021	1,045	1,071	1,097	1,124	1,151
Saccharose	1,038	1,081	1,127	1,176	1,230	1,289
Polysaccharose [390]	1,034	1,068	1,102	1,136		
Polyglukose [390]	1,038	1,076	1,114	1,152		

Nach der Zentrifugation kann die Dichte der Gradienten durch kalibrierte Glaskugeln, durch Pyknometrie [685], durch Refraktometrie

[669] oder durch kalibirierte, nicht mischbare Dichtegradienten bestimmt werden.

Das reale Verteilungsgleichgewicht zwischen Membranen und Gradientenmedien hängt von der Zentrifugationszeit, der Zentrifugalbeschleunigung, der Konzentration des zur Herstellung des Gradienten verwendeten Stoffes und anderen Faktoren ab. Die Breite der Membranzone wird durch die Zentrifugalbeschleunigung, das durchschnittliche Partikelgewicht und von osmotischen Faktoren bestimmt. Definiert man die Auflösung einer solchen Trennung als den Abstand zwischen zwei Zonen, so ist diese nur durch das Partikelvolumen und -gewicht sowie durch die Art des gelösten Stoffes, nicht aber durch die Zentrifugalkraft bestimmt [600].

3.4. Herstellung von Gradienten

Es existieren sehr viele Methoden zur Herstellung von Gradienten, aber WALLACHs einfacher und vielseitiger Apparat [675] ist für nahezu alle Zwecke verwendbar. Dabei wird eine Drei-Kanal-Schlauchpumpe in Verbindung mit einer Mischkammer verwendet. Diese Anordnung funktioniert wie folgt: Ein bestimmtes Volumen einer Lösung von der gewünschten maximalen Dichte wird in die Mischkammer vorgegeben, und der Pumpenkanal A mit der Mischkammer und dem Reservoir mit einer Lösung der gewünschten minimalen Dichte verbunden. Die Pumpenkanäle B und C führen zu zwei Zentrifugengläsern. Bei gleicher Pumpgeschwindigkeit in allen drei Kanälen ist der Kammerzufluß genau halb so groß wie der Kammerabfluß, und es resultieren in den beiden Zentrifugengläsern zwei identische lineare Gradienten. Durch Abwandlung der Pumpgeschwindigkeit in den verschiedenen Kanälen lassen sich aber auch andere Gradientenformen bilden. Entspricht das Volumen der Lösung mit der maximalen Dichte in der Mischkammer dem des gewünschten Volumens in dem Zentrifugalglas und erfolgt das Pumpen bis zur vollständigen Entleerung der Kammer, dann entsprechen die Dichtegrenzen in jedem Zentrifugenglas den Dichten der beiden verwendeten Gradientenlösungen.

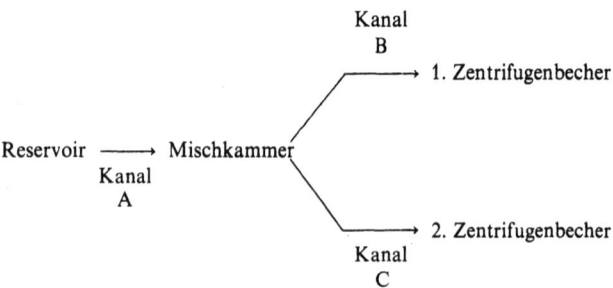

3.5. Probenzuführung

Normalerweise werden Membranpräparationen auf einen Gradienten durch Überschichten mittels einer Mikropipette aufgetragen. Bei der Differentialzentrifugation ist die aufgetragene Menge pro Zentrifugenbecher der entscheidende Parameter für die endgültige Zonenbreite nach vollendeter Zentrifugation, da sehr leicht konzentrationsabhängige, nicht ideale Sedimentationsbedingungen eintreten können. Bei Anwendung der isopyknischen Zentrifugation kann die Membranpräparation entweder dem Gradienten direkt bei seiner Herstellung beigemischt werden, oder auch auf die Oberfläche desselben aufgetragen werden. Die zuerst angegebene Methode vermindert die Aggregation von Membranfragmenten am besten [685].

3.6. Zentrifugation

Die Diffenretialzentrifugation muß unmittelbar an die Probenzuführung anschließen, um eine Vermischung zwischen Gradienten und Probe vor der Zentrifugation durch Konvektion zu vermeiden. Die Zeit, die Temperatur und die Beschleunigung sind so gut als möglich zu kontrollieren. Die benötigte Zeit ist dem Sedimentationskoeffizienten der Partikel indirekt proportional. Um ein echtes Gleichgewicht zu erreichen, werden längere Zentrifugationszeiten benötigt. Um in einem unbekannten Fall die richtige Zeit zu ermitteln, ist es nützlich, einen Gradienten herzustellen, bei dem die Probe dem Gradienten einheitlich beigemischt ist und einen anderen Gradienten, bei dem sie auf der Oberfläche desselben aufgetragen wird. Die Zentrifugation wird anschließend so lange fortgesetzt, bis die sich bildenden Zonen die gleiche Position haben.

Man kann Gradienten, wenn man sie vorsichtig und unter Vermeidung von Temperaturveränderungen handhabt, nach verschiedenen Zentrifugationszeiten entnehmen und beurteilen, da die meisten Gradienten in den modernen stabilisierten Ultrazentrifugen während der Beschleunigung und der Bremsung nicht verändert werden.

Ein isopyknisches Gleichgewicht stellt sich am schnellsten in kurzen Gradienten ein; längere Gradienten verwendet man nur, wenn ein weiter Dichtebereich benötigt wird. Dies ist dann der Fall, wenn die aufzutrennende Probe Partikel unbekannter oder stark differierender Eigenschaften enthält. Wird die volle Länge eines Zentrifugenglases für einen Gradienten nicht benötigt, muß die ungenutzte Höhe oberhalb oder unterhalb des Gradienten mit einem inerten, nicht mischbaren Medium von entsprechend hoher bzw. niedriger Dichte gefüllt werden.

4. Membranfraktionierung durch Phasentrennung

In einem bahnbrechenden und vielversprechenden Ansatz haben BRUNETTE und TILL [86] ALBERTSONs wäßrige, polymere Zwei-Phasentrennung [77] für die Isolierung von Plasmamembranen der L-Zellen verwendet. Der Zellaufschluß im Dounce-Homogenisator erfolgte in einem hypotonischen, mit 10^{-3} M $ZnCl_2$ stabilisierten Medium. Nach Entfernung der großen Zellpartikel durch Zentrifugieren bei niedriger Beschleunigung, werden die Membranen einem miteinander vermischten polymeren Zwei-Phasen-System (Dextran und Polyäthylenglykol) zugefügt und zentrifugiert. Dabei kommt es zu einer Anreicherung von Plasmamembranen in einer Interphase zwischen Dextran und Polyäthylenglykol. Das Zwei-Phasen-System wird zum Schluß durch Zugabe von Wasser zerstört und die Membranen durch Zentrifugieren bei niedrigen Umdrehungszahlen gewonnen. Bei wiederholter Anwendung dieser Verteilung lassen sich gereinigte Plasmembranen, die morphologisch aus großen Blättern bestehen, innerhalb von zwei Stunden gewinnen. Man findet keine Verunreinigungen mit Kern- oder Mitochondrienmaterial sowie nur geringe Beimengungen von Fragmenten des endoplasmatischen Retikulums, entsprechend dem einzigen getesteten „marker". Hingegen sind mehrere Plasmamembran-„marker" erheblich angereichert.

5. Membranfraktionierung durch „affinity-density-pertubation"

Im vorangehenden Teil wurden Methoden beschrieben, bei denen durch physikalische Scherkräfte die Plasmamembran entsprechend der topologischen Vielfalt in zahlreiche Untereinheiten aufgeschlossen wird. Die daraus resultierenden, topologisch unterschiedlichen, semipermeablen Plasmamembran-Vesikel [601, 679] können dann nach ihren physikochemischen Eigenschaften getrennt werden; diesem experimentellen Ansatz entsprechend sind bisher einige Plasmamembran-Antigene und -Enzyme

---

Abb. II.1. Membranfraktionierung durch „affinity-density-perturbation". Die einen spezifischen Rezeptor tragende Membran bildet während des Zellaufschlusses kleine Vesikel. Die spezifischen Rezeptoren reagieren mit dem entsprechenden Liganden, der selbst kovalent an einen Partikel mit hoher Dichte, z. B. einen kleinen Bakteriophagen, gebunden ist. Durch den nun an den Bakteriophagen gebundenen Vesikel wird die Dichte des Komplexes aus Membranvesikel, Ligand und Phagen gegenüber dem Ligand-Phagen-Komplex vermindert und gegenüber den freien Vesikeln erhöht. Dadurch wird eine Trennung von Partikeln, die eine ungleiche Anzahl von Rezeptoren tragen, möglich. In einigen Fällen kann der Komplex durch Zugabe eines niedermolekularen Rezeptor-Analogen wieder gespalten werden. (Aus [688] mit Genehmigung der North Holland Publishing Co.)

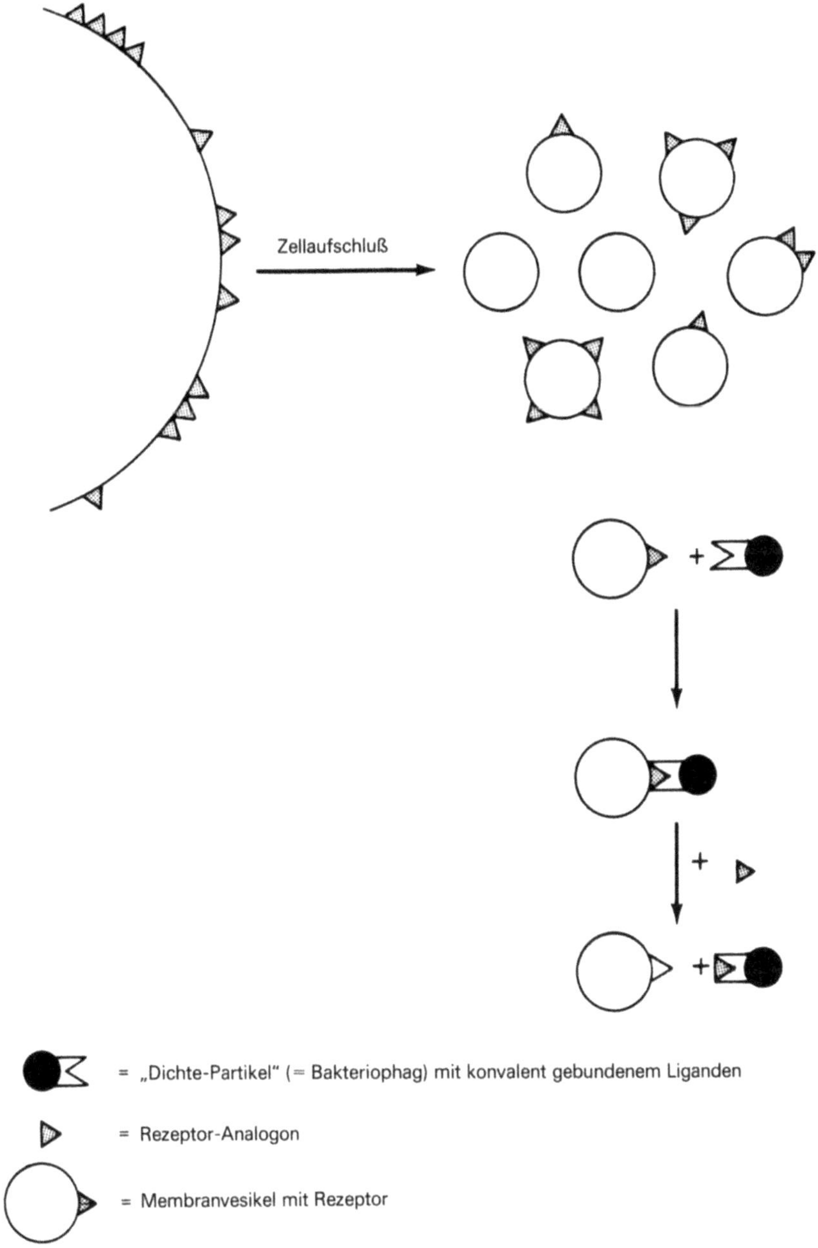

Zellaufschluß

 = „Dichte-Partikel" (= Bakteriophag) mit konvalent gebundenem Liganden

 = Rezeptor-Analogon

 = Membranvesikel mit Rezeptor

dargestellt worden [688]. Trotzdem ist es nötig, in Zukunft Methoden auszuarbeiten, mit denen definierte Membranareale sehr viel spezifischer von anderen Anteilen der Plasmamembran getrennt werden können. Ein Beginn in dieser Richtung wurde mit dem folgenden Fraktionierungsschema getan; Membranfragmente, die einen spezifischen Rezeptor tragen, werden mit ihrem physiologischen Liganden gekuppelt, der selbst kovalent an ein Partikel mit sehr hoher Dichte gebunden ist. Dadurch erhält ein Plasmamembran-Vesikel der den Rezeptor trägt, eine sehr viel höherer Dichte als andere Vesikel, und läßt sich durch isopyknische Zentrifugation von diesen als auch von den ungebundenen Dichte-Partikeln trennen. Schematisch ist dieser Ansatz der „affinity-density-perturbation" in der Abb. II. 1. dargestellt. Zur Lokalisation und Quantifizierung von Membranvesikeln mit Dichte-Partikeln, freien Dichte-Partikeln und Membranvesikeln ohne Dichte-Partikel können die Membranen und Dichte-Partikel mit verschiedenen Radioisotopen markiert werden. Die Bindung zwischen Membran-Rezeptor und Ligand kann durch Zugabe von Reagentien mit höherer Affinität zum Liganden als die des Rezeptor oder durch Zugabe von Rezeptor-Analoga mit einer dem Rezeptor ähnlichen Affinität zum Liganden aufgehoben oder vermindert werden [688].

6. Membranfraktionierung durch Mikrodissektion

Um die Schwierigkeiten beim Membran-Aufschluß zu umgehen, hat HYDEN [63, 133, 419] dieses Problem durch Mikrodissektionstechniken in Kombination mit einer Reihe von mikroanalytischen Techniken angegangen. Er entfernt die begleitenden Glia-Zellen von einzelnen Neuronen aus dem DEITERschen Kern des Gehirns, schneidet aus der Zelloberfläche einzelne Membrananteile heraus, breitet dieses nach dem Waschen in einer isoosmotischen Saccharose-Lösung auf Glas aus und untersucht dann die Eigenschaften dieser Membranpräparationen. Die isolierten Präparate sind 500 Å dick und bestehen vermutlich nicht nur aus Plasmamembran-Material. Die Analysen solcher Präparationen zeigen aber erhebliche Differenzen zwischen Glia-Zellen und Neuronen. Zum Beispiel haben die ATPasen der Neuronzelle ein anderes pH-Optimum als die der Gliazelle und sind ausgesprochen empfindlich gegen Glykoside; auch antigene Unterschiede zwischen den beiden Zelltypen sind beschrieben worden. Trotz der erheblichen technischen Schwierigkeiten dieser Versuchsanordnung wird dieser Ansatz mit Nachdruck fortgeführt.

7. Analyse der Ergebnisse

7.1. Zonenlokalisation

Zonen eines Gradienten mit Membranmaterial lassen sich durch die Lichtbrechung, durch Photometrie und mittels biochemischer, radiochemischer sowie immunologischer Analysen lokalisieren. Normalerweise erlaubt die Lichtbrechung, die von der Partikelgröße abhängig ist, am einfachsten das Auffinden der Zonen mit kleinen sphärischen Vesikeln bis zu einer Menge von 20 μg. Je geringer das Lichtbrechungsvermögen des Materials ober- und unterhalb einer zu lokalisierenden Zone ist, um so geringere Mengen an Membranmaterial können auf diese Weise festgestellt werden. Die Sichtbarkeit der Zonen hängt ebenfalls von der Differenz der Brechungsindices zwischen Membranpartikeln und Gradientenmedium ab; allein aus diesem Grund ist es schwierig, die Menge des Membranmaterials in einer Zone auf diese Weise zu bestimmen.

7.2. Quantifizierung

Die Probleme der quantitativen Proteinbestimmung in einer Membranpartikel enthaltenden Zone sind von RESCH et al. [525] dargestellt worden. Die von ihnen entwickelte fluorimetrische Methode hat den Vorteil der Empfindlichkeit, der Schnelligkeit und daß es nicht zur Zerstörung von Probenmaterial kommt. Sie kann ebenso zur kontinuierlichen Messung des Proteinprofils in einem Gradienten dienen, wie auch zusammen mit biochemischen, radiochemischen, immunologischen und elektronenoptischen Untersuchungen eingesetzt werden. Die Fluoreszenz-Intensität von Membranproteinen verhält sich über einen weiten Bereich linear zur Proteinkonzentration und interferiert nur geringfügig mit Gradientenmaterialien.

Absorptionsmessungen im Bereich von 260 bis 280 nm sind nicht empfindlich genug und werden bei polymeren Gradientenmedien durch die Lichtbrechung und die Absorption derselben beeinträchtigt. Die Absorption der Peptide bei 200 nm ist trotz der hohen Empfindlichkeit und Spezifität gegenüber anderen Methoden wegen der hohen Lichtabsorption und Lichtbrechung durch die Gradientenmedien nicht anwendbar. Konventionelle Proteinbestimmungen, z. B. die Methode von FOLIN-CIOCALTEAU, eignen sich nicht zur kontinuierlichen Aufzeichnung des Proteinprofils und geben bei kohlehydrat-haltigen Gradienten unbefriedigende Ergebnisse; die Biuret-Methode ist zu unempfindlich und für Membranproteine im allgemeinen nicht anwendbar. Die Ninhydrinbestimmung liefert befriedigende Ergebnisse, sofern reine Gradientenmedien verwandt werden.

Für immunologische, radiochemische und biochemische Analysen müssen die den Gradienten bildenden Stoffe zumeist durch Verdünnen und Abzentrifugieren der Membranen oder durch Gelchromatographie entfernt werden.

Die idealste Methode zur Proteinquantifizierung ist die direkte, photoelektronische, kontinuierliche Aufzeichnung des Proteinprofils im Zentrifugenglas über die Proteinfluoreszenz oder -absorption. Die meisten Zentrifugengläser haben jedoch zu schlechte optische Eigenschaften, so daß man genötigt ist, den Inhalt des Zentrifugenglases durch die Durchflußzelle eines Photodetektors zu pumpen. Dieses geschieht, indem man den Boden eines Zentrifugenglases mit einer Kanüle punktiert und entweder durch diese ein sehr dichtes Medium pumpt, so daß der Gradient nach oben ausfließt, oder eine Flüssigkeit mit geringer Dichte auf die Oberfläche des Gradienten pumpt, so daß er jetzt durch die Kanüle abfließt. Bei konstanten Pump- und Durchflußgeschwindigkeiten kann dann die genaue Lage einer Zone innerhalb eines Gradienten bestimmt werden.

Eine einfachere Alternative zu diesem Auspumpen des Gradienten sei noch kurz dargestellt. Dabei wird die Kanüle einer Spritze mit einer U-förmigen Pipette verbunden und diese durch die Oberfläche des Gradienten mit ihrer Öffnung bis kurz unterhalb einer Zone geführt und diese mit der Spritze abgesaugt. Diese Methode wird besonders bei leicht sichtbaren Zonen angewandt.

8. Membran-„marker"

Isolierte Membranen werden zunehmend im Detail charakterisiert, doch fehlt oft die Garantie, daß es sich bei den untersuchten Fraktionen ausschließlich um den speziellen Membrantyp handelt, der untersucht werden soll. So ist die Anwendung mehrerer Reinheitskriterien unerläßlich. Dies ist um so nötiger, da die histochemischen Daten über die subzelluläre Verteilung von Membran-„markern" sowie über ihre Stabilität im Verlauf der Fraktionierung unvollständig sind. Es sollen im folgenden einige Membraneigenschaften dargestellt werden, die dazu dienen können, Reinheitskriterien aufzustellen.

8.1. Morphologie

Sehr häufig sollen mit elektronenoptischen Darstellungen einzelne Membranfraktionen identifiziert werden und ihre Reinheit bestimmt werden. Das kann nützlich sein, wenn die Membranen im Laufe der Aufarbeitung ihre charakteristischen morphologischen Strukturen bewahren, wie z. B. die Plasmamembranen der Leber-Galle-Grenze, Kernmembranen mit ihren Poren, Polysomen und andere. Bei Membranen aber, die keine eindeutigen morphologischen Charakteristika besitzen und die beim Zellaufschluß zur Vesikulation neigen, d. h. vor allem die Plasmamembranen und das glatte endoplasmatische Retikulum, ist eine morphologische Reinheitsbeurteilung nicht möglich. Zudem stellt die Quantifizierung ein erhebliches Hindernis dar. So kann ein Milligramm Trockengewicht eines Zellaufschlusses bis 10^{11} Fragmente in der Größe von Mitochondrien enthalten. Selbst wenn man annimmt, daß diese eine statistische Verteilung aufweisen und alle Partikel zu identifizieren sind, was in Wirklichkeit nicht der Fall ist, so ist doch die notwendige Zeit, um alle Komponenten einer Präparation zu identifizieren und zu zählen, für praktische Zwecke wesentlich zu groß.

8.2. Enzym-„marker"

Von den bislang getesteten „markern" zur Beurteilung der Reinheit und der funktionellen Integrität von Membranfraktionen, sind die membran-gebundenen Enzyme bei weitem die nützlichsten. Dies vor allem wegen der Empfindlichkeit, Genauigkeit und Quantifizierbarkeit der verwendeten Enzymteste. Zudem verbinden sie die Fraktionierungsmethoden mit der „in situ"-Histochemie. Es ist jedoch im allgemeinen schwierig, die Möglichkeit auszuschließen, daß Enzyme, die auf der Oberfläche von intakten Zellen vorkommen, nicht auch in intrazellulären Membransystemen anwesend sind.

8.3. Immunologische „marker"

Membranpräparationen können in Tieren anderer Spezies eine Antikörperbildung induzieren. Diese Antikörper bieten in Verbindung mit den Methoden der Immunabsorption, Immunelektrophorese und radioaktiven bzw. Fluoreszenz-Markierung ein ausgezeichnetes Mittel zur Reinheitsprüfung von Membranfraktionen, ganz besonders von Plasmamembran-Fraktionen [66, 679]. Trotzdem sind immunologische „marker" nur wenig angewandt worden, obwohl sie für alle Membranarten verwendet werden können. Bisher hat man mit solchen Methoden die antigene Mannigfaltigkeit von mikrosomalen Membranen [386, 387] festgestellt; ebenso hat man nachweisen können, daß die Plasmamembranen von EHRLICHs Aszitekarzinom-Zellen einige antigene Eigenschaften mit dem endoplasmatischen Retikulum teilen [689].

Histokompatibilitäts-Antigene, die gegenwärtig aus klinischen Gründen und zur Klärung genetischer Fragen sehr viel untersucht werden [72, 522, 523], sind nicht nur sehr nützliche Plasmamembran-„marker", sondern sie können auch zur Klärung des Differenzierungsvorganges einzelner Oberflächenregionen herangezogen werden, da sie in ihrer topologischen Oberflächenverteilung je nach Zelltyp, Entwicklungs- und Funktionszustand variieren [231].

8.4. Virus-Rezeptoren als „marker"

Viele Viren werden an spezifische Oberflächen-Rezeptoren gebunden, bevor sie in die Zelle eindringen. Solche Virus-Rezeptoren können als „marker" für die rezeptor-tragenden Areale der Plasmamembran herangezogen werden [407, 492, 736].

8.5. Verschiedene andere „marker"

8.5.1. Elektrische Ladung der Membran

Die Ladungseigenschaften der äußeren Oberflächen von isolierten Membranfragmenten, die durch Lichtstreuungsmethoden [687] bestimmt werden, können Informationen über ihre Herkunft und Orientierung liefern [731]; solche Methoden sind aber noch sehr aufwendig und schwer zu quantifizieren.

8.5.2. Kovalente „label"

Viele Untersucher suchen nach nicht permeablen fluoreszierenden oder radioaktiven „labels", die „in vivo" an bestimmte Plasmamembran-Rezeptoren gebunden werden können und so diese Areale nach ihrer Isolierung markieren. Solche neuen Methoden wurden kürzlich von WALLACH [677] zusammengefaßt dargestellt. Sie werden sich sicherlich in Zukunft als äußerst nützlich erweisen.

8.5.3. Chemische Zusammensetzung

8.5.3.1. Lipide

Bei Erythrocyten und Leberparenchymzellen scheint der Cholesteringehalt isolierter Plasmamembranen höher zu sein als der cytoplasmatischer Membranen [144, 116, 518]. Dieser Befund kann jedoch nicht verallgemeinert werden. Mitochondrialen Membranen fehlt Cholesterin, und das Cholesterin der Plasmamembran kann leicht gegen nicht membrangebundenes Cholesterin ausgetauscht werden.

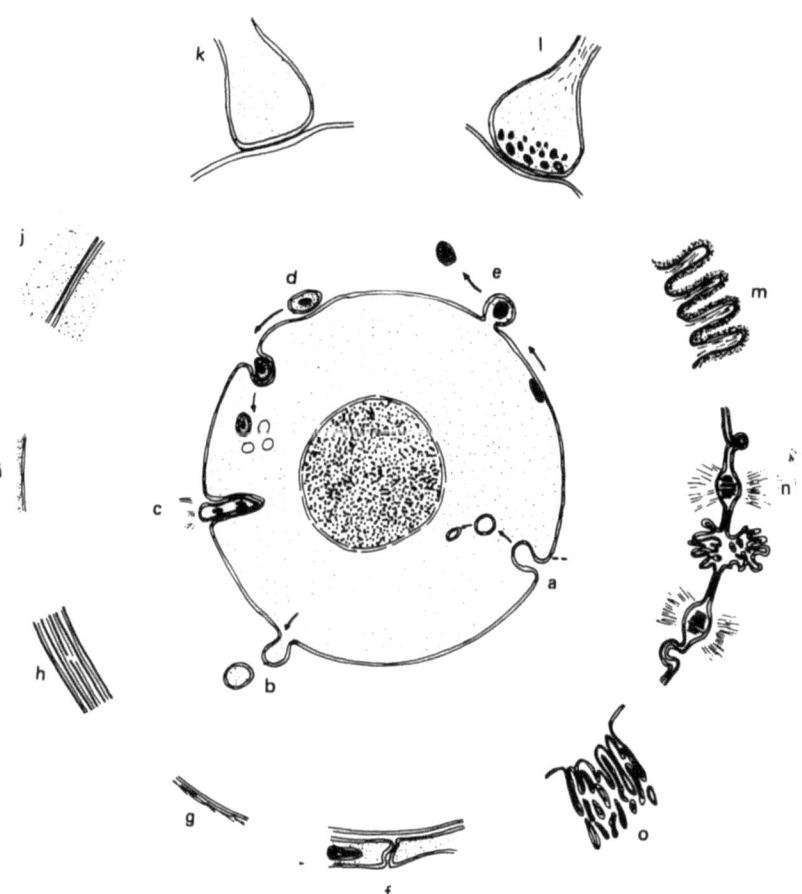

Abb. II.2. Überblick über Wechselwirkungen der Plasmamembran, die einen Einfluß auf die Membranfraktionierung gewinnen können.
Innerer Kreis
(a) Endocytotische Vesikulierung; (b) Exocytotische Vesikulierung; (c) Eindringen eines Parasiten; (d) Eindringen eines membrangebundenen Virus, der anschließend von Lysosomen umringt wird; (e) Ausreifung eines Virus an der Membran mit nachfolgender Freisetzung
Äußerer Kreis
(f) Axon-Membran mit eng benachbarter Satellitenzellmembran in einem nicht myelinisierten Nerven; (g) Muskelzell-Plasmamembran mit begleitenden Bindegewebsfasern; (h) Myelin-Plasmamembran; (i) Membranen mit Glykokalix auf der äußeren Oberfläche; (j) Zwei benachbarte Plasmamembranen (wie sie in jedem Gewebsverband vorliegen); die Entfernung zwischen ihnen beträgt ca. 200 Å; (k) Elektrische Synapsen; (l) Chemische Synapsen mit synaptischen Vesikeln; (m) Bürstensaum; (n) Leber-Galle-Grenzmembranen mit Gallenkapillaren, „festen" Verbindungen, Desmosomen und Plasmamembran-Ausbuchtungen; (o) Mikrovilli

8.5.3.2. Kohlenhydrate

Neuraminsäure hielt man früher für einen spezifischen Plasmamembran-„marker". Die gegenwärtigen Informationen schließen aber aus, daß das Vorkommen dieses oder eines anderen Kohlenhydrates ausschließlich an irgendeinen speziellen Membrantyp gebunden ist.

8.5.3.3. Proteine

Die enzymatischen und antigenen Eigenschaften von Plasmamembranen sind Ausdruck ihrer Proteinzusammensetzung. Jedoch fehlten vor der Einführung der molekulargewichts-abhängigen SDS-Polyacrylamid-Gelelektrophorese [165] Methoden zur differenzierten Analyse von Membranproteinen. Diese neue Technik wird insbesondere bei Anwendung mit kovalent gebundenen „labels" zu einem ausgezeichneten Hilfsmittel für die Membranfraktionierung werden [677].

9. Spezielle Trennmethoden für Plasmamembranen

9.1. Allgemeines

Methoden zur Reinigung von Plasmamembranen wurden langsamer entwickelt als die zur Isolierung cytoplasmatischer Membranen. Dies aus den folgenden Gründen:
 1. Oberflächenmembranen müssen im Gegensatz zu anderen Zellorganellen vor ihrer Isolierung zerstört, d. h. aufgeschlossen werden.
 2. Ihr Schicksal nach der Homogenisierung ist oft schwer zu verfolgen und zu kontrollieren.
 3. Die Plasmamembran spaltet sich gewöhnlich in kleine Vesikel von ungleicher Größe und Form.
 4. Die physikalischen Eigenschaften von Fragmenten der Plasmamembran sind häufig denen anderer Organellen ähnlich, so daß die Reinigung nur zu einer Anreicherung der gewünschten subzellulären Partikel (wie Kern-, Mitochondrien- und Mitochondrien-Fraktionen) führt.
 5. Von nur wenigen Plasmamembran-„markern" ist sicher nachgewiesen, daß sie in allen anderen zellulären Membransystemen fehlen.
 6. Die Eigenschaften von Plasmamembranen variieren zwischen verschiedenen Zellen und Zelltypen. Diese Heterogenität führt zu einer unerkannten Selektion spezieller Oberflächenareale (s. Abb. II. 2.).

Häufig wird die Plasmamembran als homogene Einheit angesehen, statt sie als eine Ansammlung verschiedenster funktioneller Organellen auf der Zelloberfläche zu betrachten. Die Vorstellung der Plasmamembran als eben *inhomogene* Struktur ist für Bakterien selbstverständlich geworden, hat aber auch für tierische Zellen ihre Gültigkeit (s. z. B. [72]). Die Scherkräfte und die niedrigen Salzkonzentrationen, die üblicherweise für die Fraktionierung nötig sind, führen zu einer Fragmentierung von nicht-spezialisierten Membranarealen in kleine geschlossene, semipermeable Vesikel, analog zu der Vesikulierung des Membransystems des endoplasmatischen Retikulums. Spezielle Oberflächenstrukturen wie Desmosomen, Schlußleisten, Gallenkapillaren und Bürstensäume haben die Eigenschaft, die Membran zu stabilisieren, so daß große Membranareale gewonnen werden.

Große Membranfragmente sedimentieren bevorzugt zusammen mit der Kernfraktion, kleine Vesikel hingegen werden zusammen mit den Mikrosomen und den Partikeln mittlerer Größe pelettiert. „Offene" Membranfragmente weisen isopyknische Dichten von 1.15 bis 1.19 auf; „geschlossene" Vesikel besitzen dagegen, je nach den experimentellen Bedingungen, Dichten bis unter 1.02.

Fraktionierungen werden im allgemeinen durch die Bestimmung von einem oder mehreren der im folgenden genannten „marker"-Enzymen geprüft.

9.1.1. Alkalische Phosphatase
= orthophosphoric monoester phosphohydrolase, EC. 3.1.3.1.

Dieses Enzym katalysiert die folgende Reaktion:

$$\text{o-Phosphorsäuremonoester} + H_2O \longrightarrow \text{Alkohol} + P_i$$

Eine Vielzahl von Phosphatestern werden durch dieses Enzym gespalten: anorganisches Pyrophosphat, Ester primärer und sekundärer Alkohole, Zuckeralkoholen und zyklischer Alkohole; nicht gespalten hingegen werden Phosphorsäure-Diester. Die Enzyme haben eine ubiquitäre Verbreitung, kommen aber in besonders hoher Aktivität in den Bürstensäumen und in der Plasmamembran der Leber-Galle-Grenze einiger Nagetiere vor. COLEMAN und FINEAN [116] finden allerdings beim Meerschweinchen eine Anreicherung der alkalischen Phosphatase nur in den Plasmamembranen mit Bürstensäumen, nicht aber in der Leber-Galle-Grenzmembran. BOSMAN et al. [68] lokalisierten die alkalische Phosphatase (Substrat: p-Nitrophenylphosphat) in einigen Membranfraktionen von HeLa-Zellen; die höchsten Aktivitäten sind dabei in der Plasmamembran-Fraktion zu finden. Die alkalische Phosphatase kann so in einigen Fällen als Plasmamembran-„marker" dienen. Da aber verschiedene Enzym-Unterklassen mit verschiedenen K_m-Werten und Substratspezifitäten anwesend sein können, ist die Wahl des Substrates, des pH und begleitender Kationen der kritische Punkt solcher Analysen.

9.1.2. Adenosintriphosphatase
= ATPase, ATP-phosphohydrolase, EC. 3.6.1.3.

Das Enzym katalysiert die Reaktion:

$$ATP + H_2O \xrightarrow{Mg^{2+}} ADP + P_i$$

Normalerweise benötigt das Enzym als Kofaktor Mg^{++}-Ionen; auch andere Nukleosidtriphosphate können gespalten werden. Die Na^+-K^+-abhängigen ATPasen werden als am Na^+- und K^+-Transport beteiligte „marker" der Plasmamembran angesehen. Sie benötigen für eine maximale Aktivität Na^+-, K^+- und Mg^{2+}-Ionen und können durch Herzglykoside spezifisch gehemmt werden. Gereinigte Plasmamembran-Fraktionen enthalten diese ATPasen in einer hohen spezifischen Aktivität, doch findet man solche Enzyme auch im endoplasmatischen Retikulum. Dies wäre vor allem bei Zellen zu erwarten, die Proteine aus dem Cytoplasma in die Zysternen des endoplasmatischen Retikulums transportieren, da die sich daraus ergebenden Donnan-Effekte ausgeglichen werden müssen.

9.1.3. 5'-Nukleotidase
= 5'-ribonukleotide phosphohydrolase, EC. 3.1.3.5.

Das Enzym katalysiert die Reaktion:

$$5'\text{-Ribonukleotid} + H_2O \longrightarrow \text{Ribonukleosid} + P_i$$

Die meisten Ribonukleotide und Desoxyribonukleotide werden durch dieses Enzym gespalten, aber mit geringeren Reaktionsgeschwindigkeiten als 5'-AMP. Das Enzym ist an der Leber-Galle-Grenzmembran stark angereichert. COLEMAN und FINEAN [116] finden ebenfalls in den Plasmamembranen einer Reihe von Meerschweinchen-Organen eine hohe Enzymaktivität, nicht aber im Gehirn und den Erythrocyten. Die 5'-Nukleotidase findet sich in hoher Aktivität auch in den Plasmamembranen von HeLa-Zellen, von Fettzellen [25] und Lymphocyten [168]; gegenwärtig stellt dieses Enzym den spezifischsten und am meisten verwendeten Plasmamembran-„marker" dar.

Zudem kann die oberflächen-spezifische Funktion des Enzyms definiert werden: Die Plasmamembran ist für die Nukleotide nur gering permeabel; ein Enzym, das diese Substrate in die dephosphorylierten, leicht permeablen Nukleoside umwandelt, würde auf diese Weise die Aufnahme der Grundsubstrate wesentlich erleichtern.

Trotzdem findet sich eine solche Enzymaktivität stets auch in anderen Membranfraktionen, vermutlich wegen der Vesikulierung der Plasmamembran und einer dadurch bedingten Verunreinigung dieser anderen Membranfraktionen [168]. WIDNELL und UNKELESS [712] zeigen, daß, obwohl die Plasmamembran der Leber-Galle-Grenze histochemisch die bei weitem höchste Aktivität zeigt, sich die Masse des Enzyms in der Mikrosomen-Fraktion befindet; dies vermutlich eben wegen einer solchen Verunreinigung der Mikrosomen durch Plasmamembran-Vesikel. Das aus beiden Fraktionen isolierte Enzym scheint das gleiche Lipoprotein zu sein; es enthält Sphingomyelin als einziges Phospholipid.

9.1.4. Leucin-Aminopeptidase
= L-leucyl-peptide hydrolase, EC. 3.4.1.1.

Das Enzym spaltet Leucyl-Peptide entsprechender Aminosäureamide und -arylamide:

$$\text{L-Leucyl-Peptid} + H_2O \longrightarrow \text{L-Leucin} + \text{Peptid}$$

Es wird unter anderem an Hand der Spaltung von L-Leucyl-β-naphthylamid bestimmt (= L-Leucyl-β-naphthylamidase). Es kommt in den Plasmamembranen der Leber-Galle-Grenze vor [218].

9.1.5. NADase
= NAD nucleosidase; NAD glycohydrolase, EC. 3.2.2.5.

Das Enzym katalysiert die Reaktion:

$$NAD + H_2O \longrightarrow \text{Nicotinamid} + R$$
$$(\text{wobei } NAD \triangleq R\text{-Nicotinamid})$$

Das Enzym ist in den Plasmamembranen von Erythrocyten, in EHRLICHs Asziteskarzinom-Zellen sowie in den Mikrosomen und der Plasmamembran der Leber-Galle-Grenze von Leberparenchymzellen [353] lokalisiert; beim letztgenannten Beispiel ist dabei erneut die Möglichkeit der Verunreinigung der Mikrosomenfraktion durch Plasmamembranmaterial in Erwägung zu ziehen.

9.1.6. ATP-Diphosphohydrolase
= EC. 3.6.1.5.

Das Enzym, das in einigen Plasmamembranen vorkommt, katalysiert die folgende Reaktion:

$$ATP + H_2O \longrightarrow AMP + \text{anorganisches Pyrophosphat}$$

9.1.7. Phosphodiesterase
= o-phosphoric diester phosphohydrolase, EC. 3.1.4.1.

Auch dieses Enzym kommt in einigen Plasmamembranen vor; es katalysiert die Hydrolyse einiger Phosphorsäurediester:

$$\text{Phosphorsäure-Diester} + H_2O \longrightarrow \text{Phosphorsäure-Monoester} + \text{Alkohol}$$

9.1.8. Triglyzerid-Hydrolase
= Lipasen, EC. 3.1.1.3.

Das Enzym kommt in den Leberzellen-Plasmamembranen vor und katalysiert die Hydrolyse von Carboxylestern der Triglyzeride [259]:

$$\text{Triglyzerid} + H_2O \longrightarrow \text{Diglyzerid} + \text{Fettsäure}$$

9.2. Große Membranfragmente

9.2.1. Erythrocytenmembranen

Säugetiererythrocyten sind ganz bevorzugte Objekte für Membranstudien, da sie leicht zu erhalten sind und gut und schnell rein dargestellt werden können. Unter geeigneten Bedingungen sind viele Permeabilitätscharakteristika der intakten Zelle zu erhalten; aber solche „funktionellen"

Membranen enthalten gewöhnlich noch Hämoglobin. Das Ausmaß, in dem die Erythrocyten-Ghosts den nativen Zustand der Membran widerspiegeln, unterliegt gegenwärtig einer kritischen Nachprüfung. Hämoglobinfreie Ghosts ohne morphologische Veränderungen werden durch verschiedene Waschungen mit 20 mOsm Phosphatpuffer (pH 7–8) erhalten [148]. Diese Bedingungen führen zur Zell-Lyse und minimieren gleichzeitig eine unspezifische Proteinabsorption. Ghosts unterscheiden

Tabelle II. 2. *Chemische Zusammensetzung der menschlichen Erythrocytenmembranen* [539]

Stoffklasse	% des Trockengewichtes
Proteine	49,2
Gesamtlipide	43,6
Phospholipide	32,5
Cholesterin	11,1
Kohlenhydrate (gesamt)	7,2
N-Acetylneuraminsäure	1,2
Hexosamine	2,0
Neutrale Zucker	4,0

Tabelle II. 3. *Aminosäure-Zusammensetzung der Gesamtproteine verschiedener tierischer Plasmamembranen (in mol/100 Aminosäure-Reste)*

Aminosäure	Erythrocyten [741]	Ehrlich's Asziteskarzinom Zellen [733]	Leber-Galle-Grenzmembranen [630]	Myelin [280]
Lys	5,0	6,3	7,2	5,8
His	2,7	2,6	2,6	2,3
Arg	5,1	4,7	5,2	4,0
NH_3	—	14,7	12,4	—
Asp	8,3	8,8	9,3	6,1
Glu	13,9	10,1	12,0	7,1
Thr	5,2	5,5	5,3	6,4
Ser	6,3	6,6	6,0	10,4
Pro	5,6	5,2	4,9	1,1
Cys	0,5	Spuren	0,9	3,8
Met	2,1	2,7	2,3	1,0
Gly	6,8	8,5	7,8	10,9
Ala	8,1	7,8	8,0	9,6
Val	6,6	6,6	6,6	5,9
Ile	4,8	6,1	5,1	4,5
Leu	11,6	10,1	9,6	8,8
Tyr	2,4	3,1	2,7	3,1
Phe	5,0	4,8	4,5	4,0
Trp	—	1,5	—	5,1

sich von der normalen Erythrocytenmembran; sie können unter geeigneten Bedingungen in Vesikel mit normaler und umgekehrter Orientierung der beiden Plasmamembranoberflächen zerfallen. Einige der biochemischen Charakteristika isolierter Erythrocytenmembranen sind in den Tab. II. 2. und II. 3. zusammengefaßt.

9.2.2. Plasmamembran der Leber-Galle-Grenze

Die Isolierung der Plasmamembran der Leberzellen wird durch den komplizierten Aufbau dieses Gewebes und ihrer Zellen erschwert [156]. Zum ersten besteht das Leberparenchym aus zwei Zelltypen: den Hepatocyten (60%) und den Makrophagen. Zweitens sind die an den intralobulären Sinusoiden einander gegenüber liegenden Hepatozyten, die mit tubuläre Protusionen in das Blutlumen hineinragen, 200 Å voneinander entfernt. Im Bereich der Gallenkapillaren, deren Wandung durch mit Mikrovilli besetzten Einkerbungen zwischen benachbarten Leberzellen gebildet werden, sind nebeneinander liegende Hepatozyten durch Schlußleisten, Desmosomen und komplex ineinandergreifende Zellvorsprünge miteinander verbunden. Dadurch werden diese Plasmamembran-Anteile der Leberzellen wesentlich stabiler als der Rest der Hepatozyten-Plasmamembran und können als solche leichter isoliert werden.

Um die Plasmamembran der Leber-Galle-Grenze von Hepatozyten nach NEVILLE [454] zu isolieren, homogenisiert man zerstückelte Rattenleber in 1 mM $NaHCO_3$ (pH 7), filtriert zur Entfernung grober Gewebsstücke, gelförmiger Nukleoproteine und großer Partikeln; anschließend zentrifugiert man eine rohe Fraktion von Leber-Galle-Grenzmembranen durch mehrfach aufeinanderfolgende Differentialzentrifugationen bei niedrigen Geschwindigkeiten ab. Das in einer Saccharose-Lösung der Dichte 1.19 resuspendierte Sediment wird erneut homogenisiert und einer isopyknischen Zentrifugation unterworfen. Zur weiteren Reinigung von langsamer sedimentierenden Membrananteilen wird erneut auf einem linearen Saccharose-Gradienten zentrifugiert. Zur Verbesserung dieser Methode haben TAKEUCHI und TERAYAMA [630] die 1 mM $NaHCO_3$-Lösung durch eine 0.25 M Saccharoselösung mit 0.5 mM $CaCl_2$ ersetzt, um Kerne, Mitochondrien und Lysosomen zu stabilisieren. COLEMAN et al. [115] perfundierten die Leber „in situ", um alle Erythrocyten zu entfernen, schließen die Membranen der Gallenkapillaren zu kleinen Partikeln auf, die sich dann von den großen, kontaminierenden Bruchstücken leicht abtrennen lassen. Ein typisches Enzymprofil der Plasmamembran der Leber-Gallen-Grenze gibt die Tab. II. 4.

Tabelle II. 4. *Einige Enzymaktivitäten in isolierten lysosomalen Membranen und Leber-Galle-Grenzmembranen der Ratte*[a]

Enzym	Leber-Galle-Grenzmembran	Lysosomale Membran
5'-Nucleotidase (nmol 5' ATP·min^{-1}·mg. prot.$^{-1}$)	1,30 (1,30)[b]	0,35 (0,08)[b]
ATPase, unspezifisch (nmol P$_i$·min^{-1}·mg. prot.$^{-1}$)	0,70	0,05
ATPase, Na$^+$, K$^+$-abhängig (nmol P$_i$·min^{-1}·prot.$^{-1}$)	0,38	0,0
Glukose-6-phosphatase[c] (nmol P$_i$·min^{-1}·mg. prot.$^{-1}$)	0,04	0,22 (0,02)[b]
Leucin-aminopeptidase (nmol min^{-1}·mg. prot.$^{-1}$)	4,80	24,5
+0,1% Triton X 100	4,70	2,0
Lysolecithin-O-acyltransferase[d] (nmol Fettsäure-Einbau min^{-1}·mg. prot.$^{-1}$)	9,0	0
Acyl-CoA-Synthetase (nmol Lecithin-Freisetzung·min^{-1}·mg. prot.$^{-1}$)	8,2	4,2

[a] Nach KAULEN et al. [314]. – [b] Angaben in Klammern = Nach Zusatz von 20 mM ML (+)-Tartrat. – [c] Wahrscheinlich „mikrosomale" Verunreinigung; Glukose-6-phosphatase ist der am meisten verwendete „Marker" für das endoplasmatisches Retikulum. – [d] Dabei wurde Arachidonsäure, CoA-Derivate von Fettsäuren und 1-Stearoyl-3-glycerophosphorylcholin verwandt.

Auf andere Gewebe wurde die NEVILLEsche Methode mit nur zweifelhaftem Erfolg angewandt; dies beruht darauf, daß diese Methode den spezifischen Eigenschaften der Leber-Gallen-Grenzmembranen angepaßt ist. EMMELOT et al. [43, 160, 161, 162] wenden die Methode auf Hepatom-Gewebe an und berichten über Unterschiede zwischen neoplastischen und normalen Leber-Plasmamembranen. Diese Unterschiede können aber auch auf einigen nicht kontrollierten Variablen beruhen, wie z. B. die uneinheitliche Morphologie der Leber-Gallen-Grenzmembran bei verschiedenen Zelltypen und die unterschiedlichen Medien, die angewandt wurden.

Die Membranausbeute, bestimmt durch den 5'-Nukleotidase-Gehalt, liegt gewöhnlich unter 14%; dies hat seinen Grund teilweise darin, daß auch Leber-Galle-Grenzmembranen dazu tendieren, während der Isolierung zu vesikulieren und so als kleine Fragmente verlorengehen. Zudem stellen die Leber-Galle-Grenzmembranen nur einen kleinen Teil der Plasmamembran der Hepatocyten dar. Der restliche Anteil der Plasmamembran und die Zellmembran der Makrophagen sind bei solchen Trennungen bisher nur wenig berücksichtigt worden. So kann man annehmen, daß bei dieser Membranisolierung der größte Anteil der Plasmamembran verloren geht, außer den großen Komplexen der Leber-Gallen-Grenzmembranen.

9.2.3. Myelin

Myelin ist ein multilamellärer Abkömmling der Plasmamembran, der das Axon umgibt. Es ist vermutlich das am besten untersuchte Membransystem, und seine Eigenschaften sind umfassend dargestellt worden (z. B. [427]).

Myelin von verschiedenen Tieren zeigt nach Reinigung durch Zentrifugation in Saccharose-Gradienten [23] sehr ähnliche analytisch-chemische Eigenschaften. Es enthält von allen Biomembranen den geringsten prozentualen Proteinanteil (= 20%); der Proteinanteil besitzt keine enzymatische Aktivität. Einzelne distinkte Proteine wurden elektrophoretisch identifiziert, von denen zum mindesten eines für die enzephalomyelogen Eigenschaften von „in vivo" verabfolgtem Myelin-Dispersionen verantwortlich ist.

Myelin enthält ebenfalls „Proteo-Lipide" (92% Lipidanteil), die in organischen Lösungsmitteln, nicht aber in wäßrigen Medien löslich sind; sie besitzen vermutlich apolare Aminosäure-Reste und liegen in organischen Lösungsmitteln zu ca. 50 bis 70% in einer Helix-Konformation vor, wie aus Messungen der optischen Aktivität gefolgert werden kann. Ungefähr 5% der Lipide sind sehr eng an die Peptide gebunden; werden diese Lipide von den Peptiden getrennt, verlieren die letzteren ihre Helix-Konformation.

Die Lipid-Zusammensetzung verschiedenartiger Myeline ist sehr ähnlich; die des menschlichen Myelins zeigt die Tab. II.5. Dabei sei auf den unüblich hohen Anteil der Cerebroside, des Cholesterins und des Plasmalogens hingewiesen; das letztgenannte macht ca. 50% des Phos-

Tabelle II. 5. *Molare Verteilung der Lipide in menschlichem Myelin (nach [459])*

Cholesterin	39
Cerebroside	14
Cerebrosid-Sulfat	5
Sphingomyelin	5
Phosphatidyläthanolamin	15
Phosphatidylserine	5
Phosphatidylcholin	13
Phosphatidylinosit	2

phatidyläthanolamins aus. Das Fettsäure-Spektrum zeigt nur 10% (C_{20} bis C_{24}) ungesättigte Fettsäuren und einen hohen Anteil der C_{18}-Säuren; auch dies ist für Biomembranen untypisch. Die Fettsäure-Anteile der Cerebroside bestehen vornehmlich aus einfach ungesättigten, gesättigten oder Hydroxy-Fettsäuren der Kettenlänge C_{22} bis C_{26}.

9.2.4. Plasmamembranen mit spezialisierter Oberfläche

Methoden zur Isolierung von einheitlich modifizierten Oberflächenmembranen (z. B. Bürstensäume, Sarkolemm), ebenso wie die Gewinnung spezialisierter Zellen (Leukocyten, Schilddrüsen-Zellen, Fettzellen, Mikroorganismen) sind kürzlich von STECK und WALLACH [601] dargestellt worden. Seitdem sind nur bei der Reinigung von Plasmamembran der Nieren-Bürstensäume Fortschritte erzielt worden.

9.2.5. Membranstabilisierung

In der Hoffnung, Plasmamembranen als komplette strukturelle Einheiten zu gewinnen, fixierten WARREN et al. [691–694] dispergierte Zellen mit 0,1 M Essigsäure, Fluoreszein-Quecksilberacetat und Zn^{2+}-Ionen. Solchermaßen behandelte Zellen schwellen, das Zellplasma verbleibt in der Umgebung des Zellkernes, und dieser Kern-Plasma-Komplex wird durch mechanische Homogenisation extrahiert. Die Reinigung der Membranen erfolgt über isopyknische Differential-Zentrifugation in Saccharose- oder Glycerin-Gradienten.

Ungefähr 30% der Zellen, vornehmlich kleinere, bleiben dabei unversehrt. Zählungen der resultierenden „intakten" Ghosts ergeben eine maximale Ausbeute von 80%. Da aber auch diese Membranpräparationen zur Vesikulation in submikroskopische Partikel neigen, können wesentliche Teile verlorengehen, ohne daß die Zählung beeinflußt würde, wenn nicht gleichzeitig eine Analyse der Größenverteilung der Partikel vorgenommen wird. „WARRENs Isolate" sind relativ frei von Kernen und Mitochondrien. Sie enthalten aber auf der inneren Oberfläche eine polysomen-enthaltende Schicht. Wegen der Denaturierung durch die Fixationsmethode können funktionelle „marker" nur begrenzt gemessen werden. Solche Präparationen sind deshalb zum Studium der Membranprotein-Biosynthese ungeeignet. Sie können dagegen für die Untersuchung der Gesamt-Lipidzusammensetzung und Lipid-Synthese nützlich sein.

PURDUE et al. [510] modifizierten WARRENs Methode, indem sie den Fixationseffekt von Zn^{2+}-Ionen durch anschließende Zugabe von komplexierenden Reagentien aufhoben, wobei die Membran in Vesikel aufbricht. Diese werden durch Zentrifugation gereinigt und enthalten aktive Enzyme als Plasmamembran-„marker". Dieses Vorgehen ist dem von BOONE et al. [66] ähnlich. BOONE schließt die Zellen in hypotonen Medien (0,01 M TRIS, pH 7,0, 0,001 M $MgCl_2$) mechanisch auf und fügt dem Homogenat Saccharose bis zu einer Konzentration von 0.025 M zu, um eine Fragmentierung der Membran zu verhindern. Der größte Teil der Membran pelettiert als große Bruchstücke, und diese können in Saccharose-Gradienten gereinigt werden. Die Bruchstücke werden durch kurze Beschallung vesikuliert und über weitere Gradienten-Zentrifugationsschritte gereinigt.

9.3. Fraktionierung von Membranvesikeln

Wie bereits mehrfach ausgeführt, vesikulieren große, nicht stabilisierte Membranfragmente (Plasmamembranen, endoplasmatisches Retikulum und andere) in kleine semipermeable Vesikel unter dem Einfluß von Scherkräften oder in Medien mit geringer Ionenstärke. In Dichtegradienten verhalten sich solche Vesikel entsprechend der Dichte der Membran als solcher, der Dichte der in den Versikeln befindlichen Lösungen und dem Volumenverhältnis dieser beiden Komponenten zueinander. Die Membrandichte wird durch die Hydratation ihrer Bestandteile, die selbst wieder von dem umgebenden Medium abhängt, beeinflußt. Die Dichte der intravesikulären Flüssigkeit ist eine Funktion der permeablen Moleküle des Mediums und der nicht permeablen Moleküle im Inneren des Vesikels; entsprechend hängt die isopyknische Vesikeldichte vom Gradientenmaterial ab [601].

Gradientenmedien aus großen Polymeren (Polysaccharose und Polyglukose) entwickeln einen geringen osmotischen Druck und penetrieren nicht in die Vesikel, die eine geringe Gleichgewichtsdichte besitzen, da sie mit permeablen Molekülen (Wasser und Ionen) gefüllt sind.

Saccharose ist gewöhnlich ebenfalls nicht permeabel; seine osmotische Aktivität konstringiert aber den intravesikulären Raum, während sich die Partikel durch den Dichtegradienten bewegen. Ein Gleichgewicht tritt auf, wenn die Kräfte, die den Vesikel zur Expansion zu bringen suchen, gleich der externen osmotischen Aktivität sind. Die Vesikeldichte in Saccharose-Gradienten ist deshalb größer (z. B. 1.12 bis 1.17) als in mit Polymeren gebildeten Gradienten.

In Gradienten aus permeablen Stoffen, z. B. Glycerin und einigen Salzen, nimmt der innere Lösungsraum eines Vesikels die Dichte des ihn umgebenden Mediums an, und ein Gleichgewicht wird bei einer Dichte erreicht, die der der Membran selbst entspricht (1.15 bis 1.19).

Da viele Membranen sehr ähnliche Dichten, Permeabilitäten und Vesikelgrößen besitzen, werden sie in Abhängigkeit von ihren ionischen Eigenschaften, die ein Ausdruck der Zusammensetzung der Membran „per se" und des von ihr umschlossenen Inhaltes sind, getrennt.

Membranvesikel verhalten sich in dieser Hinsicht wie kleine Hohlkugeln aus einer semipermeablen Schicht, die auf ihrer Innenseite mit fixierten elektrischen Ladungen ausgestattet sind. Bei permeablen Elektrolyten als Gradientenmedien übersteigt die intravesikuläre Ionenkonzentration die des externen Mediums wegen dieser fixierten Ladungen. Der Effekt ist um so größer, je niedriger die Ionenstärke des Mediums ist. Der Ionenüberschuß im Innern des Vesikels führt zu Kräften, die eine Vergrößerung des Vesikels bewirken. Wenn jedoch das externe Medium nicht permeable Stoffe enthält, wird die osmotische Aktivität zu einer Schrumpfung des Vesikels führen. Ein Gleichgewicht tritt dann auf, wenn die effektiven, osmotisch wirksamen Konzentrationen auf den beiden Membranseiten einander gleich sind.

Ein heterogenes Vesikelgemisch sollte dann am leichtesten zu trennen sein, wenn die osmotische Aktivität, die Ionenstärke und die Dichte der fixen Oberflächenladungen gering sind. Dies zeigt sich am Beispiel der mikrosomalen Membranvesikel. Diese stammen vom endoplasmatischen Retikulum und von der Plasmamembran; sie besitzen bei niedriger Ionenstärke und osmotischer Aktivität nahezu die gleichen Dichten. Titriert man jedoch den Überschuß der fixierten Anionen im Innern des Vesikels mittels pH-Veränderung oder besser durch Zugabe von permeablen mehrwertigen Kationen (z. B. Mg^{2+}), so nimmt die Dichte des Vesikels zu. Da die Dichte der Vesikel des endoplasmatischen Retikulums dabei schneller zunimmt als die der Plasmamembranen, lassen sich die beiden Membrantypen voneinander trennen.

10. Zytoplasmatische Membranen

10.1. Einleitung

In Zellen sind die Funktionen der Plasmamembranen so eng mit denen der anderen zytoplasmatischen Membransysteme verbunden, daß die wesentlichsten Eigenschaften dieser zytoplasmatischen Membranen auch hier dargestellt werden müssen. Dies insbesondere wegen der für das Studium spezifischer Plasmamembran-Funktionen unabdingbaren Trennung von anderen Membransystemen. Dabei soll sich im wesentlichen auf die Darstellung derjenigen Charakteristika zytoplasmatischer Membranen beschränkt werden, die geeignet sind, diese von Plasmamembranen zu unterscheiden.

10.2. Kernmembranen

10.2.1. Eigenschaften

Wie kürzlich zusammenfassend dargestellt [605], nimmt die Kernmembran ganz wesentlich an dem Stoff- und Informationsaustausch zwischen Kern und Zytoplasma teil. Der Zellkern ist von einer Hülle umgeben, die aus zwei Membranen besteht; jede davon hat eine Dicke von 70 bis 80 Å. Die beiden Hüllen sind voneinander 150 bis 300 Å entfernt und durch kreisrunde „Poren" durchbrochen. Je nach Zelltyp und metabolischem Zustand können diese Poren 3 bis 25% der Kernmembranfläche ausmachen. Die „Poren" sind keine offene Lücken, sondern enthalten eine bislang nicht näher definierte, der Membran nicht zugehörige, komplexe Struktur, die am Zytoplasma-Kern-Austausch beteiligt ist; so besitzen diese „Poren" eine nur „limitierte" Permeabilität.

Die äußere Kernmembran ist von wechselnder Kontur und im allgemeinen kontinuierlich mit dem endoplasmatischen Retikulum verbunden; auf ihrer zytoplasmatischen Oberfläche trägt sie einfache Polysomen. Der perinukleäre Raum hängt so direkt mit dem Zysternensystem des endoplasmatischen Retikulums zusammen. Im Gegensatz dazu ist die innere Kernmembran glatt; dies vielleicht wegen der direkt und

Tabelle II. 6. *Chemische Zusammensetzung von Kernmembranen von Ratten- und Schweine-Leber* [192]

	Ratte (% Trockengew.)	Schwein (% Trockengew.)
Proteine	75,5	74,8
Phospholipide	16,1	18,2
Unpolare Lipide	2,8	3,0
RNA	3,6	2,8
DNA	2,0	1,2

Tabelle II. 7. *Einige Enzymaktivitäten isolierter Kernmembranen aus Schweine- und Rattenleber*[a]

Enzym	Schwein	Ratte
Mg^{2+}-ATPase[b]	6,9 ± 1,0	5,6 ± 0,5
$Na^+ - K^+$-ATPase[b]	0,2	0,3
Glukose-6-phosphatase[b]	0,1	0,1
Alkalische Phosphatase[b]	2,1 ± 0,6	1,7 ± 0,3
Saure Phosphatase[b]	10,0 ± 3,6	3,2 ± 1,5
Glutamat-Dehydrogenase[c]	1,9 ± 0,7	—
NADH-Cytochrome-c-Reductase[d]	0,045 ± 0,023	0,10 ± 0,05

[a] Nach FRANKE et al. [192]. – [b] μM P_i-Freisetzung/h pro mg Protein. – [c] μM NADH-Oxidation/h pro mg Protein. – [d] μM Cytochrom-c Reduktion/h pro mg Protein.

fest angelagerten Schicht dichter interner Lamellen, die ungefähr 2500 Å dick ist und nur an den „Poren" Diskontinuitäten aufweist.

Ungefähr 75% des Materials der Kernmembran von Leberzellen besteht aus Proteinen [192], und mehr als 20 Peptide können in der Polyacrylamid-Gelelektrophorese getrennt werden. Viele dieser Proteine sind Enzyme (s. Tab. II.6. und II.7.).

10.2.2. Isolierung und chemische Zusammensetzung

Die meisten Versuche, Kerne und Kernmembranen zu isolieren, sind von FRANKE et al. [192] aufgezählt worden. Dieser hat auch, in Kenntnis der speziellen Schwierigkeiten, eine zu diesem Zweck überlegene Metho-

Tabelle II. 8. *Phospholipid-Zusammensetzung von Kernmembranen und Mikrosomen in % des Gesamt-Lipidphosphorgehaltes* [192]

Lipid	Kernmembran (Schweineleber)	Mikrosomen (Schweineleber)
Sphingomyelin	2,4 ± 0,4	2,9 ± 0,5
Lecithin	58,2 ± 2,4	59,9 ± 1,4
Phosphatidyläthanolamin	25,9 ± 1,8	27,4 ± 0,9
Phosphatidylserin	4,4 ± 0,6	3,2 ± 0,8
Phosphatidylinositol	8,9 ± 0,9	6,5 ± 1,0
Phosphatid-Säure	1,0	1,0
Lysolecithin	1,0	1,0
Andere Lysophospholipide	nicht best.	nicht best.
Cardiolipin	nicht best.	nicht best.
Molares Verhältnis von Cholesterin/Phospholipide	0,104	0,092

de entworfen, die durch eine Kombination von Differential- und isopyknischen Zentrifugationen reine Kernmembranen liefert. Die chemische Zusammensetzung von Kernmembranen ist in den Tab. II. 6., II. 7. und II. 8. angegeben.

10.3. Mitochondriale Membranen

10.3.1. Eigenschaften

Tierische Zellen enthalten 200 bis 800 längliche bis runde Mitochondrien; diese haben einen Durchmesser von 0.2 bis 1.0 μ und eine Länge von 3 bis 10 μ. Bei der Rattenleber machen diese Organellen zum Beispiel 35% des Gesamtprotein-Gehaltes und 22% des zytoplasmatischen Volumens aus. Mitochondrien liegen oft in der Nähe von energie-verbrauchenden Strukturen, wie Myofibrillen, Kerne und Plasmamembranen (z. B. bei Neuronen und Nierentubulus-Zellen). Solche Assoziierungen hängen von der Situation und dem metabolischen Status der Zelle ab.

Die Struktur und Funktion von Mitochondrien sind oft beschrieben worden, doch bleiben viele Fragen ungeklärt. Die chemische Zusammensetzung von Mitochondrien variiert je nach Herkunft und Stoffwechselzustand. Der Lipid-Gehalt von Lebermitochondrien liegt zwischen 15 und 25% und erreicht bei den Mitochondrien von Gehirnzellen sogar 50%. Mitochondrien haben normalerweise niedrige molare Cholesterin-/Phospholipid-Quotienten (0.015 bis 0.030); Mitochondrien können ihren Steroidgehalt in Medien, die cholesterinhaltige Liposomen oder Lipoproteine enthalten, erhöhen [217]. An dem Phospholipid-Profil ist der hohe Anteil des Diphosphatidylglyzerins und das Fehlen von Sphingomyelin und Phosphatidylserin ungewöhnlich.

Tabelle II. 9. *Typische Phospholipid-Zusammensetzung von Rinderleber-Mitochondrien* [340]

Bestandteil	Mol %
Diphosphatydyl-glyzerin	17
Cholin-Phospholipide	35
Äthanolamin-Phospholipide	43
Inositol-Phospholipide	~3

Mitochondrien bestehen aus einer äußeren durchgehenden Membran, die eine getrennte innere, in Leisten aufgeworfene Membran umgibt.

Die letztere besitzt neben den Enzymsystemen der oxidativen Phosphorylierung auch eine Unmenge anderer Membranfunktionen. Die äußere Membran besteht zu 45% aus Phospholipiden und enthält mehr Cholesterin als die innere Membran (Cholesterin/Phospholipide-Quotient zwischen 0,030 und 0,100); Cholesterin kann zwischen den beiden Membranen ausgetauscht werden. Die innere Membran enthält durchschnittlich 21% Phospholipide, und der Cholesterin/Phospholipid-Quotient liegt im Bereich von 0,015 bis 0,045.

Die Proteinzusammensetzung der Mitochondrien ist sehr komplex; einige der Hauptkomponenten zeigt Tab. II.10.

Tabelle II. 10. *Molekulargewichte und die berechneten molekularen Dimensionen von mitochondrialen Membranproteinen (nach* SJÖSTRAND *[592]; die Dimensionen der Moleküle sind, mit Ausnahme des Cytochrom c, aus den Molekulargewichten unter der Annahme einer kugelförmigen Gestalt berechnet)*

Protein	Mol.-Gew.	Durchmesser [Å]
Cytochrom c	12 400	$25 \times 25 \times 37$
Cytochrom b	30 000	~50
Succinate-Dehydrogenase	200 000	4×55
	49 000	~55
Kopplungs-Faktor F_1	280 000	~90
Cytochrom a	360 000	5×60
	72 000	60
Cytochrom c_1	51 000	~55
Cholin-Dehydrogenase	850 000	>100
NADH-Dehydrogenase	1 000 000	>100
α-Glycerophosphat-Dehydrogenase	2 000 000	>100

10.3.2. Isolierung

Im allgemeinen werden Mitochondrien aus dem Überstand nach der Kernzentrifugation durch Differential- oder isopyknische Zentrifugation gewonnen. Die genaue Bestimmung mitochondrialer Funktionen und das Verständnis der Organisation der Mitochondrien hängt von der sauberen und zweifelsfreien Isolierung und Reinigung derselben ab. Im Gegensatz zum konventionellen Standpunkt sind GREEN u. Mitarb. [12] der Ansicht, daß die Präparationen, die andere Autoren als „äußere" Mitochondrienmembran ansehen, aus endoplasmatischem Retikulum bestehen. Sie sind der Ansicht, daß Mitochondrien durch nur eine Membran mit einer äußeren und einer inneren Schicht begrenzt werden und die Cristae durch die letztere gebildet werden. Andere Probleme resultieren aus dem Umstand, daß die Struktur auf molekularem und morphologischem Niveau in Abhängigkeit von der Funktion geändert wird.

10.3.3. „Marker"

Mitochondrien haben eine Reihe von spezifischen Enzymen und Proteinen, von denen hier nur die wesentlichsten aufgezählt werden sollen. Einzelne typische Enzymwerte geben die Tab. II. 10. und II. 11.
    Cytochrom-Oxidase (Ferrocytochrome c : oxygen oxidoreductase, EC. 1.9.3.1.): Das Enzym besteht aus wenigstens zwei Komponenten, Cytochrom a und a_3, die sich chemisch und in ihren spektralen Eigenschaften unterscheiden und voneinander getrennt werden können. – *Monoamino-Oxidase* (Monoamine : oxygen oxidoreductase (deaminating) EC. 1.4.3.4.): Diese Enzymgruppe hat verschiedene Substratspezifitäten; Lokalisation: äußere Mitochondrienmembran. – *Rotenon-unempfindliche NADH-Cytochrom b_5-Reduktase* (Reduced-NAD : Ferricytochrome b_5 oxidoreductase (rotenon insensitive), EC. 1.6.2.): Dieses Enzym stellt eine Variante der Cytochrom-Reduktasen dar, die im Gegensatz zu anderen Enzymen dieses Typs nicht durch Rotenon gehemmt wird; Lokalisation: äußere Mitochondrienmembran. – *Bernsteinsäuredehydrogenase* (Succinate : (acceptor) oxidoreductase, EC. 1.3.99.1.): Lokalisation: innere Mitochondrienmembran. – *Glutamatdehydrogenase* (L-Glutamate : NAD(P) oxidoreductase (deaminating), EC. 1.4.1.3.): Lokalisation: innere Mitochondrienmembran. – *Glyzerin-3-phosphatdehydrogenase* (L-Glycerol-3-phosphate : NAD oxidoreductase, EC. 1.1.1.8.): Lokalisation: Matrix der Mitochondrien. – *Isozitratdehydrogenase* (threo-Ds-Isocitrate : NAD oxidoreductase (decarboxylating), EC. 1.1.1.41.): Lokalisation: Matrix der Mitochondrien. – *Cholindehydrogenase* (Choline : (acceptor) oxidoreductase, EC. 1.1.99.1.) – *Cytochrom c* ist ein mitochondriales Membranprotein par excellence; da es jedoch leicht extrahiert wird, ist es als „marker" wenig geeignet.

10.4. Peroxoisosomen

10.4.1. Eigenschaften

Diese von Membranen begrenzten Vesikel sind sehr lästige Verunreinigungen, die in der Mitochondrienfraktion auftreten. Sie kommen in großer Zahl im Leber- und Nierengewebe vor und enthalten eine Reihe typischer oxidativer Enzyme.

    Sie können von den Mitochondrien in Saccharosegradienten getrennt werden, da sie eine größere Gleichgewichtsdichte besitzen. Die Katalase liegt innerhalb dieser Vesikel in gelöster Form vor und kann durch osmotische Behandlung derselben freigesetzt werden; dagegen ist die Urat-Oxidase vermutlich ein membran-gebundenes Enzym (s. Tab. II. 11.).

10.4.2. „Marker"

Als enzymatische „marker" dienen die folgenden Oxidasen: *Katalase* (Hydrogen-peroxid : hydrogen-peroxid oxidoreductase, EC. 1.11.1.6.). – *D-Aminosäure-Oxidase* (D-Aminoacid : oxygen oxidoreductase (deaminating), EC. 1.4.3.3.). – *L-2-Hydroxysäure-Oxidase* (L-2-Hydroxyacid : oxygen oxidoreductase, EC. 1.1.3.a.).

10.5. Lysosomale Membranen

10.5.1. Eigenschaften

Lysosomen finden sich in den meisten Zellen; in besonders großer Zahl kommen sie in den Leberzellen und in verschiedenen Phagocyten vor. Wie andere geschlossene Membransysteme haben sie, entsprechend ihrem osmotisch aktiven Inhalt und den fixierten Ladungen der Membran, bestimmte physikalische Eigenschaften. Sie geben ihre katabolischen Enzyme unter bestimmten osmotischen Bedingungen ab; dies muß durch die Verwendung inerter, nicht permeabler Gradientenmedien verhindert werden, da während der Fraktionierung austretende aktive Lysosomen-Enzyme die Proteinzusammensetzung der zellulären Membranen und der Plasmamembranen entscheidend verändern können.

10.5.2. Isolierung

Lysosomen haben eine variable Stabilität; die Trennung von Mitochondrien ist stets schwierig. Ihre hydrolytischen Enzyme erschweren die Charakterisierung von Mitochondrien und anderen Membransystemen. Von den zahlreichen angegebenen Isolierungsmethoden ist eine besonders effizient. Dabei werden die Tiere mit einem Detergens (Triton WR 1339) vorbehandelt, wodurch sich selektiv die Gleichgewichtsdichte der Lysosomen vermindert, ohne die Lysosomen zu zerstören; dadurch wird ihre Abtrennung von Mitochondrien erheblich erleichtert. Die Dichte von Leberlysosomen wird bei einem solchen Vorgehen von 1.21 auf 1.17 vermindert, die von EHRLICHs Asciteskarzinom-Zellen von 1.155 auf 1.113. Triton WR 1339 scheint in den Lysosomen als Proteinkomplex konzentriert zu werden und die Membranen derselben zu beeinflussen, obwohl keine wesentliche Permeabilität für „marker"-Enzyme auftritt (s. Tab. II. 11.). Da durch Vorbehandlung der Tiere mit

Dextran und Saccharose ebenfalls eine selektive Veränderung der Dichte der Lysosomen auftritt, sind diese Stoffe für das Studium der Lysosomen-Membranen zu bevorzugen.

Tabelle II. 11. *Isopyknische Reinigung verschiedener Zellorganellen der Rattenleber mit der Triton WR 1339 Methode. (Nach* LEIGHTON *et al.* [365]; *angegeben als relative spezifische Aktivität in bezug auf das Gesamthomogenat.)*

Enzym	Lysosomen	Mitochondrien	Peroxiisosomen
Protein	1,00	1,00	1,00
Saure Phosphatase	18,9 ± 5,7	0,49 ± 0,2	0,27 ± 0,4
Glukose-6-phosphatase	0,31 ± 0,3	0,22 ± 0,1	0,09 ± 0,08
Cytochrom-Oxidase	0,87 ± 1,3	4,25 ± 0,9	0,11 ± 0,1
Glutamat-Dehydrogenase	1,19	4,48	0,25
Isocitrat-Dehydrogenase	0,76 ± 0,41	0,61 ± 0,11	2,57 ± 0,57
Katalase	5,8 ± 2,5	0,60 ± 0,4	36,3 ± 6,4
L-α-Hydroxysäure-Oxidase	5,7 ± 2,3	0,71 ± 0,3	35,8 ± 7,2
D-Aminosäure-Oxidase	5,8 ± 1,9	0,81 ± 0,3	30,0 ± 7,7
Uratoxidase	0,43 ± 0,9	0,81 ± 0,2	50,0 ± 14,4

10.5.3. „Marker"

Lysosomale Membranen können durch die folgenden „marker"-Enzyme charakterisiert werden: *Saure Phosphate* (Orthophosphoric monoester phosphohydrolase, EC. 3.1.3.2.). – *Arylsulfatase* (Aryl-suphate sulphohydrolase, EC. 3.1.6.1.). – *β-Glukoronidase* (β-D-glucoronide glucoronohydrolase, EC. 3.2.1.31.). – *Kathepsin C* (EC. 3.4.4.9.). – *Desoxyribonuklease* (Desoxyribonucleate oligonucleotidohydrolase, EC. 3.1.4.5.). – *Ribonuklease* (Ribonucleate pyrmidine-nucleotide-2'-transferase (cyclizing), EC. 2.7.7.16.). – *Urat-Oxidase* (Urate : oxygen oxidoreductase, EC. 1.7.3.3.): dieses Enzym ist auch in Peroxoisosomen vertreten.

10.6. Golgi-Membranen

10.6.1. Eigenschaften

Die typische Struktur des Golgi-Membrankomplexes besteht aus drei Hauptbestandteilen:

1. Flache, von Membranen umgebene, Zysternen mit einer gesamten Breite von 115 Å und einer lichten Weite zwischen den Membranen von 60 Å.

2. Elektronendichte Vesikel mit einem Durchmesser von 600 Å.

3. Große, offensichtlich leere Vakuolen.

Der Golgi-Apparat liegt im allgemeinen in der Nähe der Kernmembranen, und seine Membranen sind frei von Ribosomen. Kontinuierliche Übergänge von Golgi-Membranen zum endoplasmatischen Retikulum sind häufig, so daß es oft als eine Spezialisierung des endoplasmatischen Retikulums angesehen wird, das an der Biosynthese und Exkretion von Proteinen und anderen Substanzen teilhat. Es ist ebenso an der Biosynthese von großen Kohlehydrat-Molekülen beteiligt, wie an dem Transfer von Kohlehydraten an Exkretproteinen.

10.6.2. Isolierung

Golgi-Membranen vesikulieren so leicht, daß erste Versuche, sie zu isolieren, Zellen verwendeten, die mit Glutaraldehyd fixiert waren; damit konnten in Saccharose-Gradienten morphologisch intakte Golgi-Komplexe gewonnen werden. FLEISCHER et al. [181] zeigten jedoch, daß

Tabelle II. 12. *Phospholipide der Membranen des Golgi-Apparates der Rattenleber* [328]

Lipid	%-Anteil an Gesamt-Phospholipiden
Sphingomyelin	12,3%
Lecithin	45,3%
Phosphatidyläthanolamin	17,0%
Phosphatidylserin	4,2%
Phosphatidylinositol	8,7%
Lysolecithin	5,9%
Lysophosphatidyläthanolamin	6,3%

sich auch unfixierte Golgi-Apparate in Saccharose-Gradienten infolge ihrer geringen Dichte vom endoplasmatischen Retikulum befriedigend abtrennen lassen. Die Lipidzusammensetzung des Golgi-Apparates gibt die Tab. II. 12. wieder.

10.6.3. „Marker"

Die Golgi-Membranen können durch die folgenden Enzyme charakterisiert werden: *UDP-Galaktose : N-Acetylglukosamin-glactosyl-Transferase. – Nukleosid-Diphosphatase* (Nucleoside diphosphate phosphohydrolase, EC. 3.6.1.6.). – *Adenosindiphosphatase* (Adenosinediphosphate phosphohydrolase): Auch CDP kann durch dieses Enzym im Golgi-Apparat gespalten werden.

10.7. Endoplasmatisches Retikulum (ER)

10.7.1. Eigenschaften

Das endoplasmatische Retikulum besteht aus einem Labyrinth von Tubuli und Zysternen, die häufig mit Vesikeln assoziiert sind. Es durchzieht die ausgereifte Zelle und stellt einen Ort aktiver Biosynthese dar. Das System besteht aus miteinander kommunizierenden, von Membranen umgebenen Räumen. Die Membranen selbst haben eine eingeschränkte Permeabilität und besitzen distinkte, sich voneinander unterscheidende innere und äußere Oberflächen. Viele Zellen besitzen nebeneinander und kontinuierlich ineinander übergehend zwei verschiedene ER-Typen:

1. Glattes ER ohne assoziierte Polysomen.

2. Rauhes ER, ein System abgeflachter Zysternen, dessen zytoplasmatische Oberfläche mit Polysomen besetzt ist.

Es scheint so, daß zu sezernierende Proteine zunächst durch die Polysomen auf der cytoplasmatischen Oberfläche des ER synthetisiert werden und anschließend in das Innere der Zysternen penetrieren; sie stellen dann „intrazysternale Granula" dar. Die Sekretion einiger Proteine, besonders von Glykoproteinen, geht vom ER über den Golgi-Apparat, dessen Vesikel letztlich mit der Plasmamembran verschmelzen und so ihren Inhalt freigeben.

Viele Enzyme sind eng an das ER gebunden; diejenigen davon, die als „marker"-Enzyme von Nutzen sind, sind unten aufgeführt. Neben seiner zentralen Rolle in der Protein-Biosynthese enthält das ER ebenso Enzyme, die für die Biosynthese der Phospholipide und des Cholesterins essentiell sind.

10.7.2. Isolierung

Von vielen Enzymaktivitäten weiß man, daß sie ausschließlich im ER auftauchen; diese Kenntnis hat zu der Annahme geführt, daß die Mikrosomenfraktion ausschließlich aus dem ER hervorgeht. In Wirklichkeit stellt die Mikrosomenfraktion jedoch ein heterogenes Gemisch von Vesikeln unterschiedlicher Herkunft dar. Die Aktivität eines bestimmten „mikrosomalen Enzyms" spiegelt also nicht die Eigenschaften des ER wider. Eine ungefähre chemische Zusammensetzung der ER-Membranen gibt die Tab. II.13.

Tabelle II. 13. *Typische chemische Zusammensetzung vom „glatten" endoplasmatischen Retikulum, das aus Rattenleber-Mikrosomen gewonnen wurde*[a][b]

Bestandteil	% Trockengew.[c]
Protein	71,4
Lipide (gesamt)	28,6
Cholesterin[d]	0,7
Phospholipide[d]	27,9
Phosphatidsäure	0,5
Lecithin	13,6
Phosphatidyläthanolamin	4,5
Phosphatidylserin	2,4
Phosphatidylinositol	3,7
Sphingomyelin	3,0

[a] Nach KORN [340]. – [b] Die Membranfraktion enthält vermutlich auch Plasmamembranen und Membranen des Golgi-Apparates. – [c] Berechnet unter der Annahme, daß der Gewichtsanteil der Kohlenhydrate zu vernachlässigen ist. – [d] Das ergibt einen Cholesterin/Phospholipid-Quotienten von 0,025. Dieser Wert kann aber bis zu 0,077 betragen.

10.7.3. „Marker"

Das endoplasmatische Retikulum enthält zahllose Enzyme, aber nur wenige können davon als spezifische „marker" verwendet werden: *Glukose-6-phosphatase* (D-Glucose-6-phosphate phosphohydrolase, EC. 3.1.3.9.): Diese Gruppe von Enzymen, die ausschließlich in den Membranen des ER vorkommen soll, katalysiert den Transport der Phosphat-Gruppe von Nukleosiddiphosphaten oder -triphosphaten auf Glukose oder andere Zucker; solche Reaktionen kommen aber nicht nur im endoplasmatischen Retikulum vor. – *NADH-oxidase* (Reduced-NAD : (acceptor) oxidoreductase, EC. 1.6.99.3.): Das Enzym katalysiert die Reduktion von NADH durch verschiedene Wasserstoffacceptoren (z. B. Ferricytochrom c); das Enzym, das auch oft als NADH-Diaphorase bezeichnet wird, wird bei Zellen, die eine niedrige Glukose-6-phosphatase-Aktivität aufweisen, als „marker" für das ER verwandt.

III. Kapitel

Spezielle Methoden zur Untersuchung von Biomembranen

1. Einleitung

Die Untersuchung der Eigenschaften von Biomembranen auf molekularer Ebene wirft Schwierigkeiten auf, die noch größer sind als jene, die bei der Fraktionierung auftreten. Die Fraktionierungsmethoden sind ganz erheblich verbessert worden, obwohl das Problem der Zellheterogenität (die Gewinnung einheitlicher Zellstämme in Mengen, die das Studium von Membrankomponenten, die nur einen kleinen Anteil ausmachen (z. B. Plasmamembranen), ermöglichen) und die topologische Unterschiedlichkeit der Membranen selbst immer noch erhebliche Hindernisse darstellen. Die erhöhten Schwierigkeiten liegen vor allem in dem oft vernachlässigten Umstand, daß es sich bei Membranen in ihrem nativen Zustand eben nicht um die vertrauten Lösungen in wäßrigen Medien, sondern um dynamische Festkörperstrukturen handelt, deren Komponenten folgende spezielle Eigenschaften aufweisen:
 1. Hohe lokale Konzentration.
 2. Mäßig bis sehr hoher Ordnungszustand.
 3. Eine teilweise erzwungene räumliche Konfiguration.

So ist die molekulare Beweglichkeit der Membrankomponenten in Amplitude und Frequenz gegenüber den Molekülen im Gas- oder Lösungszustand erheblich eingeschränkt. Der Festkörperzustand hat unvermeidlich eine größere molekulare Ordnung und eine Einschränkung der molekularen Beweglichkeit zur Folge; dies hat wesentliche funktionelle Folgen. Einige der damit zusammenhängenden Fragen seien hier aufgeführt:

1. Welche Ladungsverteilung und Ladungsdichte liegt auf der Membranoberfläche vor?
2. Wie hoch sind die Konzentrationen von H^+-Ionen und anderen geladenen Molekülen auf der Membranoberfläche?
3. Welche wirklichen Reaktionskinetiken und Gleichgewichte funktioneller Membrankomponenten liegen vor?

4. Welche einheitlichen Reaktionsweisen ergeben sich aus speziellen topologischen Anordnungen verschiedener Komponenten auf der Membranoberfläche, und welche dynamischen Organisationsmuster liegen senkrecht zur inneren und äußeren Oberfläche, also im Membranquerschnitt, vor?

5. Wenn ein Membranprotein in üblicher Weise in wasserlöslicher Form synthetisiert wird, wie wird es in die Membran eingebaut, und wie verhält sich dann seine Konformation zu der, die es in gelöstem Zustand einnahm? Es ist nicht denkbar, daß diese beiden Zustandsformen von Membranproteinen die gleichen sein könnten.

6. Wenn Makromoleküle und Lipidaggregate aus der Membran durch geeignete Puffer niedriger Ionenstärke, durch spezielle Lösungsmittel oder Detergentien extrahiert werden können, inwieweit gleicht der Zustand der Moleküle dann demjenigen „*in situ*"? Diese Situation ähnelt jener, bei Transistoren, die ihre gleichrichtende und verstärkende Eigenschaft von Verunreinigungen in einer Konzentration von $5 \times 10^{-6}\%$ erhalten, die sie aber wieder verlieren, wenn diese Bestandteile in Lösung gebracht werden.

Diese Schwierigkeiten zwingen uns, völlig neue Wege zu gehen. Sie gaben den Anstoß für eine neue Monographie über die Techniken des Membranstudiums, die in Kürze erscheinen wird [280]. Ein neuer Band der „Methods of Enzymology" ist gänzlich diesen Fragen gewidmet, ebenso wie eine Reihe mehr technisch orientierter Übersichtsarbeiten [677]. Wegen des Umfangs dieses oft hoch spezialisierten Forschungsgebietes sollen nur einige neue Hauptarbeitsrichtungen dargestellt werden. Sie umfassen einige Aspekte der Membran-Biochemie und die spektroskopischen Methoden, die zur Klärung der Membranarchitektur herangezogen werden.

2. Biochemische Methoden

2.1. Solubilisierung von Membranen

2.1.1. Variation der Ionenzusammensetzung

Im Hinblick auf die außerordentlichen Erfolge der Biochemie wäßriger Systeme nimmt es nicht wunder, daß ausgedehnte Anstrengungen unternommen wurden, Membranproteine in eine ebensolche wäßrige Lösung zu bringen. Dabei hat man, meist mit Erythrocytenmembranen, die Ionenstärke und die Ionenzusammensetzung vielfach variiert [403, 424]. In nur wenigen Studien wurde jedoch zwischen echten Lösungen, dem Aufbrechen von großen Partikeln in kleine submikroskopische Vesikel und den Abbau mit nachfolgender Lösung von Membranproteinen durch unbeabsichtigte Peptidolyse (z. B. durch lysosomale Proteasen) unterschieden. Trotzdem hat man einige Membranproteine durch Extraktion bei niedrigen [403] oder physiologischen [165] Ionenstärken in Lösung bringen können; man kann annehmen, daß beim Erythrocyten eine solche Extraktion während der Perturbation der Membran im Verlauf der Hämoglobinfreisetzung stattfindet.

2.1.2. Detergentien

Detergentien wurden vielfach zur Lösung von Membranproteinen benutzt. Nicht-ionische Detergentien, wie Tween und Triton, oder dipolare ionische Agentien, wie Lysolezithin, haben die Tendenz, Membranen zu kleinen Membranpartikeln oder zu Lipoprotein-Komplexen aufzubrechen, ohne wirklich alle Lipid-Protein- und Protein-Protein-Wechselwirkungen aufzuheben. Im Gegensatz dazu perturbieren langkettige, stark anionische Detergentien, wie Natriumdodecylsulfat (SDS), die Membranarchitektur so massiv, daß eine vollständige Trennung von Membranproteinen und -lipiden in Protein-Detergentien-Komplexen und Lipid-Detergentien-Komplexen erreicht wird; diese können durch Gelpermeation-Chromatographie, Zentrifugation und Elektrophoresetechniken getrennt werden.

2.1.2.1. Chromatographie

ROSENBERG und GUIDOTTI [539] haben ein brauchbares Fraktionierungsschema für Erythrocyten-Membranproteine entwickelt. Dabei wird zunächst das hochmolekulare Protein „Spektrin" mit 1 mM EDTA und 50 mM β-Mercaptoäthanol herausgelöst [424]. Es folgt die Extraktion weiterer Proteine mit einer 0.8 M NaCl-Lösung und zum Schluß werden die Lipide extrahiert. Ungefähr 11% der gesamten Membranproteine werden durch EDTA, 41% durch 0.8 M NaCl und 7% während der Lipid-Extraktion gewonnen. Der Rückstand wird in 3%iger SDS-Lösung

Tabelle III. 1. *Gelchromatographie einiger Erythrocyten-Membranproteine auf Sephadex G 200 (nach [539])*

Fraktion	%	Mol.-Gew.
I	20	170000–130000
II	12	99000–75000
III	31	38000–30000
IV	17	25000–20000
V	20	15000–10000

gelöst und auf Sephadex G 200 in 1% SDS chromatographiert. Dabei werden die auf der Tab. III. 1. angegebenen Fraktionen gewonnen. Dieses Fraktionierungsschema hat offensichtliche Vorzüge und könnte mit elektrophoretischen Methoden kombiniert werden.

2.1.2.2. Ultrazentrifugation

Zentrifugations-Techniken zur Trennung von Erythrocyten-Membranproteinen in SDS-haltigen Saccharose-Dichtegradienten sind zur Reinigung von Membran-ATPasen angewandt worden [149]. Leider bildet SDS in Konzentrationen, wie sie zur vollständigen Dissoziation von Membrankomponenten benötigt werden, Mizellen, die selbst rasch sedimentieren. Dieser Umstand, der auch bei Lysolezithin und anderen Detergentien auftritt, schränkt die Anwendung dieser Methoden ganz erheblich ein.

2.1.2.3. Polyacrylamid-Gelelektrophorese

Die Technik der molekulargewichts-abhängigen Trennung von Proteinen durch die Polyacrylamid-Gelelektrophorese in detergentien-haltigen Gelen hat sich zu einer der aufschlußreichsten Methoden zur Analyse von Membranproteinen entwickelt, insbesondere dann, wenn sie mit geeigneten „labelling"-Techniken oder anderen Markierungsmethoden kombiniert wird [677]. Dabei werden die Membranen in Puffer, die ein Detergens und ein Disulfid-Brücken spaltendes Reagens enthalten, gelöst. Am besten geeignet ist im allgemeinen ein Gemisch aus 1 bis 2% Natriumdodecylsulfat (SDS) und 40 mM Dithiothreitol (DTT). Da Detergentien die Sekundärstruktur von Proteinen zerstören und diese dadurch gegenüber der Wirkung von Proteasen sehr viel empfindlicher machen, ist es von äußerster Wichtigkeit, den Einfluß von proteolytischen Enzymen, wie z. B. lysosomalen Proteasen, auszuschalten.

Bei hinreichendem Detergentien-Überschuß werden Membranpeptid- von den Membranlipiden dissoziiert; die Peptide tragen dann die Ladung des Detergens. Im elektrischen Feld werden die Detergens-Peptid-Komplexe ausschließlich in Abhängigkeit von ihrer Größe getrennt. Die Polyacrylamid-Gele werden unter identischen Bedingungen mit Proteinen, deren Molekulargewicht bekannt ist, geeicht. Damit sind Molekulargewichtsbestimmungen von Membranproteinen mit einer Genauigkeit von $\pm 3\%$ im Bereich unter 100000 Dalton möglich [700]. Die Beziehung zwischen elektrophoretischer Beweglichkeit und dem Molekulargewicht (bis zu einem Molekulargewicht von 165000) folgt der Gleichung:

$$\text{Molekulargewicht} = K \times 10^{-bx}$$

(dabei ist K eine Konstante, x der zurückgelegte Weg eines Peptides und b die Steigung der Eichkurve [566]).

Mit dieser Technik lassen sich in den kommerziell üblichen Apparaturen 30 μg Membranprotein oder weniger leicht trennen; Mikroapparaturen, die noch wesentlich geringere Mengen erfordern, sind ebenfalls konstruiert worden [453]. Die Nachweismethoden der Peptide im Gel werden zudem ständig verbessert [702]. Die Methode kann aber auch in präparativem Maßstab durchgeführt werden. Üblicherweise werden die getrennten Peptide im Gel fixiert, vom Detergens befreit und durch absorptive Farbstoffe nachgewiesen. Ein typisches Peptidmuster für die Membranproteine des menschlichen Erythrocyten gibt die Tab. III.2.

Tabelle III.2. *Prozentuale Verteilung und Molekulargewicht der Hauptpolypeptide der menschlichen Erythrocytenmembran*[a, b]

Peptid	%-Verteilg.[c]	Mol-Gew.[b]
I + II	24,7 ± 1,0	250 000
III	30,0 ± 0,5	89 000
IV	7,8 ± 0,3	77 500
V	4,0 ± 0,1	41 300
VI	4,9 ± 0,2	36 200

[a] Nach [165]. – [b] Ermittelt durch die Polyacrylamid-Gelelektrophorese in SDS-haltigen Gelen. – [c] Basierend auf der Absorptiv-Färbung mit Coomassie Blau. Die 6 genannten Hauptkomponenten machen ca. 71 % der Gesamtproteinmenge aus; der Rest setzt sich aus einer größeren Zahl kleiner Banden zusammen. Nicht alle Membranpeptide, insbesondere die Glykoproteine werden durch Coomassie Blau gleich gut angefärbt.

Die hohe Trennschärfe der Elektrophorese in SDS-haltigen Polyacrylamid-Gelen ist einer ihrer größten Vorzüge. Eine andere Eigenart dieser Technik, die bislang nicht hinreichend gewürdigt wird, ist die hohe Empfindlichkeit der gelösten Peptide gegen eine enzymatische Peptidolyse, sei diese nun absichtlich herbeigeführt oder artefiziell verursacht [599]. Da sich mit dieser Methode die Molekulargewichte mit hoher Genauigkeit ermitteln lassen, kann z. B. die Spaltung eines Peptides vom Molekulargewicht 25 000 in Fragmente von 22 000 und 3 000 Dalton deutlich nachgewiesen werden. Es ist sehr wesentlich, daß eine solche Peptidolyse erst nach der Lösung der Proteine in Detergentien nachgewiesen werden kann, da die Bruchstücke über apolare Bindungskräfte in der Membran integriert bleiben [597]. Dieser Aspekt ist als Nachteil der Methode zu bewerten, da bisher noch keine experimentellen Untersuchungstechniken beherrscht werden, die die räumliche Anordnung der Peptide zueinander definieren können.

2.1.3. Organische Lösungsmittel

Es wurde versucht, Membranproteine dadurch in wäßrige Lösung zu bringen, daß man sie mit verschiedenen organischen Lösungsmitteln extrahiert und diese Lösungsmittel dann wieder entfernt. So konnten die Glykoproteine der Erythrocytenmembran durch Extraktion mit 33%igem Pyridin [59] oder mit Wasser gesättigtem Phenol [719] gewonnen werden. In einigen Fällen konnten auch 80% der Erythrocyten-Membranproteine durch mit n-Butanol [392, 521] oder Pentanol [741] gesättigtem Wasser gelöst werden. Bei diesen Vorschriften sind niedrige Temperaturen und geringe Ionenstärken wesentlich. Bei der Butanol-Extraktion gehen nur 5% der Membran-Lipide in die wäßrige Phase über; im Gegensatz dazu werden bei dem Pentanol-Verfahren 80% der Lipide extrahiert. Höchstwahrscheinlich gelingt mit solchen Methoden nur eine Aufspaltung der Membran in Proteinaggregate. Gesichert ist dies für die Butanol-Extraktion, da alle Proteine bei Gelchromatographie auf Sephadex G 200 in der Ausschlußfraktion wandern, obwohl die Polyacrylamid-Gelelektrophorese in SDS-haltigen Gelen Proteine zeigt, die auf Sephadex G 200 sicher retardiert werden sollten.

WALLACH und ZAHLER [733, 734] verwenden 2-Chloräthanol als organisches Lösungsmittel, das sowohl Membranproteine wie auch Membranlipide in eine echte Lösung bringt. In einer solchen Lösung ist zudem die α-Helix-Konformation der Proteine bevorzugt [585]; eine volle Entfaltung der Peptidketten, wie sie bei Detergentien vom SDS-Typ auftritt, wird verhindert. Diese Eigenschaft des Lösungsmittels ist vor allem für Rekonstitutionsversuche wesentlich; in diesen Fällen ist das 2-Chloräthanol den Detergentien überlegen [148].

2.2. Die Verwendung von Proteasen zum Studium der Membranstruktur

Verschiedene Proteasen haben sich zur Erforschung der Proteinanordnung in Plasmamembranen und deren antigenen Eigenschaften (s. Kap. IV, Abschn. 2.1./2.2.2./2.3.1. und Kap. VI, Abschnitt 2.6.3.) als geeignet erwiesen. Eine besonders interessante Anwendung dieses experimentellen

Ansatzes stellen die Versuche zur Definition einer funktionellen, vertikalen Topologie der Plasmamembran-Proteine dar. Bei solchen Versuchen wurde eine Vielzahl von Proteasen verwandt.

1. Unspezifische Endopeptidasen, wie die Proteasen aus Bacillus subtilis, Bromelin, Ficin und Papain [633, 636].

2. Spezifische Peptidasen, wie Trypsin, das den Aminosäuren Arginin oder Lysin benachbarte Peptidbindungen spaltet, und Chymotrypsinogen, das Peptidbrücken neben aromatischen Aminosäuren zerstört [599].

3. Exopeptidasen wie Carboxypeptidase A und B und Leucin-Aminopeptidase [636].

Bei solchen Versuchen wurden Präparationen des Riesen-Axons verschiedener Invertebraten, deren normale Ruhe- und Aktionspotentiale bei kontinuierlicher intracellulärer Perfusion mit geeigneten Puffern über Stunden erhalten bleiben, verwendet [633, 635, 636]. Die Enzyme werden mit Mikropipetten entweder extra- oder intrazellulär appliziert.

Bei extra-axonaler Applikation verschiedener Peptidasen permeiert das Enzym zur axonalen Plasmamembran und verursacht dort morphologische, aber keine funktionellen Veränderungen. Das Enzym penetriert zudem in die Membran und kann nach einem solchen Experiment im Axoplasma wiedergefunden werden [648]. Diese Beobachtungen sind insofern bemerkenswert, als sie anzeigen, daß zum mindesten vorübergehend kanalartige Öffnungen in der Plasmamembran bestehen, oder erst gebildet werden müssen, die groß genug sind, Partikel von einem Molekulargewicht von über 20000 Dalton durchzulassen.

Im Gegensatz zu den Proteasen depolarisieren und inaktivieren die Enzyme Phospholipase A und C bei gleicher Applikation das Axon sehr rasch [123, 538]. Der Effekt, den die Phospholipase A hervorruft, wird auch mit Lysophosphatiden und Digitonin erreicht [648]; demgegenüber kann die Phospholipase-C-Wirkung nicht durch die isolierten enzymatischen Abbauprodukte des Enzyms erreicht werden.

Wirken dagegen Proteasen auf die zytoplasmatische Oberfläche der Axon-Plasmamembran ein, erfolgt ein rapider Funktionsverlust derselben. Man weiß indes noch nicht, wie weit eine solche Peptidolyse gehen muß und welche Membranproteine dabei abgebaut werden müssen, damit ein solcher Funktionsausfall stattfindet [636]. Dieses Problem wird derzeit für einige Membranen durch Anwendung der SDS-Polyacrylamid-Gelelektrophorese in Kombination mit Membran-„labels" untersucht.

2.3. „Labelling"-Techniken zum Studium der molekularen Organisation von Membranproteinen

2.3.1. Nicht-permeable „labels"

Geeignete „labels" für auf der äußeren Membranoberfläche befindliche Komponenten dürfen notwendig nicht permeabel sein; sie sollten unter physiologischen Bedingungen (pH, Temperatur und Osmolarität) ohne Membranperturbation reagieren und in Spuren nachweisbar sein (Fluoreszenz, Radioaktivität, Elektronenspinresonanz). Für allgemein verwendbare „labels" wäre es wünschenswert, daß diese keine oder nur minimale Veränderungen der Membranfunktion verursachen und eine kontrollierbare Permeabilität besitzen.

MADDY [391] synthetisierte einen mit Amino-, Histidyl- und Guanidino-Gruppen reagierenden „label", der einige dieser Eigenschaften besitzt, nämlich 4-Acetamid-4'-isothiocyanostilben-2,2'-disulfonsäure (SITS). SITS ist ein fluoreszierender Diazofarbstoff, der weder mit Lipiden noch mit Tyrosin-Resten und SH-Gruppen reagiert.

$$H_3OCHN-\underset{}{\underset{SO_3H}{\bigcirc}}-C=C-\underset{}{\underset{SO_3H}{\bigcirc}}-NCS$$

Vermutlich wegen der sauren SO_3H-Gruppe ist er nicht permeabel. Obwohl der Farbstoff mit freiem Hämoglobin stark reagiert, kommt es bei Umsetzung von SITS mit intakten Erythrocyten nicht zur Reaktion von SITS mit intrazellulärem Hämoglobin. Ungefähr 10^{-10} Mol werden pro Rinder-Erythrocyt gebunden. Eine sehr ähnliche Verbindung, das 7-Amino-1,3-naphthalindisulfonat, wurde zur Lokalisation des sulfatbindenden Proteins bei *E. coli* auf der Außenseite der Membran herangezogen [483], bislang aber nicht zu weiteren Membranstudien verwandt.

BERG [47] kombinierte als erster nicht permeable „labels" mit der Technik der SDS-Polyacrylamid-Gelelektrophorese zum Studium der Erythrocyten-Membranproteine; er verwendete ein Diazoniumsalz der (^{35}S)-Sulfanilsäure [42]. Dieses Reagens penetriert nicht durch die Erythrocytenmembran, da intrazelluläres Hämoglobin nur zu einem Ausmaß von 10^{-5} der Reaktivität von freiem Hämoglobin in gleicher Konzentration umgesetzt wird. 20% des „labels" wird an die Lipide des Erythrocyten gebunden. BERG u. Mitarb. [42, 47] fanden in diesem Reagens eine nützliche Ergänzung zur elektrophoretischen Analyse von Membranproteinen.

Die Umsetzung von Erythrocyten mit radioaktivem, nicht-permeablem Formyl-methionyl-sulfon-phosphat [81,82] markiert lediglich zwei Peptide vom Molekulargewicht 105 000 und 90 000 Dalton, die ca. 20% der Zelloberfläche in Anspruch nehmen. Im Gegensatz dazu werden bei isolierten Erythrocyten-Ghosts nahezu alle Peptide markiert. Auch Phosphatidylserin und Phosphatidyläthanolamin werden bei der intakten Zelle nur geringfügig markiert, bei Umsetzung der isolierten Membran dagegen außerordentlich stark. Beide Ergebnisse liefern Hinweise darauf, daß es während der Hämoglobinfreisetzung, d. h. bei der Lyse von Erythrocyten, zu einer Umstrukturierung der Membranen kommt.

$$-O-{}^{35}S-\overset{+}{\underset{\underset{\underset{OCH-NH-CH-CO-O-\overset{O}{\underset{O^-}{\overset{\|}{P}}}-O-CH_3}{(CH_2)_2}}{|}}{\overset{CH_3}{|}}}C=O$$

2.3.2. Makromolekulare „labels"

Bei diesem experimentellen Ansatz werden Makromoleküle als Trägermolekül verwendet, an die „labelling"-Reagentien oder Schutzgruppen für die, den Reagentien entsprechenden, Reaktionspartnern an der Membran, kovalent gebunden werden. Diese Methodik entwickelten zuerst YARIV u. Mitarb. [729]. Sie verwendeten N-(Mercuri-S-methoxypropyl)-poly-D,L-alanylamid-^{203}Hg (= P—Hg) als SH-Blocker und Poly-D,L-alanyl-cystein (= P—SH) als Schutzgruppe für die SH-Reste. Bei ihren Untersuchungen mit diesen Reagentien an *E. coli* fanden sie, daß die Lac-Permease durch die beiden Reagentien, P—Hg und p-Chloromercuribenzoat (= PCMB) spezifisch inaktiviert wird. Die Enzymaktivität kann in beiden Fällen durch β-Mercaptoäthanol völlig, durch P—SH hingegen nur teilweise wiederhergestellt werden. Die Autoren schlagen deshalb vor, daß das Enzym zwei für die Aktivität des Enzyms notwendige SH-Gruppen in zwei verschiedenen Zustandsformen besitzt. Beide SH-Gruppen sind durch PCMB und Mercaptoäthanol angreifbar, aber nur eine SH-Gruppe kann durch P—Hg und P—SH angegriffen werden.

Einen noch weiter differenzierteren, experimentellen Ansatz geben HIMMELSPACH et al. [263] der, obwohl noch in seinem experimentellen Beginn, ungewöhnliche Möglichkeiten bietet; er vermeidet das Problem der Polyfunktionalität und der Größendispersität der von YARIV et al. [729] entwickelten Reagentien. Die Autoren verwenden Kohlehydratketten von definierter Länge ($n = 1–8$) als Trägersubstanz, an die als Prototyp des reaktiven Agens Flavazole gekuppelt sind. Die Diazotierung mit Membranproteinen zeigt die Abb. III.1. Längere Kohlehydratketten, sogar Dextrane [333a] können bei diesen Synthesen verwendet werden, bieten aber den Nachteil von nur ungenügend definierten Kettenlängen.

Die entscheidenden Vorzüge dieser Art von Reagentien sind die folgenden Eigenschaften:

1. Definierte und im voraus bestimmbare Größen des reaktiven Moleküls.

2. Das Kohlehydrat-Trägermolekül kann enzymatisch oder durch Perjodsäure (zwischen zwei benachbarten sekundären Alkoholgruppen) gespalten und damit entfernt werden.

3. Die Kohlehydratketten sind antigen wirksam und bieten so bezüglich der Nachweisbarkeit und Lokalisation zusätzliche Möglichkeiten.

4. Ein solches Kohlehydrat-Trägermolekül kann im Prinzip auch zur Anheftung von NH_2- und SH-reaktiven Reagentien sowie von radioaktiven „markern" und protektiven Gruppen verwendet werden. Es kann aber auch zur Markierung mit Photoaffinitäts-„labels" angewandt werden.

5. Solche makromolekularen, multifunktionellen, enzymatisch spaltbaren Reagentien, deren reaktive Gruppen durch Kohlehydratringe voneinander getrennt sind, können zur Analyse der horizontalen Topologie der Proteine auf der äußeren Membranoberfläche intakter Zellen dienen. Dieser Typ von Reagentien wird gegenwärtig, unter Anwendung der SDS-Polyacrylamid-Gelelektrophorese zur Analyse der Membranproteine des intakten Erythrocyten sowie des Erythrocyten-Ghosts und normal orientierter, wie auch inverser, Membranvesikel eingesetzt [264].

2.3.3. Enzymatisches „labelling"

PHILLIPS und MORRISON [493, 494] haben die Verwendung des nicht permeablen Enzyms Lactoperoxidase zur Jodierung von Erythrocyten-Membranproteinen mit Na-^{125}Jodid eingeführt. Die Analyse der ^{125}J-Bindung an die Membranproteine intakter Erythrocyten mit Hilfe der SDS-Polyacrylamid-Gelelektrophorese zeigt, daß im wesentlichen ein einzelnes Peptid mit einem Molekulargewicht von 90000 Dalton mit

^{125}Jod markiert ist. Werden dagegen isolierte Erythrocytenmembranen oder bereits gelöste Membranpeptide in der gleichen Weise mit Na^{125}Jodid behandelt, werden nahezu alle Peptide markiert. Diese weitgehende

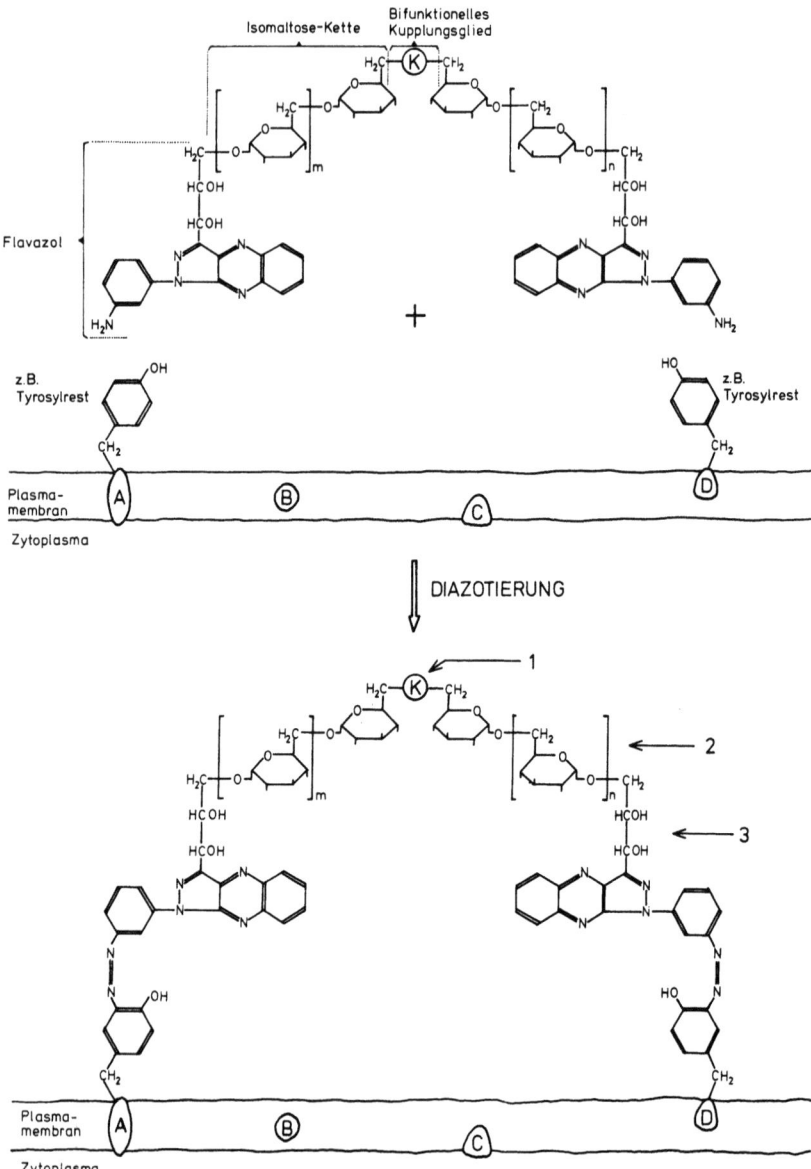

Markierung mit $Na^{125}J$ kann nicht mehr mit der Permeabilität eines so großen Enzyms, wie es die Lactoperoxidase darstellt, erklärt werden, sondern sie spiegelt vielmehr eine Reorientierung der Membranproteine während der Hämolyse wider.

2.3.4. Lokalisierbare permeable Reagentien

Einige membran-ständige SH-Gruppen können der inneren oder äußeren Membranoberfläche zugeordnet werden. Dies geschieht durch Komplexierung aller SH-Gruppen mit permeablen SH-Reagentien; die auf der äußeren Membranoberfläche gebildeten Addukte werden dann durch Zugabe eines Überschusses von nicht-permeablen, SH-Gruppen enthaltenden Reagentien, wie reduziertes Gluthathion, wieder dissoziert. Dieses methodische Vorgehen zeigt, daß p-Chloromercuribenzoat (PCMB) mit wenigstens drei verschiedenen Typen von SH-Gruppen in der Membran reagiert. Die Komplexierung von zwei Typen führt zum K^+-Verlust, Na^+-Anreicherung und nachfolgender Lyse der Zellen. Dagegen bindet 1-Bromo-2-hydroxypropan nur an zwei dieser drei Typen von SH-Gruppen, von denen nur eine mit der Permeabilitätsschranke gekoppelt ist. Die SH-Gruppen an der Oberfläche der Membran können durch reduziertes Gluththion wieder reaktiviert werden; sie stellen vermutlich die gleichen SH-Gruppen dar, die durch ionisierende Strahlungen (s. Kap. VI, Abschn. 7.10.) oxidiert werden. Diese Techniken wurden bisher noch nicht zum Studium spezifischer Membranpeptide eingesetzt.

Die Verwendung von bifunktionellen Reagentien kann unter bestimmten Bedingungen die spezifische Lokalisation von Membran-

---

Abb. III.1. Struktur und Funktionsweise eines makromolekularen, bifunktionellen Reagens zur Untersuchung der horizontalen Topologie der Membranproteine; das Reagens kann durch Diazotierung an Tyrosyl- und Histidyl-Reste sowie an die ε-Aminogruppen des Lysins gekoppelt werden.
Ⓡ symbolisiert die bifunktionelle Verknüpfung der Isomaltose-Ketten über die ω,ω'-CH_2OH-Gruppen; eine solche Verbindung kann z. B. die folgenden Strukturen besitzen: $-S-S-$; $-NH_2-CH_2-CH_2-NH_2$.
A = ein die Membran durchdringendes Membranprotein
B = ein im hydrophoben Kern der Membran lokalisiertes Membranprotein
C = ein auf der Membraninnenseite lokalisiertes Membranprotein
D = ein auf die Membranaußenseite beschränktes Membranprotein.
Die Pfeile symbolisieren die Spaltungsmöglichkeiten des Komplexes (Protein A – Reagens – Protein D):
1. Bei geeigneter Wahl (z. B. Disulfid-Brücken) spaltbares Kupplungsglied
2. Enzymatisch (Dextranase) spaltbare Isomaltosekette
3. Perjodat-spaltbare sekundäre Alkoholgruppen

bestandteilen erlauben. So setzte MARFEY [399] menschliche Erythrocyten mit 1,5-Difluor-2,4-dinitrobenzol unter physiologischen Bedingungen um und isolierte dann für weitere Studien die Erythrocytenmembran. Er konnte dabei zeigen, daß das bifunktionelle Reagens die β-Kette des Hämoglobins über die Aminosäure Cystein (β-93) mit freien Aminogruppen von Membranproteinen verbindet. Die α-Ketten des Hämoglobins werden nicht gebunden und können durch Gegenstrom-Extraktion von den β-Ketten-Membranproteine-Komplexen getrennt werden. Es werden keine weiteren Reaktionen zwischen Proteinen beobachtet, obwohl Lysin-Lysin-, Tyrosin-Tyrosin-Verbindungen und andere denkbar wären. Die Reaktion führt nicht zur Lyse von Erythrocyten, doch treten wesentliche Veränderungen in der Membranpermeabilität auf [48]. MARFEYs Ergebnisse führen zu wesentlichen Folgerungen: Erstens lassen sie den Schluß zu, daß eine orientierte Schicht von Hämoglobin-Molekülen der Membraninnenseite auf wenige Å benachbart liegt; zweitens sollten die Membranproteine, die an die Hämoglobin-β-Kette gebunden werden, durch die SDS-Polyacrylamid-Gelelektrophorese zu identifizieren sein. Dadurch könnte sowohl die Struktur der Erythrocytenmembran als auch die „in vivo"-Verhältnisse zwischen Membranproteinen und Hämoglobin weiter aufgeklärt werden.

Ein ungewöhnliches und vielversprechendes „Labelling"-System, das schon zur spezifischen Markierung der Acetylcholin-Bindungsstellen angewandt wurde [321], ist die Methode des Photoaffinitäts-„Labelling". Dabei werden Arylazide [180] wie die folgende Verbindung verwendet:

$$\begin{array}{c} CH_3 \\ | \\ H_3C-N^+-CH_3 \\ | \\ CH_2 \\ | \\ \underset{N_3}{\bigcirc} \end{array}$$

Die Photoaktivierung dieser Verbindung bei 324 nm verwandelt diese in hochreaktive, instabile primäre Aryl-imene

$$RN_3 \xrightarrow{h\nu} R-\underset{..}{N}: + N_2$$

Prinzipiell kann diese Methode durch Verwendung von Mikrostrahlen des aktivierenden Lichtes auch auf begrenzte Membranbezirke angewandt werden. Die definierte Lokalisation der permeablen Photoaffinitäts-„labels" kann auf den folgenden Wegen erreicht werden:

1. Ausnutzung der Unterschiede der relativen Permeabilität zwischen dem Reagens und konkurrierender Substrate mit bekannter Affinität.

2. Verwendung von Schutzgruppen mit bekannter aber unterschiedlicher Permeabilität.

3. Inaktivierung mit Reagentien mit bekannter, unterschiedlicher Permeabilität vor dem Photoaffinitäts-„labelling".

4. Kupplung des Photoaffinitäts-„labels" an permeabilitätsbestimmende Trägermoleküle.

5. Anschließende analytische oder präparative Trennung von Membranpeptiden und Peptid-„mapping".

2.3.5. „Labelling" mit radioaktiven Substraten

Membranenzyme können in Fällen, bei denen unter Verwendung von radioaktiven Substraten, stabile markierte Intermediärkomplexe gebildet werden, identifiziert werden. Die Lokalisation eines solchen Enzyms kann in einem gewissen Ausmaß erreicht werden, wenn die radioaktiven Substrate nur von einer Membranoberfläche aus das Enzym erreichen können. Ein Beispiel dafür bieten Membran-ATPasen, die durch mit ^{32}P-markiertem ATP radioaktiv markierte Phospho-Peptide bilden, die von anderen Membranpeptiden durch die SDS-Polyacrylamid-Gelelektrophorese getrennt werden können.

Im Gegensatz zu vielen anderen Zellen hydrolysieren Erythrocyten oder isolierte Erythrocytenmembranen ATP nur auf ihrer zytoplasmatischen Oberfläche; dabei entstehen Phospho-Peptide mit einem Molekulargewicht von 200000 Dalton [24]. Dieser Wert steht im Einklang mit dem von KEPNER und MACEY [319], die ein Molekulargewicht von ca. 250000 angeben.

In einem ähnlichen System markierten DUNHAM und HOFFMAN [149] die Na$^+$-K$^+$-abhängige ATPase von menschlichen Erythrozytenmembranen mit ^{3}H-Ouabain, lösten die Membranen in 0.23% SDS und fraktionierten diese in Saccharose-Dichtegradienten. Sie erhalten, vermutlich wegen der geringen SDS-Konzentration, das ungewöhnlich hohe Molekulargewicht von 400000 Dalton.

3. Spektroskopische Methoden

3.1. Einleitung

Viele Membranologen haben sich modernen spektroskopischen Methoden zugewandt, wie Infrarot-Spektroskopie (IR), magnetischer Kernresonanz-Spektroskopie (NMR) und optischen Aktivitätsmessungen, ebenso wie zu der Verwendung von fluoreszierenden und paramagnetischen „probes", um spezifische Informationen über die molekulare Organisation intakter Membranen in verschiedenen physiologischen Zuständen zu erhalten. Dieser experimentelle Ansatz ist äußerst vielversprechend und hat schon weitgehend Anwendung gefunden. Die Prinzipien der einzelnen Methoden sind an anderer Stelle ausführlich beschrieben; in dem folgenden Abschnitt soll deshalb nur über die Grundlagen gesprochen werden, die der jeweiligen Methode eine Bedeutung für die Membranbiologie verleihen.

3.2. Techniken, die Signale verwenden, die von Membranbestandteilen ausgehen

3.2.1. Infrarot-Spektroskopie (IR)

Infrarotspektren resultieren von Vibrationsbewegungen der Atome und liefern so Informationen über die Bewegungen von Bindungen, sowohl in Makromolekülen wie auch in anderen, niedermolekularen Verbindungen. Diese Technik wurde auf das Studium von Membranen mit einer dreifachen Zielsetzung ausgedehnt:
    1. Konformationsanalyse von Membranproteinen [393, 684, 690].
    2. Analyse von Konformationsänderungen als Folge von biologisch signifikanten Membran-Alternationen [103, 219, 220, 683].
    3. Konfigurationsanalyse von Membranlipiden [103, 222].
Zu 1. Die Konformationsanalyse von Membranproteinen mit Hilfe der IR-Spektroskopie beruht primär auf dem Umstand, daß Schwingungen der —C=O-Gruppe von Amidbindungen von der Sekundärstruktur der Peptide abhängig sind. Bei ungeordneten Peptiden und Peptiden in der α-Helix-Struktur liegen die Anregungsmaxima der Schwingungsspektren bei 1656 cm^{-1} bzw. 1652 cm^{-1}; bei der β-Konformation dage-

gen bei 1630 bis 1632 cm^{-1} mit einer Schulter bei 1685 cm^{-1} bei der antiparallelen β-Konformation.[1]

Nativen Plasmamembranen, wie z. B. Erythrocyten-Ghosts, fehlt im allgemeinen die Bande bei 1630 cm^{-1}; sie absorbieren in der Nähe von 1652 cm^{-1} am stärksten [103, 219, 220, 393, 684, 693]. Diese Messungen deuten darauf hin, daß Plasmamembranen im allgemeinen nur einen geringen Anteil von Peptiden in der β-Struktur besitzen und ihre Peptide im wesentlichen in der α-Helix-Struktur und in ungeordneter Konformation vorliegen. Die Unterscheidung zwischen diesen beiden letztgenannten Formen kann auch durch die Infrarot-Spektroskopie erreicht werden, doch erst bei Wellenlängen, die mit den gebräuchlichen Geräten bislang nicht erreicht werden konnten.

Zu 2. Veränderungen des IR-Spektrums als Folge metabolischer Vorgänge konnten bei verschiedenen Membrantypen nachgewiesen werden [219, 220, 683]. So enthalten Mitochondrien-Membranen einen beträchtlichen Anteil von Peptiden in der β-Struktur, wobei dieser Anteil mit zunehmender Intensität des Elektronentransportes vermehrt und bei Phosphorylierung vermindert wird [219, 683]. Auch die Proteine von Fettzell-Plasmamembranen liegen vornehmlich in der β-Form vor. Die Hydrolyse von ATP durch Erythrocytenmembranen verursacht eine Zunahme der β-Konformation auf Kosten des Anteiles der Peptide, die in der α-Helix-Struktur und/oder ungeordneter Form vorliegen. Dieser Übergang ist dem ATP-Umsatz direkt proportional und kann so durch Aktivierung der Na$^+$-, K$^+$-abhängigen ATPase verstärkt werden.

Die beobachteten spektralen Veränderungen zwischen 1700 und 1625 cm^{-1} sind beträchtlich, doch müssen sie nicht notwendig als umfangreiche konformationelle Umordnungen in der Peptidstruktur gedeutet werden. Die Verhältnisse können denen, wie sie bei der Carboxypeptidase und α-Chymotrypsin gesehen werden, analog sein. Hier liegt eine ausgeprägte antiparallele Struktur der Peptidketten vor, wobei die Anzahl der Wasserstoff-Brückenbindungen geringer als bei einer kompletten β-Struktur ist; dann aber können sehr geringe Umorientierungen in der Tertiärstruktur den Anteil der IR-nachweisbaren β-Strukturen erheblich steigern (s. Abb. III.2.).

Zu 3. Die Konformationsanalyse von Membranlipiden mittels IR-Spektren beruht gegenwärtig auf zwei Tatsachen: Erstens absorbieren Kohlenwasserstoffketten in festem oder flüssigem Zustand sehr stark in einem

---

[1] Für den Zusammenhang zwischen Frequenz v bzw. Wellenzahl (cm^{-1}) und der Wellenlänge λ gilt die Beziehung:

$$\lambda = \frac{10^4}{v}$$

wobei λ in nm und v in Herz (Schwingungen/Minute) angegeben sind.

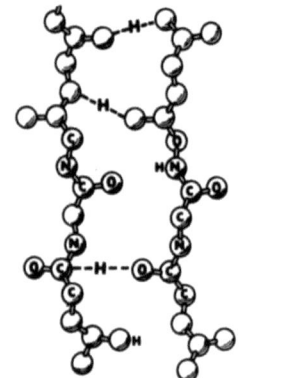 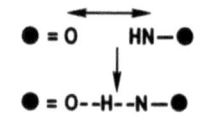 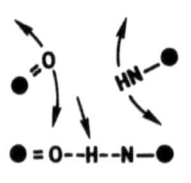

Anti-parallele ß-Kette mit inkompletten Wasserstoff-Brückenbindungen

Unwahrscheinliche Möglichkeit der Komplettierung der Wasserstoff-Brückenbindungen

Mögliche Vervollständigung der Wasserstoff-Brückenbindungen durch Rotation um die Peptid-Achse

Abb. III. 2. Eine mögliche Erklärung für die ausgeprägte Veränderung des β-strukturierten Peptidanteiles, wie er bei der IR-Spektroskopie von Membranen beobachtet wird. In dieser Vorstellung enthalten Membranproteine erhebliche Anteile von Peptiden mit antiparalleler Struktur und geringere Anteile in vollständiger β-Struktur mit kompletten Wasserstoff-Brückenbindungen. Geringe Rotationsbewegungen um die Peptidachse würden eine Vervollständigung der Wasserstoff-Brückenbindungen erlauben; dies kann dann spektroskopisch nachgewiesen werden. Nach WALLACH [681]. (Mit Genehmigung der North Holland Publishing Co.)

engen Bereich bei 720 cm^{-1}; dies beruht auf der Anwesenheit von vier oder mehr CH$_2$-Gruppen in einer all-trans-Konfiguration. Diese Banden sind in Lipidfilmen oder D$_2$O-Dispersionen von extrahierten Membranlipiden zu sehen und sollten auch in bimolekularen Lipidmembranen anwesend sein. In Biomembranen findet man diese Bande nur im Myelin; bei anderen Membranen dagegen nur, wenn diese auf Temperaturen unter 0°C gekühlt werden [103]. Die zur Zeit beste Erklärung für diese Beobachtung besteht darin, daß die apolaren Wechselwirkungen mit Membranproteinen die Lipide aus dieser all-trans-Konfiguration drehen. Zweitens deuten die relativen Intensitäten der Schwingungsspektren von assymmetrischen und symmetrischen Methylen-Schwingungen (bei 2930 und 2855 cm^{-1}) in den Membranen von A. lysodektilus auf eine enge Wechselwirkung zwischen den apolaren Anteilen von Proteinen und Lipiden hin [222]. Dieser Umstand ist indes bei tierischen Plasmamembranen noch nicht untersucht worden.

3.2.2. Magnetische Kernresonanz (NMR)

Werden Atomkerne in einem starken magnetischen Feld einer elektromagnetischen Strahlung im Radiowellen-Bereich (1 bis 220 MHz) ausgesetzt, kommt es bei solchen Kernen, die ein magnetisches Moment und ein anguläres Spinmoment besitzen, zur Resonanz und Absorption von Energie. Verschiedene Atomkerne variieren in weiten Bereichen bezüglich der Resonanzfrequenz und der Signalstärke; die stärksten Resonanzen liefern ^{1}H- und ^{19}F-Atome, während ^{31}P, ^{14}N und ^{13}C geringere Intensitäten liefern. Wegen ihrer Häufigkeit in biologischen Molekülen und ihrer hohen Signalstärke sind die ^{1}H-Kerne (Protonen) die am meisten untersuchten Kerne in biomedizinischen Untersuchungen. Es werden jedoch erhebliche Anstrengungen unternommen, um hochauflösende NMR-Spektren von ^{13}C-angereicherten biologischen Substraten zu erhalten.

Die Resonanz eines gegebenen Atomkernes hängt im wesentlichen davon ab, inwieweit das angelegte magnetische Feld von den umgebenden Kernen modifiziert werden kann. Dieser Umstand bietet die Ursache für die sogenannten chemischen Verschiebungen, die die paramagnetischen Eigenschaften verschiedener chemischer Gruppierungen unterscheidet. Die Mobilität der Kerne in verschiedenen Gruppen führt auch zu wichtigen Informationen über die nuklearen Relaxationszeiten.

Bis zum gegenwärtigen Zeitpunkt wurden NMR-Spektren bei den Membranstudien vornehmlich zur Interpretation des Lipidstatus in ganzen und fragmentierten Erythrocytenmembranen sowie Lipidextrakten aus diesen Membranen herangezogen [101, 102, 266, 304]. D$_2$O-Dispersionen von Erythrocyten-Lipidextrakten (Phospholipide und Cholesterin) zeigen mehrere definierte hochaufgelöste NMR-Signale, die den folgenden Gruppierungen zuzuordnen sind:

1. Protonen des Cholins: —N(CH$_3$)$_3$.
2. Protonen von ungesättigten Kohlenwasserstoffketten: —CH=CH—.
3. Protonen von gesättigten Kohlenwasserstoffketten: —CH$_2$—CH$_2$—.
4. Protonen der —CH$_3$-Gruppe.

Intakte oder durch Ultraschall fragmentierte Erythrocytenmembranen zeigen jedoch nur sehr schwache Signale von Kohlenwasserstoffketten, obwohl das Cholin-Signal sehr intensiv ist. Die Behandlung der Membranen mit Natrium-Desoxycholat in Konzentrationen, die hoch genug sind um Proteine von Lipiden zu dissoziieren, führt ebenso zum Auftreten dieser Kohlenwasserstoffketten-Signalen wie die Proteindenaturierung durch Erhitzen auf 80 °C und die Behandlung mit Trifluoressigsäure und SDS ([101, 102, 206, 304]). Bei Denaturierung der Proteine treten auch Resonanzen auf, die von Aminosäure-Resten herrühren. Phospholipase-C-Behandlung führt zum Verschwinden des Cholin-Signals, beeinflußt aber die von den Kohlenwasserstoffketten herrührenden Signale nicht. Die Erklärung für diese Ergebnisse ist die gleiche, die für die Interpretation der Kohlenwasserstoffketten-Signale bei IR-Spektren: sterische Behinderung der Kohlenstoffwasserketten-Mobilität infolge apolarer Wechselwirkungen mit Membranproteinen.

3.2.3. Optische Aktivität. Zirkulardichroismus (=CD); optische Rotationsdispersion (=ORD)

Die Messung des Zirkulardichroismus (CD) und der optischen Rotationsdispersion (ORD) werden zur Analyse von Proteinstrukturen weitgehend angewandt. Dies deswegen, weil die optische Aktivität von Peptid-Chromophoren von den räumlichen Nachbarschaftsbeziehungen der Peptidbindungen, d. h. von der Sekundärstruktur oder Konformation derselben, abhängig ist. Prinzipiell sollte es möglich sein, Konformationsanalysen von Proteinen durch Vergleich der optischen Aktivitäten von Standard-Proteinen mit bekannter Konformation durchzuführen. Die bislang verwendeten Referenz-Substanzen sind synthetische Polypeptide, und diese sind vermutlich auch zum Vergleich mit stäbchenförmigen Proteinen geeignet. Bei globulären Proteinen jedoch wird die Quantifizierung der Anteile von α-Helix-Bereichen, β-Strukturen und ungeordneten Peptidketten durch die folgenden Umstände kompliziert:

1. Die Intensität eines α-Helix-Signales hängt bei Ketten bis zu 20 Aminosäureresten von der Kettenlänge ab; die α-Helix-Konformationen in globulären Proteinen sind aber im allgemeinen wesentlich kürzer.

2. In nativen Proteinen finden sich häufig signifikante Abweichungen von einer α-Helix-Struktur.

3. Ungeordnete Segmente von Peptidketten sind in bestimmten räumlichen Bereichen fixiert, und lassen die statistische Beweglichkeit ungeordneter synthetischer Polypeptide vermissen.

4. β-Strukturen, die entgegen früheren Auffassungen in globulären Proteinen wesentlich verbreiterter sind, zeigen sehr variable, von der Aminosäure-Zusammensetzung abhängige optische Aktivitäten [606].

5. In globulären Proteinen liegen viele Peptidgruppen im Inneren des Peptidmoleküls, dessen Brechungsindex und andere wesentliche Eigenschaften weithin unbekannt sind [617].

Die CD- und ORD-Spektren, die an verschiedenen Plasmamembranen aufgenommen wurden, sind im Detail anderen Orts diskutiert worden

[212, 366, 617, 690]. Das Ziel solcher Studien ist die Aufklärung der Sekundärstruktur von Membranproteinen und der Nachweis möglicher, metabolisch bedingter Konformationsänderungen. Membranspektren dieses Typs sind bemerkenswert ähnlich und zeigen, daß Membranproteine typischerweise globulär sind und mehr als 30% der Peptidbindungen in einer α-Helix-Konformation vorliegen. Ein anderes Charakteristikum, das bei solchen Membranspektren auftritt, nämlich die abnorme Lage des Minimums im ORD-Spektrum, bedingt durch die Verbreiterung der n-π* Bande im CD-Spektrum, ist bislang nur bei eben solchen Membranspektren beobachtet worden. Diese Eigenschaft verschwindet bei Behandlung der Membranen mit Phospholipase A, Lysolecithin, Digitonin und Detergentien, wie z. B. SDS [212, 366, 690]. Diese Eigentümlichkeit ist möglicherweise ein Ausdruck der Assoziation zwischen den apolaren Regionen der Membranproteine und den Kohlenwasserstoffketten der Membranlipide zu werten. Andere Autoren schlagen indes vor, daß diese spektralen Veränderungen auf die Lichtstreuung durch die untersuchte Membransuspensionen zurückzuführen sind [207, 213, 306, 555, 662, 663, 664]. Diese Möglichkeit kann nicht ganz ausgeschlossen werden; die an Plasmamembranen gemessenen Daten sind bisher noch nicht gründlich genug analysiert worden, um sichere Schlüsse daraus ziehen zu können [678]. Die Autoren, die die Abnormalitäten der optischen Aktivität der Membran auf die Lichtstreuung zurückführen, ignorieren jedoch die ähnliche Lichtstreuung der Polypeptide, die bei Messungen der optischen Aktivitäten als Referenzstandard verwendet wurden.

Die meisten biologisch aktiven Substanzen absorbieren sehr intensiv im Bereich kurzwelliger UV-Strahlungen. Daher sind Messungen der optischen Aktivität bei der Suche nach metabolisch verursachten Veränderungen der Membranprotein-Struktur nicht allgemein anwendbar. Eine bemerkenswerte Ausnahme bilden die auffälligen Veränderungen im Peptid-CD-Spektrum von Erythrocytenmembranen in Gegenwart von Spuren des Wachstumshormons [595].

3.3. „Probes"

3.3.1. Prinzip der Methode

Bestimmte kleine Moleküle haben die Eigenschaft, die Polarität, Polarisierbarkeit und die Viskosität ihrer jeweiligen Umgebung in ihren eigenen spektroskopischen Eigenschaften widerzuspiegeln. Es existiert eine große Zahl solcher „probes", die an biologische Makromoleküle gebunden werden oder in makromolekulare Systeme mit dem Ziel eingebaut werden, die molekulare Architektur zu bestimmen und die Beziehung zwischen Struktur und Funktion aufzuklären. Eine ideale molekulare „probe" zum Studium von Membranen sollte die folgenden Eigenschaften besitzen:

1. Stabilität in bezug auf die Lokalisation in oder auf der Membran.

2. Ohne Einfluß auf die jeweilige Membraneigenschaft, die untersucht werden soll.

3. Interpretierbar in bezug auf die Charakteristika der Bindungsstelle.

4. Beschränkung der Bindung auf einen definierten Ort.

Bei Membranen ist dieser experimentelle Ansatz, die Verwendung von „probes", weit weniger entwickelt als in einfachen Systemen. Dies insbesondere deshalb, weil es schwierig ist, solche „probes" präzise zu lokalisieren und weil „probes" die Membranarchitektur in ihrer unmittelbaren Umgebung verändern können.

3.3.2. Elektronenspin-Resonanz (ESR) und „spin labels"

3.3.2.1. Einleitung

Die Spinmomente von Elektronen verursachen ein magnetisches Feld. Bei gepaarten Elektronen, wie sie in den meisten chemischen Verbindungen vorkommen, sind die Spin-Richtungen der beiden Elektronen einander entgegengesetzt, und entsprechend ist das magnetische Moment ausgeglichen. Moleküle, wie z. B. Nitroxid $>$N—O, enthalten jedoch einzelne Elektronen, deren Spin-Momente ein meßbares magnetisches Moment erzeugen. Solche Moleküle können als „spin label" an geeignete Trägermoleküle gebunden werden. Diese „spin label" geben über die folgenden Sachverhalte Auskunft:

1. Anzahl der gebundenen Moleküle der „probe" in einer gegebenen Region.

2. Polarität der Bindungsorte.

3. Molekulare Beweglichkeit und Orientierung der „probe" in einem externen magnetischen Feld.

4. Wechselwirkungen verschiedener „probes" untereinander sowie zwischen „spin labels" und benachbarten Fluoreszenzsonden.

3.3.2.2. Lokalisation

MCCONNELL, der die „spin label"-Technik entwickelte, seine Mitarbeiter und andere Autoren [38, 147, 225, 275, 276, 277, 368, 404, 460, 615, 673] haben ein ganzes Instrumentarium von „spin-label"-Reagentien entwickelt (s. Tab. III.3.)

Tabelle III. 3. *Drei wesentliche Membran-„spin-labels"*

$I_{n,m}$ = Nitroxid-Derivat der 12-Ketostearinsäure; m und n können so gewählt werden, daß der „label" dem polaren Ende des Moleküls entfernter oder näher ist. – II = Steroid-Molekül, das einen Nitroxid-„label" trägt. – III = Dodecyl-dimethyl-tempoyl-amin.

Dabei wurden unter anderem Steroide, Fettsäuren, Phosphatide, wie auch eine Reihe von Verbindungen, die mit SH- und NH_2-Gruppen kovalente Bindungen eingehen, mit einem „spin-label" versehen. Als Konsequenz dieser Anstrengungen stehen jetzt mehrere „spin labels", die für Membranstudien geeignet sind, zur Verfügung. Ihre Anwendung im Bereich der Membranforschung ist indes noch nicht ausgereift, vornehmlich wegen der unsicheren Lokalisation der „spin labels", der fraglichen biologischen Signifikanz der gemessenen Signale und der Frage, ob nicht diese „probes" selbst schwerwiegende Membranveränderungen hervorrufen. Trotzdem haben „spin label"-Versuche, vor allem an Modell-Membranen, eine Reihe für die Membranbiologie wesentliche Informationen ergeben.

So untersuchten HUBBEL und MCCONNELL [275, 276] die Orientierung und Beweglichkeit von mit Nitroxid markierten Fettsäuren ($I_{m,n}$ in Tab. III.3.) und eines spin-markierten Steroids (Verbindung II in Tab. III.3.), das von Hummernerven gebunden wird. In zermahlenen Präparationen, bei denen die Partikel homogen verteilt sind, zeigt sich keine bevorzugte Orientierung des „spin labels". Werden jedoch intakte Nervenstränge in ihrer Achse parallel oder senkrecht zu dem angelegten magnetischen Feld orientiert, so ändert sich das ESR-Signal in der Weise, daß man annehmen muß, daß diese Moleküle mit ihrem langen apolaren Rest gestreckt und senkrecht zur Membranoberfläche orientiert sind. Diese Daten stehen im Einklang mit der Vorstellung von Arealen mit Lipid-Doppelschichten in der axonalen Membran. Die Veränderung des ESR-Signals kann aber auch mit der Orientierung der Satelliten-Zellmembran und/oder der Lage der axonalen Mitochondrien erklärt werden. Die gleichen Autoren [277] finden ebenfalls, daß die ESR-Signale von spin-markierten Steroiden am Hummernerv auf eine hohe Mobilität des „spin-labels" hinweisen. Dies wird sowohl auf die geringe Rotationshemmung um die Längsachse der „labels", wie auch auf den Umstand zurückgeführt, daß sich diese „labels" an der Lipid-Wasser-Grenze konzentrieren und so orientieren, daß das Steroid-Gerüst in der apolaren Lipid-Phase, die Hydroxyl-Gruppe aber in der wäßrigen Phase liegt. HUBBEL und MCCONELL (275) haben auch spin-markierte Fettsäuren und Steroide in die Membranen intakter Erythrocyten inkorpiert und versucht, die Orientierung dieser Verbindungen relativ zur Zelloberfläche zu untersuchen. Die Markierung von Erythrocyten wurde hier mittels Serum, das vorher mit dem „label" gesättigt wurde, durchgeführt; der Überschuß des „labels" wurde durch Gelfiltration entfernt. Diese „Labelling"-Prozedur führte nicht zur Hämolyse der Erythrocyten und hinterließ keine morphologischen Folgen. Um von diesen Präparationen Spektren zu erhalten, werden sie zum Durchfluß durch eine flache Küvette mit einer solchen Geschwindigkeit gebracht, daß höhere Durchflußgeschwindigkeiten keine weiteren Veränderungen des Spektrums bewirken. Unter diesen nahezu laminaren Strömungsbedingungen orientieren sich die Erythrocyten so, daß ihre zylindrische Achse vornehmlich senkrecht zu der großen, flachen Küvettenoberfläche stehen. So konnten bei entsprechender Einstellung der Küvetten Spektren von Erythrocyten erhalten werden, deren zylindrische Achsen senkrecht oder parallel zum angelegten magnetischen Feld orientiert sind.

Die Verbindungen $I_{m,n}$ und II der Tabelle II.3. orientieren sich mit ihren langen amphiphilen Achsen größtenteils senkrecht zur Zelloberfläche. Alle „spin labels" werden von Erythrocytenmembranen stärker immobilisiert als in Phospholipid-Dispersionen. Die Beweglichkeit des „labels" $I_{5,10}$ ist größer als die der Verbindung $I_{12,3}$. Die Autoren schlagen vor, daß die hydrophoben Regionen der Erythrocytenmembranen denen von Lipid-Doppelschichten gleichen, daß aber eine dichtere Packung vorliegt. Beide „labels", $I_{m,n}$ und II, werden jedoch auch von Albumin stark gebunden und immobilisiert; man kann auch nicht unterscheiden, ob die beobachteten Effekte der Orientierung und der Fixierung der „labels" auf der Erythrocytenmembran ausschließlich von den Membranproteinen bewirkt werden oder aber im Zusammenwirken mit Membranlipiden zu Tage treten.

METCALFE [416, 417] verwendete „spin labels", um die Wirkung von membran-aktiven Substanzen, wie Benzylalkohol (BeOH), zu untersuchen. Bei Anwendung der Verbindung III der Tab. III.3. führen zunehmende Konzentrationen von BeOH zu einer höheren Auflösung des Spektrums; dies deutet auf eine Verminderung der Viskosität an den Bindungsorten hin. Es treten jedoch selbst bei lytischen Konzentrationen von BeOH keine neuen Bindungsstellen für die Verbindung III auf. Der „spin label" wird ähnlich auch von den getrennten Protein- und Lipidkomponenten gebunden. In beiden Fällen wird auch hier die Umgebung des „labels" durch den Zusatz von BeOH in einen „flüssigeren" Zustand gebracht.

Das Steroid-Nitroxid verhält sich dagegen unterschiedlich. Wie bei der Verbindung III führen ansteigende, aber nicht lytische Konzentrationen von BeOH zu einer zunehmenden Auflösung des Steroid-Nitroxid-Spektrums. Auch dies kann wieder als „Verflüssigung" der Umgebung „labels" gedeutet werden. Bei lytischen Konzentrationen von BeOH jedoch verändert sich das ESR-Spektrum in der Weise, daß neue, sehr gering bewegliche Bindungsstellen für den „label" auftreten müssen. Diese werden den Membranproteinen zugeschrieben, da BeOH wohl die Umgebung von Lipid-gebundenem Steroid-Nitroxid „flüssiger" macht, nicht jedoch die des Protein-assoziierten Steroid-Nitroxids.

METCALFE trifft die wesentliche Verallgemeinerung, daß sogar primär apolare „spin labels" an Lipide und Proteine der Membran binden und unter dem Einfluß cytolytischer Agentien ähnlichen spektralen Veränderungen unterliegen. Er vermutet, daß dies als Ausdruck gleichartiger physikalisch-chemischer Kräfte bei der Wechselwirkung zwischen dem „spin label" einerseits und den Liptiden bzw. Proteinen andererseits zu werten ist.

3.3.3. NMR-„probes"

NMR-„probes" wurden zur Untersuchung der Wechselwirkung von Anästhetika, wie Xylocain und Neopentylalkohol, mit Erythrocytenmembranen verwendet [416, 417]. Alle diese Substanzen haben distinkte NMR-Banden, deren Breite und Intensität in freiem und membran-gebundenem Zustand unterschiedlich sind, so daß daraus Rückschlüsse auf die Viskosität in der Umgebung der „probes", die Zahl der Bindungsorte und die Natur der molekularen Ereignisse unter dem Einfluß membranperturbierender Agentien gezogen werden können [416]. Unterhalb einer kritischen Konzentration zerstören diese Anästhetika, wie die meisten andern membran-aktiven Agentien, die Erythrocyten nicht, sondern erhöhen vielmehr deren osmotische Resistenz.

METCALFE u. Mitarb. [416, 417] haben dieses Phänomen unter Verwendung der aromatischen Protone des Benzylalkohols (BeOH) untersucht und berichten über die Perturbation, die dieses Agens, aber auch andere Anästhetika verursachen. Die aromatische Resonanzbande des BeOH verschmälert sich zunehmend und reversibel, bis eine kritische lytische Konzentration erreicht ist, von der an sich die Resonanzbande abrupt und irreversible verbreitert. Dies deutet auf eine erhebliche Einschränkung der Mobilität der „probe" hin. Unabhängige Versuche lassen vermuten, daß neue Bindungsorte für BeOH an Proteinen in diesem kritischen Punkt entstehen. Es ist möglich, daß bei der intakten Membran die Lipide Protein-Bindungsstellen blockieren, die dann für die „probe" frei werden, wenn die Lipide bei hohen BeOH-Konzentrationen von den Proteinen dissoziiert sind und/oder die beteiligten Proteine ihre Struktur verändern.

Bezeichnenderweise werden die gleichen charakteristischen NMR-Veränderungen, wie sie beim Übergang von sublytischen zu lytischen Konzentrationen von BeOH gefunden werden, auch dann zu beobachten sein, wenn BeOH im sublytischen Bereich, quasi als „Rezeptormolekül", für andere membranaktive Substanzen verwendet wird, um die von diesen verursachten Veränderungen anzuzeigen. Dieser experimentelle Ansatz ist allein schon von offensichtlichem Nutzen, vervollständigt aber auch Informationen, die mit anderen spektroskopischen Methoden erreicht wurden.

3.3.4. Fluoreszierende „probes"

Diese Substanzen besitzen eine hohe Nachweisgrenze und liefern Informationen über die Polarität und die Viskosität der Membranareale in der unmittelbaren Umgebung der „probe", die Flexibilität der Bindungsorte und den Abstand der „probe" zu anderen Fluorochromen [620]. Die Messungen, die zur vollen Ausschöpfung der mit diesen fluoreszierenden „probes" erreichbaren Informationen nötig sind, umfassen die Bestimmung der Emmissions- und Exitationsspektren, der Quantenausbeute (d. h. das Verhältnis von emmittierten Quanten zu absorbierten Quanten), die Dauer des angeregten Zustandes und der Fluoreszenz-Polarisation.

Die bisher zum Studium von Plasmamembranen am meisten verwendete fluoreszierende Sonde ist 1-Anilino-8-naphthalin-sulfonat (ANS):

Diese Sonde penetriert in die apolaren Regionen der Membran und ist vermutlich innerhalb der Membranproteine oder an der Lipid-Protein-Grenzfläche lokalisiert [246, 312, 313, 680, 703]. Unglücklicherweise können Substanzen wie ANS und verwandte Fluorochrome, seien sie nun kovalent gebunden oder nicht, nur so unzureichend lokalisiert werden, daß keine präzisen Informationen über die Membranstrukturen und ihrer möglichen dynamischen Veränderungen zu erhalten sind. Entsprechend werden erhebliche Anstrengungen unternommen, spezifische Fluorochrome zur Verwendung als Sonden zu finden [730]. Trotzdem haben die Versuche mit ANS einige biologisch interessante Informationen geliefert.

TASAKI u. Mitarb. [631, 632, 634] verwendeten Sonden wie ANS, um strukturelle Veränderungen während der elektrischen Stimulierung eines Axons zu finden. Sie finden bei mit ANS-behandelten Nerven von Hummern, Krabben und Tintenfischen unter Anregung bei 365 nm die Emmission eines typischen ANS-Spektrums. Nach Stimulation kommt es dann am Ort der Exitation des ANS zu einem geringen Fluoreszenz-Anstieg, wenn der Nervenimpuls diese Stelle erreicht. Die geringe Größe dieses Fluoreszenz-Signales beruht möglicherweise darauf, daß die anregbaren Membranbezirke einen minimalen Teil der gesamten beobachteten Struktur darstellen. Die Fluoreszenzänderungen in den funktionellen Bereichen der axonalen Membran sollte dann wesentlich größer sein als die beobachtete Steigerung. So schlagen TASAKI u. Mitarb. auch vor, daß wesentliche Konformationsänderungen der Sonde in der Nervenmembran während der Fortleitung des Nervenimpulses stattfindet.

KASAI et al. [312] finden, daß die Polarisation von an die Membran des elektrischen Organs von Electrophorus electricus gebundene ANS sehr hoch und unabhängig von der Lösungsmittel-Viskosität ist. Dies zeigt an, daß ANS durch die Membrankomponenten, an die es gebunden ist, stark immobilisiert wird und tief innerhalb der Membran liegt. Zudem verhält sich die Fluoreszenz von 5-Dimethylamino-1-naphthalinsulfonylchlorid (DANSYL), eine kovalent an die Membran bindende Fluoreszenzsonde [313], gleichartig. Die Trennung von Membranproteinen und -lipiden und ihre nachfolgende Rekonstitution, wie auch der Effekt von Detergentien zeigen, daß aus der hohen, von der Viskosität des Lösungsmittels unabhängigen Polarisation, die Assoziation von Lipiden und Proteine in eine organisierte Membranstruktur zwingend zu folgern ist. Die Zerstörung der Membran vermindert die Polarisation und bringt diese in Abhängigkeit von den Lösungsmittelcharakteristika.

4. Schlußbemerkung

Die Erkenntnis über die ungewöhnliche, komplexe und zentrale Rolle, die Membranen in biomedizinischem Bereich spielen, hat in kurzer Zeit zur Entwicklung eines ganzen Instrumentariums wertvoller biochemischer, physikalischer und anderer Methoden geführt, die zur Überwindung der weit verbreiteten speziellen Schwierigkeiten bei der Untersuchung von Membranen beitragen sollen. Wir haben die wesentlichsten Entwicklungen dieser Art zusammengestellt, müssen aber darauf hinweisen, daß die meisten dieser Methoden noch in ihren Kinderschuhen stecken, und daß sie hier zu einem Zeitpunkt dargestellt werden, an dem die Membranbiologie ihre Wasserscheide erreicht hat. Wir sollten noch darauf hinweisen, daß die Anwendung von Röntgenstreuungstechniken auf Membranprobleme eine Wiedergeburt erlebt [100]. Wir haben dieses Gebiet hier nicht diskutiert, da es in einer zu schnellen Fortentwicklung begriffen ist; wir sind indes sicher, daß spezielle Ansätze in diesem Bereich in Zukunft wesentlich zum Verständnis nicht nur lamellärer Membranareale, sondern auch von Biomembranen als Ganzem beitragen werden.

IV. Kapitel

Genetik tierischer Plasmamembranen

1. Einleitung

Die Genetik tierischer Plasmamembranen wird immer intensiver und mit zunehmend raffinierteren Methoden untersucht. Die wesentlichsten Informationen auf diesem Gebiet liefern immunologische Experimente, aber auch die Funktion der Membran wird immer häufiger mit genetischen Untersuchungstechniken angegangen. Die neuen Methoden zur Fraktionierung von Membranproteinen werden in Zukunft auch die genetische Analyse der Membran-Zusammensetzung ermöglichen.

2. Antigene

Bestimmte Membrananteile ragen aus der äußeren Membranoberfläche heraus und bestimmen mit ihren spezifischen chemischen Gruppen die genetischen Charakteristika der zellulären Antigenität. Das Studium der Membrangenetik mittels solcher immunologischer „marker" ist sehr weit fortgeschritten, obwohl die normale, physiologische Funktion dieser Membranantigene allgemein noch unbekannt ist. Solche Antigene können Enzyme, Hormon-Rezeptoren, Strukturkomponenten oder Kombinationen von diesen oder anderen Substanzen sein. In einem Fall, dem der LK-Schafserythrocyten [358], steht das L-Antigen der Erythrocytenmembran in Beziehung zum aktiven Kationentransport. Antikörper gegen die L-Substanz stimulieren den aktiven Kalium-Transport, indem sie die Orte der aktiven Kaliumaufnahme vermehren und deren kinetische Charakteristika verändern [355, 358]. Dieses Phänomen soll später ausführlich diskutiert werden. BURNET [90] und JERNE [305] haben in jüngster Zeit neue, allgemeine Theorien entwickelt, die mit Sicherheit auch dazu nützlich sein werden, die Membran-Immunologie mit den Funktionen der Membran in Einklang zu bringen.

In den folgenden Ausführungen soll zunächst die Genetik der Membranantigene behandelt werden; danach soll auch auf die bislang spärlichen Informationen über die Genetik der Membran-Funktionen und der Membran-Zusammensetzung eingegangen werden. Nicht alle diese Membranantigene werden ausschließlich von der Zelle kontrolliert, ein Umstand, der diese Untersuchungen erheblich erschwert. So können z. B. Substanzen, wie Lipopolysaccharid [452] und Cardiolipin, künstlich an die Membran adsorbiert werden; die letztgenannte Substanz bildet damit die Grundlage für einige serologische Teste auf die Syphilis. Die passive Adsorption kann aber auch in vivo eine reale Funktion haben; um nur einige Beispiele zu nennen: die Absorption cytophiler Antikörper, die die Phagocytose beeinflussen [170]; die Absorption des Gross-Antigens, das an normale Lymphocyten gebunden wird [17], und die J-Blutgruppen-Glykolipide im Plasma und an den Erythrocyten des Rindes [616].

Ein anderes, klinisch wichtiges Beispiel für die Absorption ist die Akkumulierung intrazellulär sezernierter Immunglobuline M (Ig M) mit μ-Ketten und κ-Ketten-Spezifität an die Plasmamembranen von bestimmten, maligne entarteten Lymphocyten, wie z. B. in einigen Fällen des Burkitt-Lymphoms [240, 323]. Diese Immunglobuline können mit verschiedenen immunologischen Techniken auf der äußeren Oberfläche der beteiligten Zellen nachgewiesen und z. T. mit Papain abgespalten werden [441]. Diese Ig M-Bindung geht parallel mit Defekten an den intracellulären Membranen. Die feste Verbindung von Immunglobulinen mit den Plasmamembranen maligner lymphoider Zellen ist auch für die immunologischen Hypothesen von BURNET und JERNE [90, 305] und für die Plasmamembran-Beteiligung an neoplastischen Prozessen (s. Kap. VI, Abschn. 2.6.) wesentlich.

2.1. Blutgruppenantigene

Die vermutlich frühesten und eindrucksvollsten Beispiele dafür, daß sich genetische Unterschiede spezifisch auf den Zelloberflächen manifestieren können, stellt die Erforschung menschlicher Blutgruppensubstanzen von LANDSTEINER [352, 695, 696] um die Jahrhundertwende dar. Diese Kenntnisse sind für die klinische Bluttransfusion von entscheidender Bedeutung. Beim Menschen sind die Faktoren A, B, M, N und Rh die wichtigsten. Die A- und B-Haptene, die durch zwei Gene determiniert werden, stellen chemisch Kohlehydrate dar und sind sowohl an Membranproteine wie an Membranglykolipide gebunden [711].

Die Struktur der antigenen Determinanten des A-, B-, H- und Lewis-Haptens zeigt die Abb. IV. 1. [373]. Bei der Blutgruppe A ist der terminale, nicht reduzierende Zuckerrest N-Acetylgalaktosamin, bei der Blutgruppe B Galaktose; bei der Anwesenheit beider Zuckerreste ergibt sich die Blutgruppe O(H). Lewis-a-positive Zellen besitzen einen Fukose-Rest der α-1-3-glykosidisch an N-Acetylglukosamin gebunden ist, während Lewis-b-Zellen ein α-1-2-glykosidisch an Galaktose gebundenen N-Acetylglukoseamin-Rest besitzen. Die genetische Basis für diese Determinanten beruht auf der Anwesenheit einer spezifischen Glykosyl-Transferase, die die jeweiligen Zucker selektiv an die Membran-Glykolipide und/oder Membranproteine bindet.

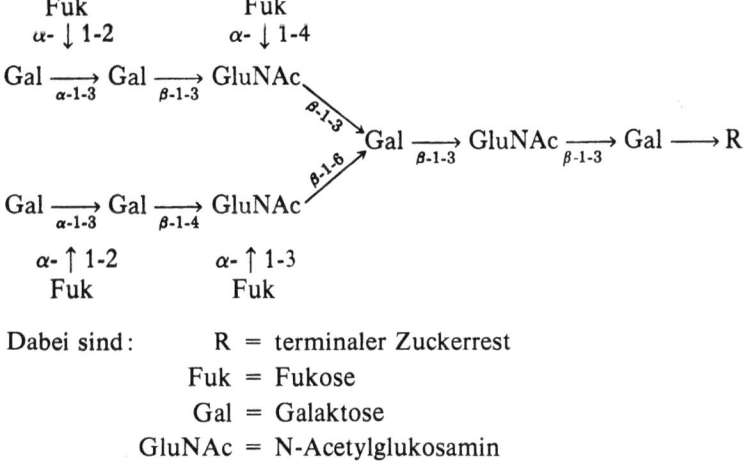

Dabei sind: R = terminaler Zuckerrest
                 Fuk = Fukose
                 Gal = Galaktose
           GluNAc = N-Acetylglukosamin

Abb. IV.1. Chemischer Aufbau der menschlichen Blutgruppen-Antigene nach LLOYD [373]

Ein A_1-Erythrocyt enthält ca. 8 bis 10×10^5 antigene A-Moleküle, die aus der Membran herausragen und elektronenoptisch mit der Gefrierätztechnik dargestellt werden können [581]. Auch die M- und N-Antigene sind an Membranproteine gebunden [505]; diese M,N-positiven Glykopeptide können von den Erythrocyten durch Proteasen abgespalten werden [640]. Die Rh-Antigenität der Erythrocyten ist ebenfalls an Membranproteine gebunden, bedarf aber zu ihrer vollen Wirksamkeit der Assoziation mit Lipiden, wobei die Art der Lipide relativ unbedeutend ist [223, 224]. Rekombinations-Studien von aus 2-Chloräthanol-Lösungen gewonnenen Membranproteinen und -lipiden deuten ebenfalls darauf hin, daß Membranlipide die Antigenität von einigen Protein-gebundenen Blutgruppen-Antigenen steigern [732, 735]. Blutgruppensubstanzen sind übrigens in ihrem Vorkommen nicht auf die Erythrocytenmembranen beschränkt.

In jüngerer Zeit hat die Charakterisierung einer Reihe von Histokompatibilitätsantigenen verschiedener Spezies erhebliche Fortschritte gemacht. Von diesen soll im folgenden die Rede sein. Viele dieser Antigene sind auch auf der Erythrocytenmembran vorhanden. Der Ausdruck „Histokompatibilitätsantigen" ist eigentlich nicht sehr präzise gewählt; er sollte vielmehr ebenso die Blutgruppenantigene wie auch Tumorantigene und die Antigene der Differenzierung umfassen, die später noch besprochen werden sollen.

Die genetische Variabilität der Zellmembran ist möglicherweise lediglich ein Ausdruck des Protein-Polymorphismus. Dieser kann, wie beim Hämoglobin, durch den Austausch einzelner Aminosäuren in der Primärstruktur begründet sein, oder er wird in mittelbarer Weise hervorgerufen, wie im Beispiel der Kohlehydratantigene, bei denen die Polymorphie durch die Enzyme bewirkt wird, die das Kohlehydrat aufbauen und es an das Protein- und/oder Lipid-Trägermolekül binden. Von den Hämoglobinen, von Enzymen, von Immunglobulinen und auch von anderen Proteinen weiß man, daß sie in vielen, genetisch bedingten Varianten gebildet werden. So kann man mit einiger Wahrscheinlichkeit annehmen, daß die genetische Polymorphie von Zellmembranen die gleiche Bedeutung besitzt. Alternative Standpunkte sind jedoch unjüngst dargestellt worden [90, 305] und müssen im Lichte der funktionellen Vielfalt, die im kooperativen Membrangitter erwartet wird, betrachtet werden.

2.2. Histokompatibilitätsantigene

2.2.1. Biologische Genetik

Histokompatibilitätsantigene sind das Produkt von Histokompatibilitäts-Genen. Wie im Falle anderer Membranantigene ist ihre normale, physiologische Rolle noch Gegenstand der Auseinandersetzung; es ist möglich, daß sie außer in der Plasmamembran auch in anderen zellulären Membranen vorkommen. JERNE [305] nimmt jedoch im Einklang mit BURNET [90] an, daß die phylogenetische Entwicklung eines Histokompatibilitäts-Systems aus der Notwendigkeit der Zell-Zell-Erkennung in metazoischen Organismen resultiert. Er geht dabei von der Tatsache aus, daß tierische Keimzellen sogenannte v-Gene enthalten, die die variablen Regionen einer entsprechenden Anzahl von Antikörpern gegen den kompletten Satz der Histokompatibilitätsantigene dieser betreffenden Spezies kodieren. Die bei der Differenzierung der lymphoiden Stammzellen entstehenden, antigen-empfindlichen Zellen trennt er in zwei Populationen:

1. Eine Population, die Antikörper gegen das aktuelle, durch die Histokompatibilitäts-Gene bedingte Histokompatibilitäts-Antigenmuster des betreffenden Individuums produzieren. Diese „verbotene" Population wird durch einen spezifischen, in den primären lymphoiden Organen (z. B. Thymus) lokalisierten Mechanismus selektiv zerstört und bedingt damit die Entstehung der Toleranz gegen „selbst". Somatische Mutationen *dieser* v-Gene aber werden selektiert und bilden die Basis für die Entstehung eines auf von außen an den Organismus herangetragenen, Fremd-Antigen ansprechenden Immunsystems, das nach der klonalen Selektions-Theorie funktioniert.

2. Eine zweite Population, die Antikörper gegen alle anderen, nicht in diesem Induviduum vorkommenden Histokompatibilitätsantigene der Spezies produziert. Diese bilden die Grundlage für Zellpopulationen, die für die „fremd"-Erkennung allogener Zellen verantwortlich sind (Alloaggression; Transplantatabstoßung).

Dies führt letztlich sowohl zur Toleranz gegen das „selbst" als auch zu einer Population von Zellen, die die Diversität der Antikörperproduktion widerspiegelt. JERNE geht dabei von der Voraussetzung aus, daß ein funktionelles Immunsystem zunächst aufgebaut werden muß, bevor eine Klon-Selektion durch Fremd-Antigene überhaupt möglich ist. Damit erklärt er die dominierende Rolle der Histokompatibilitäts-Allele bei der Kontrolle der Immunantwort, und den Umstand, daß große Teile von antigen-empfindlichen Zellen gegen allogene Histokompatibilitätsantigene gerichtet sind.

Histokompatibilitätsantigene sind sehr weitgehend an der Maus untersucht worden; bei dieser kennt man mehr als 15 Histokompatibilitäts-Gene, wobei die (H-2)-Gene und ihre Produkte die wesentlichsten sind. Beim Menschen scheint der (HL-A)-Lokus mit vier Genen die hauptsächliche genetische Grundlage der Histokompatibilitätsantigene zu sein. Es ist möglich, daß einige der anderen Oberflächenantigene, die hier diskutiert werden sollen (Tumorantigene, Antigene der Differenzierung), biochemisch den Produkten der (H-2)-Gene ähnlich sind, doch ist darüber bisher nur wenig bekannt. Die Oberflächen-Individualität ist ein in der Phylogenese bereits sehr früh auftretendes Phänomen; schon die Coelom-Makrophagen von Anneliden haben die Fähigkeit, „fremde" Zelloberflächen zu erkennen [125].

Eine der verwirrendsten Eigenschaften des Histokompatibilitäts-Systems ist seine außerordentlich breite phänotypische Mannigfaltigkeit [231]. BOYSE [71] schlägt vor, daß topologisch fixierte Nachbarschaftsbeziehungen genetisch kodierter Oberflächenantigene neue Spezifizierungen bewirken, die durch die Gesamtgeometrie des Musters bedingt sind. Es gibt experimentelle Hinweise darauf, daß solche Mechanismen im Histokompatibilitäts-System von Rindern wirksam sind [231]; ein solches System steht auch im Einklang mit der „Gitter"-Membranhypothese, die später noch ausführlich dargestellt wird (s. Kap. V., Abschn. 1.4.).

Die Zahl der Histokompatibilitätsantigene pro Zelle variiert in weiten Grenzen innerhalb einer Spezies, verschiedener Zelltypen und dem Differenzierungszustand. Bei einigen Tumoren verschwinden einige Oberflächenantigene infolge der Deletion der entsprechenden Gene. Dieses Sachgebiet ist von BJARING und KLEIN [54] zusammenfassend dargestellt worden. Die bei weitem eleganteste und quantitativste Methode zur Klärung dieser Frage wurde von HAEMMERLING und EGGERS [232] entwickelt, die die Dichte von verschiedenen Oberflächenantigenen durch die Bindung von ^{3}H-Alanyl-beladenen spezifischen Antikörpern gemessen haben. Sie waren damit in der Lage, die ausgeprägte allonantigene Umwandlung der Plasmamembranen während des Überganges von Thymocyten in Lymphocyten zu beweisen, die bereits von anderen Autoren postuliert worden war [18, 73].

HAEMMERLING und EGGERS fanden mehr als 400 000 θ-Antigene pro Thymocyt, verglichen mit nur 60 000 pro Lymphocyt. Dagegen binden Thymocyten lediglich 50 000 Moleküle anti-TL-Antikörper und 90 000 Moleküle anti-(H-2)-Antikörper pro Zelle. Lymphocyten zeigen eine Bindung von ca. 600 000 anti-(H-2)-Antikörpermoleküle pro Zelle, haben aber keine Bindungsorte für anti-TL-Antikörper (s. Tab. IV.1.). Die Analyse der immunologischen Blockierung solcher Bindungsstellen von BOYSE u. Mitarb. [74] zeigt, daß die Verteilung der Antigene auf der Lymphocytenoberfläche nicht zufällig ist, sondern durch ihre genetische Abhängigkeit bedingt wird. Ihr experimenteller Ansatz beruht auf der Tatsache, daß ein gebundenes Antikörpermolekül einen größeren Flächenbedarf hat, als die antigene Determinante auf der Zelloberfläche beansprucht. So kann ein gebundenes Antikörpermolekül die Erreichbarkeit einer andersartigen Determinante in der unmittelbaren Nachbarschaft für den entsprechenden Antikörper blockieren. Mit dieser Technik gelang es der Arbeitsgruppe von BOYSE, eine „Antigen-Karte" der Thymocytenoberfläche herzustellen, deren Beziehung zur genetischen Abhängigkeit der beteiligten Oberflächendeterminanten wirklich bemerkenswert ist:

$$\text{TL.3} \rightleftarrows \text{TL.2} \rightleftarrows \text{TL.1} \rightleftarrows \text{H-2}^d \rightleftarrows \text{Ly-B} \quad \text{Ly-A} \rightleftarrows \text{H-2}^k$$
$$\uparrow \qquad \uparrow \qquad \uparrow \qquad \uparrow \qquad \uparrow \qquad \uparrow$$
$$\theta \qquad \theta \qquad \theta \qquad \theta \qquad \theta \qquad \theta$$

Dabei zeigen die Pfeile die sterische Behinderung des gegen eine bestimmte Determinante gerichteten Alloantikörpers an.

Tabelle IV. 1. *Genetisch determinierte zelluläre membran-assoziierte Antigene lymphoider Zellen (siehe auch* SNELL *[594])*

Gen-Locus		Allele, die phänotypisch realisiert sind	Allel-Expression bei:
H-2	} Kopplungsgruppe IX	H-2^a, H-2^b, H-2^c etc.	Lymphocyten Thymocyten
TL-a		TL.1., TL.2. oder TL.1.2.3.	Thymocyten (Lymphocyten)
θ	} nicht fest gekoppelt	θ-C3H oder θ-AKR	Thymocyten Lymphocyten Gehirnzellen
Ly-A		Ly-A.1. oder Ly-A.2.	Thymocyten Lymphocyten
Ly-B		Ly-B.1. oder Ly-B.2.	Thymocyten Lymphocyten

Die Daten im Falle des (HL-A)-Systems sind weniger befriedigend. HOYER et al. [274] errechnen ca. 20000 Oberflächenantigene pro Zelle, während LUCAS [381] unter Verwendung einer anderen Technik nur einen Wert von 50 bis 100 pro Zelle für jede Spezifität findet. Es ist nicht verwunderlich, daß die Zahl der Histokompatibilitätsantigene auf einer Zelloberfläche der Konzentration anderer antigener Determinanten, wie z. B. Tumorantigene, indirekt proportional ist. Dies wurde zuerst für das (H-2)-System bei der (TL+)-Leukämie der Maus [469] und am Methylchloranthren-induzierten Sarkom [255] gezeigt. Es wurde dann auch quantitativ nachgewiesen, daß die (H-2)-Konzentration auf Mäuse-Tumorzellen um so geringer ist, je höher die Konzentration von Polyoma-spezifischen Antigenorten ist [645]. Es bleibt offen, ob diese Beobachtungen Veränderungen der Membran-Zusammensetzung oder eine sterische Hinderung zwischen Antigenen bei Bindung ihrer spezifischen Antikörper widerspiegelt.

2.2.2. Biochemie der Histokompatibilitätsantigene

Polypeptid-Fragmente, die Mäuse-(H-2)- oder menschliche (HL-A)-Determinanten tragen, können von der Oberfläche der entsprechenden Zellen oder ihrer isolierten Plasmamembranen durch begrenzte Peptidolyse mit Papain abgespalten werden [396, 397, 448, 576, 728]. In beiden Fällen wurden zwei Typen von antigenen Glykopeptiden isoliert:

1. Fragmente der Klasse I mit einem Molekulargewicht von 57000 Dalton, einem Proteinanteil von 85 bis 90% und einem Kohlehydratanteil aus neutralen Zuckern, Neuraminsäure und Glukosamin von 10 bis 15%.

2. Fragmente der Klasse II mit, im Falle des (H-2)-Antigens, der gleichen Zusammensetzung, aber einem Molekulargewicht von nur 35000 Dalton.

Beide gelösten Alloantigene absorbieren die entsprechenden Alloantikörper und induzieren in vivo eine allograft Immunität [221]. Die Antikörperbildung ist bei solchen löslichen isolierten Fragmenten allerdings erheblich geringer als die bei Antigen-tragenden Membranen [582].

REISFELD und KAHAN [522, 523] ist es gelungen, (HL-A)-tragende Proteine von bestimmten humanen Zellen ohne die Verwendung proteolytischer Fermente zu extrahieren; statt dessen verwenden sie Ultraschall oder das Detergens Natriumdodecyl-Sarkosinat. Ihr gereinigtes Material ähnelt dem durch Papainbehandlung gewonnenen Fragmenten der Klasse II (Molekulargewicht 34000 Dalton). – Wegen der klinischen Bedeutung werden diese Untersuchungen in vielen Laboratorien aktiv weitergeführt.

Die Fragmente der Klasse I von Mäusezellen tragen bei diesem Genotyp mehr als eine (H-2)-Determinante, während die Peptide der Klasse II nur eine einzige spezifische Bindungsstelle besitzen. NATHESON u. Mitarb. [135] finden bei bestimmten Peptid-Klassen von humanen Zellen und bei Mäusezellen eine gleiche Zusammensetzung, während die Peptidanalysen von H-2[b]- und H-2[d]-Glykopeptidfragmenten nach Spaltung mit Cyanogenbromid und Trypsin kleine aber distinkte Unterschiede zeigen. REISFELD und KAHAN [522, 523] berichten auch über signifikante Unterschiede der Aminosäure-Zusammensetzung zwischen einigen ihrer (HL-A)-Isolate. Papain-Fragmente von Mäusestämmen mit verschiedenen (H-2)-Loci weisen nach tryptischer Behandlung oder Cyanogenbromid-Spaltung verschiedene Peptidmuster auf. Dies könnte darauf hinweisen, daß die Histokompatibilität-Spezifität durch die Aminosäure-Sequenz oder durch den angehängten Kohlehydratanteil bestimmt ist [435, 577]. SANDERSON et. al. [544] stellen fest, daß die Frage, ob die Histokompatibilität-Spezifität im Kohlehydrat- oder Proteinanteil lokalisiert ist, noch nicht geklärt ist. Sie haben hochgereinigtes (HL-A)-Glykoprotein mit trägergebundenem Papain behandelt und gefunden, daß die Histokompatibilitätsaktivität abnimmt, aber selbst bei maximaler Peptidolyse nicht verschwindet [128]; dies könnte möglicherweise auf eine sterische Hinderung der Enzymaktivität durch den Kohlehydrat-Anteil hindeuten.

Einen Hinweis für die Beteiligung der Kohlehydrat-Ketten an der (HL-A)-Spezifität geben auch Untersuchungen mit bestimmten Streptococcen- und Pneumococcen-Polysacchariden, die einige anti-(HL-A)-Seren spezifisch blockieren können [265]. Eine bestimmte Sekundärstruktur der Peptidketten ist indes ebenfalls notwendig, da Denaturierungsmittel, ebenso wie viele Proteasen die (H-2)-Aktivität zerstören können. Chemische Untersuchungen von (HL-A)-Antigenen lassen vermuten, daß diese genetisch determinierten Oberflächenantigene direkt in die Membranproteine eingebaut werden [308]; es besteht aber eine hohe Wahrscheinlichkeit, daß für die serologische Spezifität der Kohlehydrat- und der Peptidanteil zusammen verantwortlich sind.

2.3. Antigene Derepression

Die im vorangehenden beschriebenen Fälle setzen genotypische Variationen voraus, d.h. die Ausbildung der Blutgruppen-, Histokompatibilitäts- oder Tumorantigene hängt davon ab, daß entsprechende Allele vorhanden sind, bzw. fehlen. Es sind jedoch auch viele Fälle von Derepression beobachtet worden. Eine solche Derepression könnte für das Auftreten von Plasmamembrankomponenten verantwortlich sein, die in nicht-neoplastischen Zellen entweder verborgen liegen, anders verteilt sind und/oder normalerweise nur in einem frühen Entwicklungsstadium bzw. in bestimmten Wachstumsphasen bei in-vitro-Kulturen auftreten. Es gibt auch einige Antigene aus der TL-Gruppe, die gewöhnlich nur bei der Leukämie der Maus nachweisbar sind, wobei das verantwortliche Gen bei bestimmten normalen Mäusen nicht derepressiert ist.

2.3.1. „Kryptische" Antigene

Einige neue Beobachtungen zeigen, daß die neoplastische Umwandlung von Zellen durch onkogene Viren und andere Karzinogene, ebenso wie die zulässige Infektion durch bestimmten Viren (sowohl onkogene wie auch nicht onkogene) Veränderungen an der Plasmamembran der beteiligten Zellen hervorrufen. Dabei kommt es zu einer höheren Agglutinierbarkeit durch Liganden einiger distinkter chemischer Gruppen:
1. Bestimmte Glykolipide [238].
2. Bestimmte, bislang nicht charakterisierte Isoantigene [254].
3. Weizenkeim-Phythämagglutinin [87]; diese Agglutination kann durch N-Acetyl-D-glukosamin blockiert werden.
4. Concanavalin A [286, 287]; die Concanavalin-A-Bindung kann durch α-D-Glykopyranosid blockiert werden. Die Concanavalin-A-Rezeptoren treten auch bei Erythrocyten auf (Kaninchen > Mensch) und konnten ohne Protease-Behandlung ausschließlich auf der äußeren Zell-

oberfläche durch Verwendung von mit Ferritin-Glutaraldehyd gekuppelten Concanavalin-A nachgewiesen werden [457].
    5. Sojabohnen-Phytagglutinin [560]; auch diese Agglutination kann durch N-Acetyl-D-glukosamin blockiert werden.
Diese Rezeptoren treten auf der Plasmamembran nicht neu auf, sondern existieren bereits bei normalen Zellen, aber in einem unterschiedlichen Zustand. Dies zeigt die Tatsache, daß sie offensichtlich durch proteolytische Behandlung von normalen, nicht neoplastisch entarteten Zellen reaktiver werden. Das Phänomen folgt nicht dem „alles-oder-nichts"-Gesetz, vielmehr kommt es zu einem allmählichen Anstieg der Agglutinationsfähigkeit der Zelle durch die Liganden des Rezeptors. In einer „in vitro" gezüchteten Linie „normaler" Mäusefibroblasten macht der verborgene Rezeptor für Weizenkeim-Phythämagglutinin die Zellen in der S-, G-2- und M-Phase der Mitose besonders agglutinierbar. Auch Concanavalin A kann an die Rezeptoren auf normalen Lymphocyten, Erythrocyten und einigen Viren gebunden werden. Schließlich können auch, wie GORDON [214] in einer ähnlichen Beobachtung feststellt, normale Plasmamembran-Rezeptoren als Folge einer Zellfusion „maskiert" werden.

Bestimmte Membran-Antigene, außer den oben angeführten „Krypt-Antigenen", können manchmal als „kryptisch" erscheinen, nämlich bei Blockierungseffekten durch andere Oberflächenkomponenten. So interferiert Neuraminsäure zum Teil mit einigen tumor-spezifischen Antigenen [547], mit (H-2)-Antigenen [545] und mit (HL-A)-Antigen [134]. Der Effekt bei der Entfernung der Neuraminsäure mag sterische, elektrostatische oder andere Gründe haben, die in komplexeren Umstrukturierungen der Membranarchitektur zu suchen sind und durch die die Antikörperbindung und/oder die beim immunologischen Nachweis nötige Komplementreaktion verändert werden könnte.

2.3.2. Antigene Veränderungen während der Differenzierung

Ein weiterer Typ der antigenen Diversität, der innerhalb einer gegebenen Spezies auftritt, und der die phänotypischen Unterschiede der Genfunktion widerspiegelt, bildet das unterschiedliche Antigenmuster eines Individuums bzw. seiner verschiedenen Zellen in unterschiedlichen Differenzierungsstadien [72]. Solche Antigen-Differenzierungen wurden am erfolgreichsten an den Plasmamembranen von lymphoiden Mäusezellen[1]

---

[1] Einige von diesen stehen in Verbindung mit RNA-Viren, die ständig, wenn auch nicht stets aktiv, in allen Mäusen vorhanden sind.

untersucht. Obwohl noch sichere Beweise fehlen, so kann doch angenommen werden, daß ähnliche Veränderungen der Membranantigenität allgemein im Verlauf der Differenzierung auftreten [468]; Blutgruppenantigene stellen dafür ein typisches Beispiel dar, und menschliche Granulocyten tragen Oberflächenantigene, die den Lymphocyten fehlen [348].

Von besonderem Interesse sind die TL-Antigene der lymphoiden Zellen, da sie zusammen mit den (H-2)- und θ-Antigenen eine umfassende Umstrukturierung des Antigen-Musters der Plasmamembran während des Differenzierungsvorganges erkennen lassen [231]. Lymphoide Zellen des Thymus enthalten eine Menge von TL- und θ-Antigen, haben aber nur wenige (H-2)-Antigene auf ihrer Oberfläche. Während der Ausreifung des Lymphocyten verschwinden die TL-Antigene, und die θ-Antigene vermindern sich auf $1/5$, während die (H-2)-Antigene auf das 6fache ansteigen; dies kann man durch markierte, oberflächen-assoziierte Immunglobuline sichtbar machen (s. Abb. IV.2.). Die TL-Antigene sind

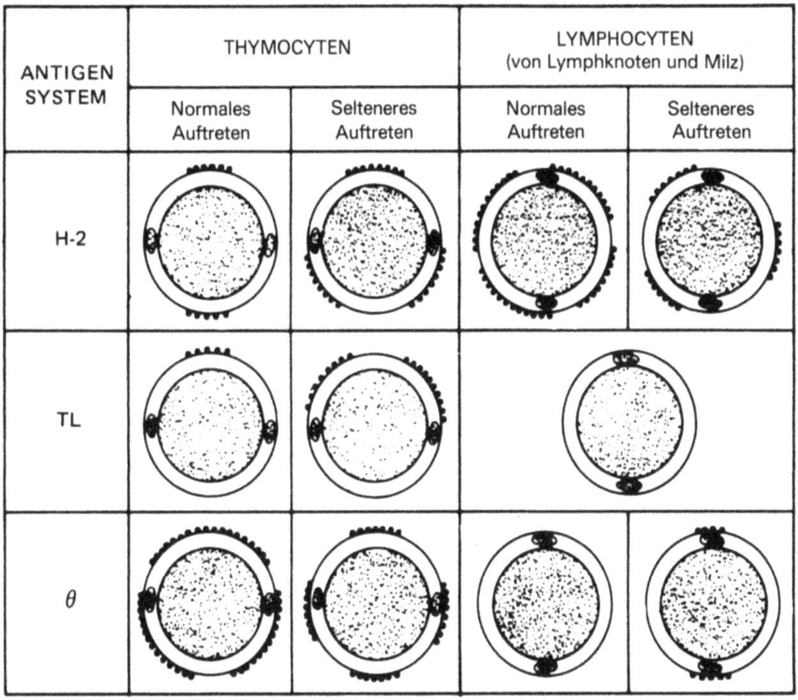

ANTIGEN SYSTEM	THYMOCYTEN		LYMPHOCYTEN (von Lymphknoten und Milz)	
	Normales Auftreten	Selteneres Auftreten	Normales Auftreten	Selteneres Auftreten
H-2				
TL				
θ				

Abb. IV.2. Antigen-Veränderungen auf der Oberfläche lymphoider Zellen während der Differenzierung. (Mit Genehmigung von AOKI et al. [18] und dem J. Exp. Med.)

sowohl wegen ihrer Beziehung zur Leukämie der Maus, als auch wegen ihrer „Modulationsfähigkeit" von Bedeutung.

Alle Mäuse des Phänotyps TL. 1., TL. 2. und TL. 3. tragen das TL-A-Gen in repressierter Form und treten bei Leukämien TL-positiver Mäuse in Erscheinung. Während TL. 1., TL. 2. und TL. 3. echte Differenzierungs-Antigene zu sein scheinen, wird TL. 4. ausschließlich an Zellen von leukämie-kranken Mäusen gefunden. Die Koinzidenz des Auftretens der (TL. 4.)-Antigene bei der Leukämie könnte zu der Annahme führen, daß dieses Oberflächenantigen ein Provirus-Produkt ist, oder aber das integrierte Genom eines anderen Virus. Die erstgenannte Möglichkeit ist deshalb unwahrscheinlich, weil leukämische Zellen TL-positiv sind, gleichgültig ob sie in TL-positiven oder TL-negativen Mäusestämmen auftreten. Die zweite Möglichkeit kann heute noch nicht entschieden werden.

Ein wichtiger Aspekt des TL-Systems, seine „Modulationsfähigkeit", erklärt sich weitgehend aus der Tatsache, daß TL-negative Mäuse TL-positive Leukämie-Zellen nicht vollständig abstoßen können und so offensichtlich einen wesentlichen Abwehrmechanismus nicht besitzen. In-vitro-Untersuchungen, die in Abwesenheit von Komplement durchgeführt wurden, zeigen, daß die „antigene Modulation" eine adaptive Entfernung von TL-positiven Oberflächenstrukturen aus der Reaktion mit Antikörper gegen TL darstellt. Der Prozeß wird durch Actinomycin D und Jodacetamid, vermutlich über einen unspezifischen Eingriff in den Membranproteinstoffwechsel, gehemmt [469]. Es ist unbekannt, ob diese „antigene Modulation" einfach ein Verlust eines Antigens aus der Plasmamembran, eine Veränderung von Stoffwechselvorgängen mit hohen Umsatzgeschwindigkeiten oder ein Absinken der Bindungsstelle in das Membraninnere darstellt. Interessanterweise verursacht der Antikörper gegen die Subspezies TL. 2. ein Verschwinden von (TL. 1.)- und (TL. 2.)-Bindungsorten.

Das „Modulations-Phänomen" erinnert an die durch Antikörper induzierte antigene Variation der Oberfläche von Paramecium [445], hat aber auch Parallelen in anderen antigenen Systemen der Säugetiere, z. B. die reversible Verminderung einiger Histokompatibilitätsantigene bestimmter Mäuselymphocyten durch anti-κ-Serum.

Auch das Forssman-Antigen fällt in die Kategorie der Differenzierungs-Antigene, da es in fast allen embryonalen tierischen Zellen vorkommt, nicht dagegen nach der Ausreifung dieser Zellen. Es ist ohne Zweifel ein Membranbestandteil, da es an der Membran durch fluoreszein-markierte spezifische Antikörper [527] nachgewiesen werden kann. Zudem findet es sich nur in der Hülle von Viren, die aus Forssman-positiven Zellen entstanden sind, nicht hingegen in solchen, die in Forssman-negativen Zellen entstammen. Das Forssman-Antigen ist ein Glykolipid von bekannter chemischer Zusammensetzung. Da es in Forssman-negativen Zellen chemisch nicht nachgewiesen werden kann [394], ist es unwahrscheinlich, daß es ein „Krypt-Antigen" darstellt. Forssman-Antigen erscheint nach bestimmten Virusinfektionen in Hamsterzellen und nach neoplastischer Umwandlung in Polyoma-Viren, ROUS- [470] und SV_{40}-Viren [527]; dagegen tritt es in mit Polyoma-Viren umgewandelten Mäusezellen [527] oder wieder zurückverwandelten Hamsterzellen nicht auf.

2.4. Tumorantigene

2.4.1. Tumoren, die nicht durch Viren induziert sind

Die Genetik der Tumorzellen ist ein besonders geeignetes Objekt für derartige Studien. Zudem besitzen solche Zellen eine beschränkte Antigen-Diversität ihrer Membranen, ein Umstand der besondere Aufmerksamkeit auf sich gezogen hat [244, 256, 324]. Tumoren, die durch chemische Kanzerogene, durch ionisierende Strahlungen oder durch Implantation von inerten Plastikfolien hervorgerufen wurden, entwickeln starke, „neue", antigene Eigenschaften, die spezifisch für jeden neuen Tumor sind, und zwar unabhängig von der Art, auf dem sie induziert wurden. Die sich daraus ergebende Menge von Antigenen ist verwirrend; BURNET [90] hat dafür jedoch eine rationale Erklärung geliefert. Seine neue, anregende Hypothese nimmt an, daß die Natur und die Diversität der Membranantigene durch die gleichen Mechanismen kontrolliert werden, die auch den spezifischen Erkennungsprozeß von Immunocyten und Immunglobulinen bestimmen. Er fügt hinzu, daß dieser Zusammenhang die fundamentale körpereigene Abwehr gegen maligne Tumoren darstellt. Diese Hypothese ist von den Vorstellungen THOMAS' [641] abgeleitet, daß die „adaptive Immunität", die Abstoßung von homologen Transplantaten und das Antikörpersystem ihren Ursprung entweder in der plazentalen Mutter-Foetus-Beziehung haben und/oder als Antwort auf die Empfindlichkeit der Vertebraten gegenüber neoplastischen Prozessen zu verstehen sind. BURNET nimmt lymphoide Stammzellen an, die auf ihrer Oberfläche „Erkennungsmechanismen" besitzen, die in der Lage sind, zwischen „selbst" und „nicht selbst" zu unterscheiden und die zudem die Fähigkeit haben, das „nicht selbst" zu zerstören. Diese Behauptung hat die folgenden beiden Vorraussetzungen:
 1. Eine Funktionslabilität der Gene, die für die detaillierte Oberflä-

chenstruktur der Zelle, einschließlich der Histokompatibilitätsantigene verantwortlich sind.
2. Eine Evolution von Mechanismen, die sehr subtile Abweichungen vom „selbst" erkennen können.

So kommt BURNET zu dem Schluß, wäre eine solche Diversität von Histokompatibilitätsantigenen, einschließlich der Tumorantigene, und von Immunocytenpopulationen, die zusammen in der Lage sind, das „nicht selbst" zu erkennen und ihre notwendige Eliminierung zu starten, im Säugerorganismus nicht vorhanden, dann würden neoplastische Prozesse gleichsam wie Infektionskrankheiten auftreten. Er nimmt weiterhin an, daß die genetischen Loci, die die „selbst"-Spezifität der Zelloberflächenproteine determinieren, eine Vielzahl von Aminosäuresequenzen produzieren, vergleichbar mit der in den variablen Segmenten von Immunglobulinen. Er bringt Belege dafür, daß dies sowohl auf der somatischen, wie auf der germinalen Ebene stattfindet. Die Frequenz der nachweisbaren mutations-bedingten Histokompatibilitätsänderungen in Mäusen (nach den Angaben von BAILEY und KOHN [31] über 1% pro Generation und damit höher als jede andere Mutationsrate in Säugetieren) zeugt für das Ausmaß der Diversifikation auf der germinalen Ebene. Was die somatischen Variationen von Zelloberflächen-Antigenen betrifft, sollte jede ausgereifte Zelle ein Antigen besitzen, das sie von allen anderen Zellen unterscheidet, vorausgesetzt, daß andere embryonale Säugetierzellen nicht weniger mutiert werden, als z. B. die des Schafes [193]. Dies würde sowohl für Fibroblasten, als auch für andere Zellen zutreffen und somit die verwirrende Antigen-Vielfalt neoplastischer Fibroblasten erklären, die durch Kanzerogene transformiert wurden (außer onkogene Viren) [55, 412].

BURNET vermutet, daß Immunoglobuline und Histokompatibilitätsantigene Plasmamembranderivate sind und daß die Antikörper-Freisetzung eine Überproduktion von „Erkennungsmolekülen", die innerhalb der Plasmamembran synthetisiert werden, darstellt. Diese Hypothese ist einer experimentellen Prüfung zugänglich und läßt eine erhebliche Forschungsaktivität in diesem Gebiet erwarten. Bis zum gegenwärtigen Zeitpunkt aber gibt es noch keinen definitiven Test für seine Hypothese, und es wird allgemein angenommen, daß die meisten Tumorantigene durch Mutationen bedingt sind.

2.4.2. Virus-induzierte Tumoren

Anders als bei chemisch und physikalisch ausgelösten Tumoren, deren jeder eine eigene immunologische Individualität aufweist, haben Tumorzellen, die durch ein bestimmtes Virus hervorgerufen werden, die gleichen Eigenschaften, die durch eben dieses Virus determiniert werden.

DNA-Viren, wie Polyoma- und SV_{40}-Viren, sind ausgeprägt onkogen, und können in vielen Zelltypen verschiedener Spezies zur neoplastischen Entartung führen. In solchen malignen Zellen wird das Genom des Virus in das der Wirtszelle eingebaut, aber nicht voll realisiert [55, 412]. Ein solches Virus kann jedoch freigesetzt werden, indem man die maligne Zelle mit einer normalen Zelle zur Fusion bringt [336, 337]. Diese malignen umgewandelten Zellen produzieren eine Reihe virus-spezifischer Isoantigene [230, 672], von denen die virusinduzierten Transplantationsantigene von größter Bedeutung sind, da sie unter günstigen Bedingungen zur Tumor-Abstoßung führen können. Da man annimmt, daß bei einer solchen immunologischen Tumor-Vernichtung die Plasmamembran beteiligt ist, vermutet man, daß auf dieser die Transplantationsantigene lokalisiert sind.

Unjüngst konnten DEFENDI u. Mitarb. [145, 173] demonstrieren, daß SV_{40}-Transplantationsantigene nicht nur bei einer neoplastischen Entartung auftreten, sondern auch dann, wenn die Zellen den Viren unter Bedingungen ausgesetzt werden, die lediglich zur Infektion führen. Vermutlich werden in diesem Fall die durch onkogene DNA-Viren transformierten Zellen durch immunologische Mechanismen aus dem Organismus eliminiert, bevor sich ein Tumor entwickeln kann. Weiterhin verleihen offensichtlich nicht-onkogene Viren, wie Tollwut-Viren und Herpes-simplex-Viren, der Zelle eine spezifische, nicht aber eine tumorspezifische Antigenität [535, 722].

Virus-spezifische Tumor-Transplantationsantigene sind nur sehr schwach und schwierig zu quantifizieren. Sicher können sie nur durch die beschleunigte Abstoßung von Tumortransplantaten in vivo nachgewiesen werden. Virus-spezifische Änderungen der Membranen von neoplastisch entarteten Zellen scheinen mit Fluoreszein- oder ^{125}J-markierten Antikörpern („sandwich-Technik") [145, 229, 359, 588] nachgewiesen zu sein. In einer sorgfältigen Untersuchung finden TREVETHIA et al. [639] unter Verwendung von Virus-Mutanten keine Beziehung zwischen der Transplantationsantigenität und den Oberflächenantigenen, die mit serologischen Methoden nachgewiesen werden können.

Die durch onkogene Viren verursachte Immunantwort hat MITCHISON [426] zur Aufstellung der „Helfer-Antigen"-Hypothese veranlaßt; diese „Helfer-Antigene" sollten seiner Meinung nach für eine Immuntherapie von Tumoren nützlich sein. Dabei werden den Tumor-Zellmembranen zusätzliche Antigene angeboten, und diese Kombination verursacht eine starke zelluläre und möglicherweise auch humorale Immunantwort gegen beide Determinanten. Experimentell wird diese Hypothese durch die Arbeiten von LINDEMANN und KLEIN [371] sowie von BOONE et al. [65] unterstützt. Diese verstärken die Tumor-Antigenität durch Infektion der Tumorzellen mit Myxo-Viren, die sich auf der Zelloberfläche entwickeln und so ihre eigenen Antigene den Tumorzell-Plasmamembranen hinzufügen. Dieser letztgenannte Mechanismus ist vermutlich auch für die erhebliche Antigenität von tumor-erzeugenden RNA-Viren (ROUS-Sarkomvirus, Mäuse-Leukämievirus u. a.) verantwortlich. Diese Viren knospen kontinuierlich auf der infizierten und transformierten Zelloberfläche und verleihen ihr auf diese Weise ihre spezifische Antigenität.

2.5. Zell-Hybridisierung

Neueste Fortschritte in der experimentellen Technik zur Fusion verschiedener tierischer Zellen in vitro hat auf das Studium der Zellgenetik allgemein stark befruchtend gewirkt und wird gleiches für die Genetik der Membranen noch nach sich ziehen [45, 382, 465]. Dieses Phänomen, an dem die Plasmamembranen der Zellen unmittelbar beteiligt sind, wurde erst kürzlich von OKADA [463] und POSTE [503] referiert.

Daß die Infektion mit bestimmten Viren die Zellfusion begünstigt, wurde zuerst von LUGINBUHL [385] bei seiner Untersuchung der vielkernigen Zellen, die die Pockenläsionen umgeben, beobachtet. Auch Herpes-, Pocken- und Myxo-(Paramyxo-)Viren begünstigen Zellfusionen. Für die experimentelle Arbeit wurde aber das Paramyxovirus (hämagglutinierendes Virus Japans, HJV) bei weitem am häufigsten angewandt. Bei virus-induzierten Fusionen werden die Zellen zunächst agglutiniert (auch bei +4°C), aber ihre Membranen werden bei 37°C weiter perturbiert; dies führt entweder zur Lyse oder zur Fusion der Zelle. Um Fusionen zu erhalten, muß für einen adäquaten Energie-Stoffwechsel der beteiligten Zellen gesorgt sein [604]. Bis zu 60% der Zellen können fusionieren; im allgemeinen fusionieren maligne Zellen besser als normale Zellen [604]. Zellen mit Sendai-Rezeptoren fusionieren ohne Rücksicht auf ihre Abstammung. Der Fusionsfaktor liegt innerhalb des Lipoproteins der Virusmembran und persistiert nach Inaktivierung des Virus-Genoms. Er wird durch Phospholipase A und C [36] ebenso wie durch verschiedene Detergentien und organische Lösungsmittel zerstört [36]. Fusionen können auch durch Lysolezithin [273, 499] hervorgerufen werden, insbesondere dann, wenn entfettetes Serum oder Serum-Albumin als Lösungsvermittler für dieses Agens verwandt wird [129].

Die Fusion von SV_{40}-neoplastisch transformierten Zellen mit SV_{40}-empfindlichen, normalen Zellen führt im allgemeinen zur Wiederaufnahme der Virusproduktion [337]. Sendai-Virus kann auch die Fusion von Kaninchen-Spermatozoen mit somatischen Zellen (African Green Monkey) induzieren und, wenn die Spermium-DNA das SV_{40}-Genom enthält, fangen auch diese somatischen Zellen an, infektiöse Viren zu synthetisieren [76].

Obwohl auf diesem Gebiet einige gute biochemischen Arbeiten durchgeführt wurden [463, 503] bleibt doch der Mechanismus der Membran-Vesikulation und -Fusion völlig im Dunkeln und gibt zu faszinierenden Spekulationen Anlaß [383, 384]. Hier sollen die genetischen Membraneigenschaften der aus der Fusion von normalen und neoplastischen Zellen hervorgegangenen Hybride besprochen werden [195, 708].

GORDON [214] fusioniert, unter Verwendung von Sendai-Virus, Mäuse-Peritonealmakrophagen mit Melanocyten und findet, daß dem resultierenden Heterokaryon eine wesentliche Eigenschaft verlorengegangen ist, nämlich die Fähigkeit zur Phagocytose. Bei der genaueren Analyse dieses Phänomens stellt er fest, daß die Makrophagen einen zur Phagocytose von Antikörper-beladenen Partikeln notwendigen Plasmamembran-Rezeptor besitzen. Dieser Faktor existiert noch kurz nach der Fusion, und entsprechend ist dann auch noch eine aktive Phagocytose möglich. Der Rezeptor verschwindet aber normalerweise innerhalb von 24 Stunden aus den Hybrid-Membranen. Trypsinierung der resultierenden Hybride (1 bis 100 μg/ml/37 °C/30 min) führt indes zu einem Wiederauftauchen dieses Faktors und entsprechend zu einer wiedergewonnenen Phagocytosefähigkeit. Die Entfernung der Protease und die Kultur des Heterokaryons in vitro führt erneut zum Verlust der Phagocytose-Fähigkeit. GORDON schlägt deshalb vor, daß im Hybrid der Phagocytose-Rezeptor durch ein Melanocyten-Membranprotein blockiert ist. FRYE und EDIDIN [195] fusionieren menschliche Zellen mit Mäusezellen und verfolgen die Antigenität der Membran mit spezifischen Antikörpern, die mit Fluorochromen (Fluoreszein und Rhodamin) markiert wurden. 10 Minuten nach der Fusion weisen die Zellen eine grüne und eine rote Hälfte auf; nach 40 Minuten haben sich die Farben gemischt, und dieser Prozeß ist weder durch Inhibitoren der Proteinsynthese noch durch solche für die oxidative Phosphorylierung zu hemmen, wohl aber durch Verminderung der Temperatur auf unter 15 °C. Die Autoren berechnen, unter der Annahme, daß das Antigen ein sphärisches Molekül mit einem Radius von 100 Å ist, eine Tranlationsdiffusion, die derjenigen gleich ist, die man in einem viskösen Medium, wie Olivenöl, erwarten würde.

In anderen Versuchen wurde gezeigt, daß Hybride aus normalen und polyoma-transformierten neoplastischen Mäusezellen weiterhin polyoma-spezifische Transplantationsantigene, vermutlich auf der Zelloberfläche, tragen. Die peinlich genauen Versuche von KLEIN et al. [326], BREGULA et al. [80] und WIENER et al. [708] deuten jedoch mehr darauf hin, daß sich die Malignität von Hybriden zwischen normalen und Tumorzellen wie ein rezessiver genetischer Faktor verhält, der nur bei dem Verlust normalen chromosomalen Materials in der Hybridzelle zur Geltung kommt.

3. Funktion

3.1. Permeabilität

Bei Erythrocyten sind funktionelle, vermutlich membran-bedingte Unterschiede genetischen Ursprung seit Jahren bekannt. So konnte RYSCHOW [542] schon 1907 zeigen, daß für die osmotische Resistenz und die Saponin-Empfindlichkeit zwischen verschiedenen Spezies die folgenden Reihen aufgestellt werden können:
Osmotische Resistenz:
Mensch > Kaninchen > Hund > Ratte > Schwein > Maus > Katze > Rind > Ziege > Schaf
Saponinempfindlichkeit:
Schaf > Ziege > Rind > Maus > Schwein > Kaninchen > Ratte > Hund > Meerschweinchen

Unterschiede in der passiven Permeabilität der Erythrocyten zwischen verschiedenen Spezies sind ebenfalls seit langem bekannt [294, 295, 342, 660]; auch die Spezies-Unterschiede der intrazellulären Ionen-Profilen sind für den Erythrocyten schon 1937 von KERR [318] aufgestellt worden.

3.2. Transport

Diese Unterschiede im Ionenprofil wurden schon bald speziesspezifischen differenten Transport-Mechanismen zugeordnet [572]; obwohl die beteiligten physiologischen und biochemischen Phänomene intensiv erforscht wurden, wurden diese Fakten doch nur selten vom genetischen Standpunkt aus betrachtet; so sind auch die Zusammenhänge mit der Immungenetik der Membran nur wenig untersucht worden [667]. Derzeit entwickelt sich jedoch an den verschiedenen Membranprozessen genetisch unterschiedlicher Erythrocyten ein zunehmendes Interesse. Wie bereits erwähnt, sind diese Transportprozesse beim Schaferythrocyten in irgendeiner Weise mit den Oberflächenantigenen gekoppelt [355, 358]. Der Ionentransport der Alkali-Kationen durch die Membran von genetisch differenten Zellen ist streng mit der Na^+-K^+-abhängigen ATPase-Aktivität, die durch Herzglykoside gehemmt werden kann, zu korrelieren [710]. Die Spezies-Unterschiede im Kationengehalt, Ionenaustausch und ATPase-Aktivität gibt die Tab. IV. 2. wieder.

Tabelle IV. 2. *Intrazelluläre K^+-und Na^+-Konzentrationen, Kationen-abhängige ATPase Aktivität und K^+-Fluß an Erythrocyten verschiedener Spezies*

Spezies	Intrazelluläre[a] Kationen- konzentration		ATPase[b] Aktivität		Aktiver[c] K^+-Einstrom	Zitat
	K^+	Na^+	Gesamt- aktivität	Na^+-K^+- abhängige ATPase		
Mensch	98–104	8–10	1,40 ± 0,25	0,67 ± 0,11	1,45	[198]
Ratte	96–98	7–8	2,78 ± 0,42	1,50 ± 0,38	7,50	[709]
Schaf (HK-Typ)	70–75	16–17	0,45 ± 0,09	0,23 ± 0,09	0,65	[652]
Schaf (LK-Typ)	7–10	65–79	0,24 ± 0,05		0,16	[652]
Katze	3–6	87–105	0,67 ± 0,16	0,02 ± 0,02	0	[565]
Hund	4–7	90–95	0,45 ± 0,09	0,05 ± 0,02	0	[267]

[a] In mM/L Erythrocyten. – [b] In mM Phosphat-Freisetzung/L Erythrocyten·Stunde. – [c] In mM K^+-Einstrom/L Erythrocyten·Stunde.

Gegenwärtig werden diese verschiedenen Schafserythrocyten am intensivsten und erfolgreichsten untersucht: HK-Erythrocyten (= hoher K^+-Gehalt, Blutgruppe M) und die LK-Erythrocyten (= niedriger K^+-Gehalt, Blutgruppe L) [514, 654, 655] (s. Tab. IV.3.). Dieses Gebiet wurde unjüngst von TUCKER [659] zusammenfassend dargestellt. In HK-Zellen ist K^+ das hauptsächliche intrazelluläre Kation, in LK-Zellen das Na^+-Ion. Beide Zellen haben ansonsten ähnliche Ionenprofile, Lebenszeiten, mechanische Eigenschaften und Lipidzusammensetzungen [158, 514, 654, 655, 659, 720]. Obwohl die Schafserythrocyten-Antigene immunologisch gut bekannt sind, gibt es nur wenige Arbeiten über ihre chemische Zusammensetzung. Das M-Antigen wird durch alternierendes Gefrieren und Auftauchen oder durch Butanol-Extraktion [720] zerstört, ist aber gegen Chymotrypsin-, Papain- und Neuraminidase-Behandlung [720] resistent.

Tabelle IV. 3. *Intrazelluläre K^+-Konzentrationen und Antigen-Typ von Schafserythrocyten*

K^+-Typ[a]	Antigen-Typ[a]
HK^+ – homocygot[b]	M
HK^+ – homocygot	MM'
LK^+ – homocygot[b]	L
LK^+ – heterocygot	ML
LK^+ – heterocygot	MM'L

[a] Das Gen, das den LK^+-Typ determiniert, ist weitgehend dominant [659]. – [b] HK-Typ = hoher intraerythrocytärer K^+-Gehalt. – LK-Typ = niedriger intraerythrocytärer K^+-Gehalt.

Die L- und M-Antigene sind in Schafsfoeten noch nicht voll differenziert; entsprechend treten die verschiedenen Kationenprofile erst beim ausgewachsenen Tier auf. Dies geschieht vermutlich eher durch den Ersatz der foetalen Erythrocyten, als durch eine Umbildung der Membran der bestehenden Erythrocyten. Bei experimentellen Anämien von LK-Schafen erhöht sich in Abhängigkeit von der Retikulocytose die intrazelluläre K^+-Konzentration.

In HK-Zellen arbeitet die Kationen-Pumpe viermal schneller als in der LK-Variation [659]. Die Bestimmung der Zahl der Kationen-Pumpen durch die Bindung von ^{3}H-Ouabain [659] zeigt ebenfalls, daß diese bei den LK-Zellen vermindert sind. Die LK-Erythrocyten besitzen eine höhere Na^+-Durchlässigkeit und Na^+-Diffusion als die HK-Zellen. Diese Daten lassen vermuten, daß ein einzelnes Gen drei Transport-Parameter in einem umgrenzten Membranareal determiniert.

Werden HK-Schafe mit LK-Erythrocyten immunisiert, dann werden Antikörper produziert, die die K^+-Einfuhr in die LK-Erythrocyten um das 4- bis 6fache steigern [158, 356] (s. Abb. IV. 3.). Werden die LK-Erythrocyten trypsiniert, kommt es nicht zu einer solchen Antikörper-stimulierten Steigerung der K^+-Aufnahme [357]. Die dreifache Menge von ^{3}H-Ouabain wird durch solche anti-L-sensibilisierten LK-Membranen gebunden; dies zeigt, daß eine große Zahl von Transportorten exponiert wird. Es scheint so, als handele es sich hier um ein der Demaskierung von „Kryptantigenen" analoges Phänomen, nur daß in diesem Fall die L-Substanz die Transport-Orte maskiert.

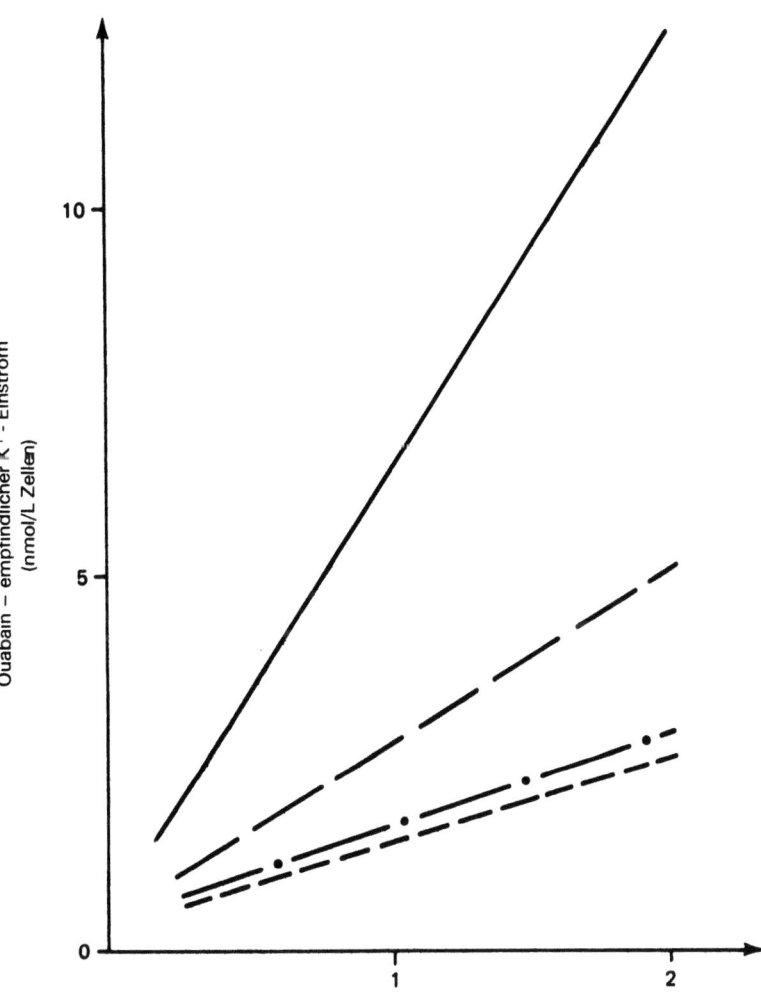

Abb. IV.3. Verhalten des K^+-Einstroms unter dem Einfluß von anti-LK-Seren:
(a) — — — Kontrolle
(b) ——— anti-L-sensibilisierte Zellen
(c) —·—·— Kontrolle + Ouabain
(d) — — — — anti-L-sensibilisierte Zellen + Ouabain

Die Ouabain-Konzentration beträgt 5×10^{-5} M (Gezeichnet nach [659])

In dem Kapitel über die Membranpathologie (Abschn. 8.2.) sollen noch die folgenden genetisch bedingten Transportdefekte besprochen werden: der heriditäre Diabetes insipidus, das FANCONI-Syndrom, verschiedene renale Aminoacidurien, die Hypophosphatämie, die renale Acidurie und verschiedene Defekte der renalen Kohlehydratresorption.

4. Zusammensetzung

Die gut definierten immunologischen Membranunterschiede haben ihre Ursache in einer genetisch determinierten Variation der Membranzusammensetzung.

Soweit Glykopeptide antigene Determinanten darstellen, ist deren Zusammensetzung wohl bekannt [235], ebenso die Zusammensetzung von Kohlehydrat-Haptenen, die an Proteine gebunden sind. Glykolipide werden intrazellulär gebildet und danach in die Membran, möglicherweise in einem passiven Prozeß, eingebaut [731]. So besitzen verschiedene komplette Viren, die die Zelle durch Knospung verlassen, die gleiche Gesamtzusammensetzung von Lipiden und Glykolipiden, wie die Plasmamembran der Wirtszelle [329].

Für den bisher wenig untersuchten Einbaumechanismus der intrazellulär synthetisierten Lipide in die Plasmamembran sind zwei Möglichkeiten denkbar:

1. Loser und unspezifischer Einbau in Regionen mit Lipid-Doppelschichten.

2. Fester Einbau, durch Assoziation mit spezifischen Membranproteinen. Die Spezifität ergibt sich aus der Notwendigkeit einer bündigen Anpassung der apolaren Protein-Oberflächen mit den Lipid-Kohlenwasserstoff-Anteilen, die wahrscheinlich noch durch ionisch und/oder Wasserstoffbrücken-Bindungen unterstützt wird [690].

Vermutlich sind beide Möglichkeiten realisiert. Es gibt aber experimentelle Daten, die auf die bestimmende Rolle der Membranproteine für gewisse Lipide hindeuten. So maßen ROELOFSON et al. [534] das Ausmaß der Lipid-Elution von Erythrocytenmembranen durch verschiedene Lösungsmittelsysteme mit unterschiedlichem Lipid-Lösungsvermögen. Dabei fanden sie, wie schon PARPART und BALLENTINE [484], daß Membranen schwach- und fest-gebundene Lipide besitzen. Von diesen ist das Cholesterin das am schwächsten gebundene Lipid, das rasch gegen Plasmaproteine oder Liposomen-Lipide ausgetauscht werden kann. Das wichtigste Ergebnis der Arbeitsgruppe von ROELOFSON ist jedoch die Tatsache, daß bei diesen lose gebundenen Phospholipidanteilen innerhalb verschiedener Spezies keine Unterschiede bestehen, während solche unterschiedlichen Phospholipidmuster bei den fest in die Membran integrierten Phospholipiden sehr wohl festzustellen sind (s. Tab. IV. 4.). Es konnte auch nachgewiesen werden, daß diese Unterschiede zwischen den beiden Fraktionen von den Bindungscharakteristika der Nicht-Lipid-Membrananteile, d. h. die Membranproteine, abhängig sind und nicht auf einem unterschiedlichen Löslichkeitsverhalten der verschiedenen Phospholipide beruhen. Diese Arbeit schließt nicht aus, daß die beobachteten Unterschiede ungleiche apolare, ionische oder Wasserstoff-Brückenwechselwirkungen zwischen Membranlipiden und Membranproteinen widerspiegeln, aber sie zeigt die selektive Wirkung von Proteinen auf die Membranzusammensetzung.

Tabelle IV. 4. *Extraktionsfähigkeit der Lipide von Erythrocytenmembranen (nach* ROELOFSON *et al.* [534]; *die Werte sind in mg/g Membran-Trockengewicht angegeben)*

Spezies	Schwach gebunden			Fest gebunden		
	Gesamt-Lipide	Phospholipide	Cholesterin	Gesamt-Lipide	Phospholipide	Cholesterin
Kaninchen	155 ± 31	44 ± 7	88	143 ± 24	124 ± 18	–
Mensch	130 ± 7	36 ± 3	80	144 ± 17	122 ± 15	–
Schwein	137 ± 10	26 ± 5	106	188 ± 9	147 ± 12	–
Schaf	118 ± 6	18 ± 2	94	170 ± 5	156 ± 10	–
Rind	106 ± 13	6 ± 3	100	167 ± 30	157 ± 26	–

Zusätzliche Evidenz, die im Einklang mit diesem Konzept steht, liefert die Arbeit von TIFFANY und BLOUGH [644] mit einer Reihe von Virus-Mutanten. Sie zeigen, daß die Fettsäure-Zusammensetzung der Membran-Phospholipide von Influenza-Viren teilweise durch die Virus-Proteine bestimmt wird. Die Bevorzugung von bestimmten Lipiden durch verschiedene Membranproteine bleibt sogar noch nach einer Proteinfraktionierung erhalten; das wird z. B. durch die Affinität der 5'-Nukleotidase zu Sphingomyelin illustriert [707]. Auch Erythrozyten-Membranproteine behalten ihre „Vorliebe" für bestimmte Phospholipide sogar noch nach Lösung und Trennung mittels 2-Chloräthanol [733]. Man kann daraus folgern, daß die Konformation der Membranpeptide bei der selektiven Bindung von Phospholipiden eine Rolle spielt [344].

Kohlehydrate verleihen der Plasmamembran eine bestimmte genetische Spezifität. Sie tun dies aber nur in Form von Glykolipiden und Glykoproteinen. Das Auftreten einer solchen genetischen Spezifität hängt

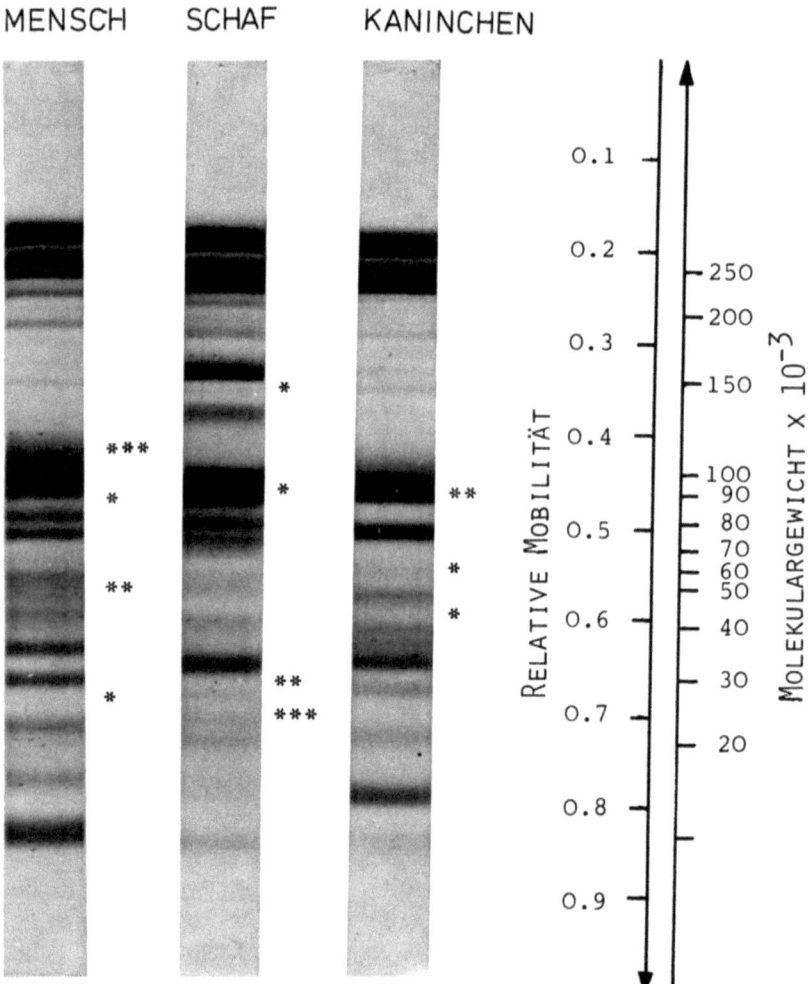

Abb. IV.4. Membranproteinmuster von Erythrocyten verschiedener Spezies (Mensch, Schaf, Kaninchen). Die Trennung erfolgte durch die molekulargewichtsabhängige SDS-Polyacrylamid-Gelelektrophorese auf 4.15%igen Gelen. Die Färbung der Proteinbanden wurde mit Coomassie-Blau, die der Glykoproteinbanden mit der Perjodsäure-Schiff-Methode (PAS) durchgeführt. Die Lage der PAS-positiven Banden ist durch (∗) markiert:

(∗) schwache Färbung
(∗∗) gut sichtbare Färbung
(∗∗∗) starke Färbung

(nach [333])

dann aber sicherlich von der Lipid-Affinität der Membranproteine ab. Im Fall der Glykoproteine sind zwei Faktoren wichtig:

1. Die Aminosäure-Reste, an die der Kohlehydratanteil nach der Peptidsynthese gebunden werden kann.
2. Die Membranaffinität des Peptidanteiles.

Die vorhergehenden Ausführungen stellen die Membranproteine in den Mittelpunkt der genetischen Betrachtung der Membran. Trotz der enormen Fortschritte der Biochemie waren diese Membranproteine wegen ihrer mangelnden Löslichkeit und dem Fehlen geeigneter und hinreichend hochauflösenden Fraktionierungsmethoden für genetische Membranstudien nicht zugänglich. Solche Methoden sind erst kürzlich entwickelt worden. Am wichtigsten ist dabei die molekulargewichtsabhängige Polyacrylamid-Gelelektrophorese in detergentienhaltigen Medien unter reduzierenden Bedingungen [165], die sich ideal in Verbindung mit spezifischen, kovalent gebundenen Membran-„labels" anwenden läßt [677]. Die hohe Trennschärfe dieses Systems zeigt die Abb. IV.4, die die Unterschiede im Proteinmuster und Glykoproteinmuster von Erythrocytenmembranen verschiedener Spezies zeigt. Wir erhoffen wesentliche und fruchtbare Aktivitäten auf diesem Gebiet in naher Zukunft.

5. Oberflächenorganisation

Eine der interessantesten genetischen Funktionen betrifft die temporäre und die räumliche Organisation der Zelloberflächen während der Differenzierung. Dies wird auf dramatische Weise durch die „drehende" Maus unter Beweis gestellt, deren unkoordinierte motorische Aktivität von einem unzureichenden Kontakt zwischen cerebellaren Zellen herrührt. Ein solcher Defekt, der vermutlich eine Punktmutation darstellt, kann offensichtlich die ganze Organisation der beteiligten Zelloberflächen verändern.

Wie bei normalen Kleinhirnzellen können diese Zellen der „drehenden" Maus durch Trypsinierung dissoziiert werden und wieder zu einem funktionellen Kleinhirn rekonstruiert werden; dies kann wie bei einer normalen Maus nur am 18. pränatalen Tag geschehen. Das Ergebnis einer solchen Rekonstruktion ist wiederum abnorm; sie führt erneut zu einer „drehenden" Maus mit ungeeigneten cerebellaren Zellkontakten. Diese Daten von SIDMAN und seinen Mitarbeitern [379] bieten ein nachdenkenswertes Beispiel für die temporäre und räumlich kontrollierte und korrelierte Funktion von Zelloberflächen. Sie sollte auch im Zusammenhang mit dem BOYSEschem Konzept der Bildung von topologisch definierten antigenen Determinanten auf Membranen gesehen werden.

6. Abnorme Myelinisierung

Die „zitternde" Maus, eine autosomal, rezessive Variante ist biochemisch durch eine außergewöhnliche Verminderung der Myelinmasse und ihrer Zusammensetzung, vor allem im zentralen Nervensystem charakterisiert. Alle Lipide, vor allem aber die Cerebroside und Sulfatide sind vermindert. Diese Veränderungen sind von ausgeprägten Unterschieden in den Myelinpeptiden begleitet [46]. Man kann annehmen, daß diese Tiere eine einzige genetische Läsion, die die Lipid-Protein-Assoziation im Myelin und möglicherweise auch in anderen Membranen kontrolliert, erlitten haben.

V. Kapitel
Membranmodelle und Modellmembranen

1. Membranmodelle

1.1. Einleitung

Über die molekulare Organisation von Plasmamembranen wissen wir heute so wenig, wie ehedem über die Nukleinsäuren. Die Entwicklung unserer Kenntnisse über die Nukleinsäuren dürfte tatsächlich ein Beispiel dafür sein, welche Arbeiten über die Struktur und Funktion von biologischen Membranen notwendig sein werden.

Es ist nicht unwahrscheinlich, daß die gegenwärtigen Methoden zur Darstellung und Reinigung von Membranen, deren Organisation und biologische Funktion zerstören oder verändern. Derzeit werden Membranen durch verschiedene Aufschlußmethoden von Zellen isoliert; bereits diese befinden sich in einem unphysiologischen Milieu und die anschließende Reinigung der Plasmamembran, d. h. ihre Trennung von anderen Zellorganellen und löslichen Substanzen bedient sich verschiedener physikalischer und biochemischer Prozeduren, von denen einige sehr wohl biologisch wesentliche Wechselwirkungen zwischen Membranbestandteilen verändern können. Obwohl die dann gewonnenen reinen Plasmamembranen das gleiche mikromorphologische Bild wie die nativen Plasmamembranen aufweisen und viele Membraneigenschaften beibehalten, läßt sich die Möglichkeit wesentlicher funktioneller Veränderungen nicht ausschließen. Dies trifft insbesondere für Fälle zu, bei denen funktionelle Makromoleküle oder andere regulatorische Stoffe „in vivo" physikalisch lose an die Membran gebunden sind.

Viele Übersichtsarbeiten und theoretische Untersuchungen [z. B. 62, 339, 340, 366, 440, 540, 592, 690] beschäftigen sich mit den verschiedensten Aspekten der Membranstruktur, insbesondere mit der Wertigkeit des „paucimolekularen" Modells von DANIELLI und DAVSON im Vergleich mit den anderen Alternativen (s. Abb. V. 1.).

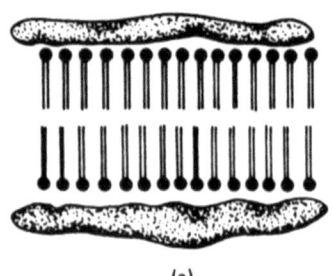
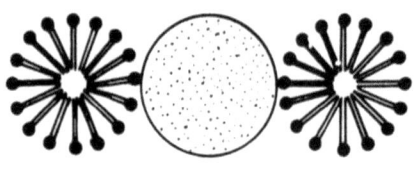

(a) (b)

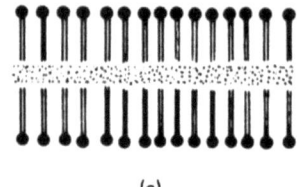
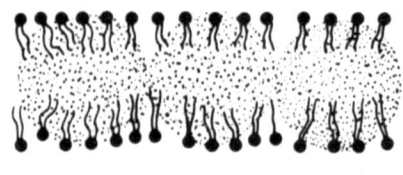

(c) (d)

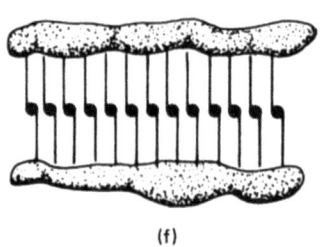

(e) (f)

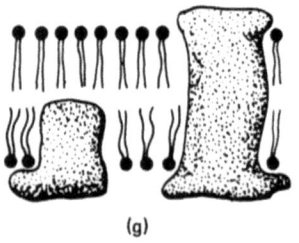

(g)

Im folgenden sollen vor allem die dynamischen Modellvorstellungen über die molekulare Membranstruktur in den Vordergrund der Betrachtung gestellt werden. In Abb. V. 1. sind die meisten der vorgeschlagenen Membranmodelle schematisch dargestellt. Davon soll im Detail aber nur das „paucimolekulare" Modell besprochen werden, das trotz seiner Schwäche von vielen Forschern als Tatsache und nicht als Möglichkeit hingenommen wird.

In unseren Augen ist der einzige, tragbare Ansatz Membranprobleme anzugehen, die „pauci-informationelle" Hypothese von KORN [339]. Wir nehmen erhebliche Variationen der Membran von Zelle zu Zelle, zwischen verschiedenen Membranen der gleichen Zelle und sogar zwischen verschiedenen Regionen einzelner Zellmembranen, an; die Ähnlichkeit zwischen Membranen kann nur als eine sehr beschränkte Homologie in der Architektur angesehen werden.

1.2. Das „paucimolekulare" Modell

Das traditionelle DANIELLI-Modell [138] war das erste spezifische Modell für die molekularbiologische Organisation einer Zellmembran. Es

---

Abb. V. 1. Membranmodelle. Bei den Modellen (a), (b), und (e) sind die Protein-Lipid-Wechselwirkungen polar; in den Beispielen (c) und (f) sind sie ausschließlich apolar und in den Vorstellungen (d) und (g) dominieren apolare Wechselwirkungen, aber auch polare Assoziationen können auftreten.

(a) Das DANIELLI-DAVSON-ROBERTSON-Modell, das ausführlich im Text diskutiert wird.

(b) Das micellare Modell; dieses ist recht unwahrscheinlich, da es ausschließlich auf den polaren Lipid-Protein-Wechselwirkungen beruht.

(c) Hierbei werden die Membranproteine als ausschließlich im Inneren der Struktur lokalisiert angenommen. Für eine solche Anordnung gibt es keine Beweise; tatsächlich ist dagegen bekannt, daß Peptide bis auf die Membranoberfläche ausgedehnt sind. Außerdem wäre der Durchmesser einer solchen Membran größer als der beobachtete.

(d) Das SJÖSTRAND-Modell. Die festen Verflechtungen zwischen Lipiden und Proteinen stehen nicht im Einklang mit den gegenwärtigen NMR- und Röntgenstreuungs-Spektren oder differentialkolorimetrischen Analysen.

(e) Ein Modell mit ineinandergreifenden Kohlenwasserstoffketten. Dies ist unwahrscheinlich, da die Lipid-Proteine-Wechselwirkungen ausschließlich polar sind und weil der Durchmesser einer solchen Membran geringer wäre, als der tatsächlich beobachtete.

(f) Bei diesem Modell bilden die Kohlenwasserstoffketten der Phospholipide eine Brücke zwischen den Proteinen auf der Membranoberfläche. Auch diese Anordnung ist unwahrscheinlich, da sie nicht mit den bekannten Identitätsperioden der Röntgenstreuungs-Spektren übereinstimmt; außerdem ist die Lokalisation der polaren Kopfgruppen der Phospholipide innerhalb des apolaren Membrankernes energetisch unwahrscheinlich.

(g) Das WALLACH-ZAHLER-Modell, das in Abb. V. 2. genauer beschrieben wird.

betrachtet die zellulären Membranen als eine Phospholipid-Doppelschicht, deren Oberfläche von Membranproteinen bedeckt ist. Diese Proteine sind an die polaren Gruppen der Lipide durch Ionen- und/oder Wasserstoffbrücken-Bindungen fixiert. Dieses Modell resultiert aus den folgenden Beobachtungen:

1. Die Permeabilität [476] und die elektrischen Eigenschaften [136, 144, 374] bestimmter Zellen lassen vermuten, daß die Oberflächenmembran vorwiegend aus Lipiden besteht.

2. Amphotere Lipide können monomolekulare und bimolekulare Lipidfilme bilden.

3. Eine Beobachtung von GORTER und GRENDEL [215], zeigte, daß sich die extrahierten Lipide aus der Erythrocytenmembran zu einer monomolekularen Schicht ausspreiten lassen, die die doppelte Oberfläche des intakten Erythrocyten besitzt.

4. Arbeiten von DANIELLI und HARVEY [139] zeigten, daß die Oberflächenspannung von bestimmten Zellen geringer ist, als die einer Oberflächenschicht der gleichen Lipide an einer Öl-Wasser-Grenzschicht; da gleichzeitig bekannt war, daß die Absorption von denaturierten Proteinen an die Oberfläche von Öltropfen deren Oberflächenspannung erheblich vermindert, nahm man an, daß die Oberflächen biologischer Membranen mit Proteinen bedeckt sind.

Die gegenwärtige Form der DANIELLI-Hypothese [528] beruht noch auf verschiedenen weiteren Untersuchungen:

1. Untersuchung der Lichtbrechung an Erythrocyten [549, 552, 553, 554] und am Myelin [552] lassen darauf schließen, daß diese Membranen langgestreckte Moleküle enthalten, deren Achsen vornehmlich senkrecht zur Membranoberfläche stehen. Da diese Lichtbrechungseigenschaften bei dem Übergang der Lipide in organische Lösungsmittel verloren gehen, aber bei der Bildung von Phospholipid-Doppelschichten erneut auftauchen, wurden sie mit jener Anordnung der Kohlenwasserstoffketten, wie sie das DANIELLI-Modell vorsieht, erklärt.

2. Das Kleinwinkel-Röntgenstreuungsmuster frischer peripherer Nervenpräparationen zeigt, daß das Myelin aus konzentrischen Schichten besteht, die beim Säugetiernerven 180 Å voneinander entfernt sind [551]; damit übereinstimmende Informationen wurden auch an anderen lamellären Membranen gefunden [169, 176, 551]. Der Vergleich dieser Daten mit den Röntgenstreuungsmustern von isolierten Membranlipiden, reinen Phospholipiden und Phospholipid-Cholesterin-Mischungen ließ den Schluß zu, daß die Identitätsperiode des Myelins eine Phospholipid-Doppelschicht mit beiderseits absorbierten Proteinschichten darstellt. Jüngere Messungen [172], die eine um die Hälfte geringere Identitätsperiode angeben (51 Å), können auch in Einklang mit dem DANIELLI-

Konzept der sich wiederholenden Lipid-Doppelschichten gebracht werden.

3. Die Vorstellungen über zelluläre Membranen wurden wesentlich durch ihr elektronenoptisches Aussehen beeinflußt; dieses stellt sich in kontrastierten Präparationen als trilamelläre Struktur mit zwei äußeren elektronendichten Schichten, die von einer inneren elektronendurchlässigen Schicht voneinander getrennt sind, dar. Alle zellulären Membranen und auch künstliche Lipid-Doppelschichten haben dieses charakteristische Aussehen einer „unit membrane". Kontrastierte Präparationen von Myelin zeigen das Bild der „unit membrane" in Lamellen, deren Intervalle mit den Messungen der Identitätperiode der Kleinwinkel-Röntgenstreuung recht gut übereinstimmt, wenn man berücksichtigt, daß während der Aufarbeitung der Präparate für die elektronenoptische Darstellung bestimmte Veränderungen auftreten [169]. Darüber hinaus lassen die Bilder, die die Technik der Gefrierätz-Elektronmikroskopie liefert, vermuten, daß eine natürliche tangentiale Bruchebene im Zentrum der Lipid-Doppelschichten existiert. Schließlich zeigen die klassischen Untersuchungen von GEREN et al. [202] überzeugend, daß sich Myelin von der Plasmamembran der SCHWANNschen Zellen oder der Oligodendrocyten ableitet. Diese Arbeiten sind für die Vorstellung, daß Myelin als allgemein gültiges Modell für zelluläre Membranen gelten kann, von zentraler Bedeutung und stellen einen essentiellen Teil der „unit membrane"-Hypothese dar.

Die „unit membrane"-Hypothese ist in ihrer Einfachheit auch weiterhin verführerisch. Alle zu ihren Gunsten angeführten experimentellen Daten sind aber in mehrfacher Hinsicht interpretierbar und lassen so keine exakten Rückschlüsse auf die molekulare Organisation von Membranen zu. Die wesentlichsten Gründe für diese Behauptung lassen sich wie folgt zusammenfassen:

1. Das Permeabilitätsverhalten verschiedener gelöster Stoffe durch zelluläre Membranen ist unter der Annahme einer Lipidschicht als Diffusionsbarriere ganz entschieden nicht zu erklären.

2. Neuere, genaue Messungen der Impedanz [69] stehen nicht im Einklang mit der postulierten, durchgehenden Lipid-Doppelschicht. Die Impedanz von künstlichen Lipid-Doppelschichten liegt erheblich höher als die der natürlichen Membranen (s. Tab. V. 1.).

3. In den ursprünglichen Experimenten von GORTER und GRENDEL [215] sind sowohl die Erythrocytenoberflächen, wie auch der Lipidgehalt erheblich zu niedrig angesetzt worden. Experimente dieses Typs [35, 262, 272] können zudem nicht einheitlich interpretiert werden, da unbekannt ist, wie dicht die Lipide in der Membran gepackt sind. So konnten

Tabelle V. 1. *Vergleich physikalischer Charakteristika natürlicher Membranen und Lipid-Doppelschichten*[a]

Eigenschaft	natürliche Membranen	Lipid-Doppelschichten
Durchmesser (Å)		
Elektronenmikroskopie	40–130	60–90
Röntgenstreuung (Myelin)	40–84	–
Optische Methoden[d]		46
Elektrischer Widerstand (Ohm/cm)	10^2–10^5	10^3–10^9
Elektrische Kapazität ($\mu F/cm^2$)	0,5–1,3	0,3–1,3
Ruhepotential (mV)	10–88	0–140
Zusammenbruchs-Potential (mV)	100	100–550
Brechungsindex	1,55[c]	1,37[b]
Oberflächenspannung (erg/cm^2)	0,03–3,0	0,2–6,0
Permeabilität für Wasser (10^{-4} cm/sec)	25–58	2,3–24

[a] Nach TIEN und DANA [643]. – [b] Nach CHERRY und CHAPMAN [106]. – [c] Nach WALLACH, KAMAT und GAIL [687]. – [d] Die Messung der Durchmesser von Membranen mit optischen Methoden ist, entsprechend der Schwankungsbreite der Messungen des Brechungsindex, ungenau.

BARR et al. [35] zeigen, daß die Oberfläche, die eine einzelne Lipidschicht der Lipide des Erythrocyten beansprucht, in Abhängigkeit von der Oberflächenspannung variieren kann, und zwar von der doppelten Oberfläche der Erythrocyten bei niedriger Oberflächenspannung bis zur einfachen Oberfläche bei maximaler Oberflächenspannung, d. h. bei dichtester Packung.

Um diesem Problem aus dem Wege zu gehen, hat ENGELMAN [163] das Volumen des apolaren Erythrocytenanteils berechnet. Er benutzte dabei die allgemein anerkannten Werte für den Phospholipid-Gehalt und für die neutralen Lipide, die bekannten Volumina der CH_3-, CH_2- und CH-Gruppen sowie einen Mittelwert für die Länge der Fettsäuren (17.5 Kohlenstoffatome) und ihrer Doppelbindungen (1.26 Doppelbindungen pro Fettsäurekette). Das apolare Volumen des Cholesterins wurde aus seiner Dichte berechnet und dem der Phospholipide hinzugefügt; auf diese Weise ließ sich das gesamte apolare Volumen der Membran errechnen. Unter der Annahme einer gleichförmigen Lipid-Verteilung ergibt sich die jedem Phospholipid-Molekül zur Verfügung stehende Fläche als:

(Volumen der zwei Fettsäureketten relativ zum gesamten apolaren Volumen × Zelloberfläche)

Wenn die Gesamtmenge der Lipide genau die Fläche einer Zelloberfläche ausmachen würde, stünden jedem Phospholipid-Molekül eine Fläche von $35.5\pm2\,\text{Å}^2$ und jedem Cholesterin-Molekül eine Fläche von $21.0\pm3\,\text{Å}^2$ zur Verfügung. Das ergibt als Summe für beide $58.5\,\text{Å}^2$ bzw. $117\,\text{Å}^2$ in einer Lipid-Doppelschicht. Diese Werte liegen höher als die Daten von RAND und LUZATTI [515], die von der Voraussetzung ausgehen, daß 20% der Oberfläche von nicht-Lipiden, also Proteinen, eingenommen werden; jüngere Berechnungen [142] nehmen dafür sogar 50% an.

Alle Messungen von Zelloberflächen sind jedoch suspekt, da für Biomembranen auf molekularer Ebene keine völlig glatte Oberfläche anzunehmen ist. So hat ein Partikel mit einem Durchmesser von $2000\,\text{Å}$ bei glatter Oberfläche eine Fläche von $4\times10^9\,\text{Å}^2$. Ein gleicher Partikel mit einer granulierten Oberfläche auf Grund von Kügelchen mit einem Durchmesser von $20\,\text{Å}$, d. h. unterhalb der elektronenmikroskopischen Auflösung, die sich über $^3/_4$ der Oberfläche verteilen, hätte dagegen eine gesamte Oberfläche von $1.2\times10^7\,\text{Å}^2$.

4. Die Argumente von DANIELLI und HARVEY [139] sind nicht stichhaltig, da Phospholipide, die die Hauptlipide der meisten Biomembranen darstellen, sehr geringe Oberflächenspannungen aufweisen [18, 551].

5. Bis zum gegenwärtigen Zeitpunkt zeigen die Messungen der Lichtbrechung an Membranen lediglich an, daß diese Struktur Moleküle enthält, deren Längsachsen vornehmlich senkrecht zur Oberfläche orientiert sind. Diese Information ist qualitativ und läßt keinen Schluß darüber zu, in welchem Ausmaß eine solche molekulare Anordnung vorliegt und durch welche Stoffe eine solche Lichtbrechungseigenschaft hervorgerufen wird. Auch der Effekt von organischen Lösungsmitteln kann nicht einheitlich interpretiert werden, da diese Lösungsmittel die Proteine denaturieren. Im Myelin mögen die Doppelbrechungseigenschaften wohl primär von der Orientierung des Lipidanteiles hervorgerufen werden; hier machen sie aber auch 80% des Trockengewichtes aus. In anderen Membranen aber, die im Maximum bis zu 80% Proteine enthalten, können diese Lichtbrechungseigenschaften ganz oder teilweise ihre Ursache in senkrecht zur Membran liegenden Peptidketten (z. B. der α-Helix-Anteile) haben. Solche Anordnungen von Proteinen konnten in Modell-Membranen auch nachgewiesen werden [507].

6. Die Röntgenstreuungsanalysen sind primär auf lamelläre Membransysteme, insbesondere auf das Myelin, beschränkt. Die am Myelin erzielten Ergebnisse stimmen mit dem DANIELLI-ROBERTSON-schem Modell überein. Es sind aber auch andere Interpretationen möglich, da die Kleinwinkel-Röntgenstreuung lediglich eine annähernde

Dichteverteilung senkrecht zur Membranebene liegender Anteile anzeigt, nicht jedoch deren molekularen Charakter definiert. Zudem steht das Kleinwinkel-Röntgenstreuungsmuster von Chloroplasten nicht in Übereinstimmung mit der „unit membrane"-Hypothese [94]. Schließlich lassen jüngste Röntgenstreuungs-Untersuchungen von Plasmamembranen von Erythrocyten und anderen Zellen [164, 174, 388, 450], die durch Zentrifugation in eine „quasi-lamelläre" Anordnung gebracht wurden, vermuten, daß neben Bereichen mit Lipid-Doppelschichten wesentliche Anteile der Membran von Proteinen gebildet werden. FINEAN [174] berechnet auf Grund von Daten über die Oberflächenverkleinerung von Membranen bei Phospholipase-C-Behandlung, daß mindestens 30% der Membran von Proteinen gebildet werden, die die Lipid-Doppelschicht unterbrechen; ENGELMAN [164] erhält für die Membranen von A. laidlawii sogar einen Wert um 50%.

7. Das verallgemeinernde Konzept der „unit membrane" hängt wesentlich von der Interpretation des elektronenoptischen Aussehens der Membran ab. So ist das einzige Argument für die Übertragung der am Myelin ermittelten Röntgenstreuungsdaten auf andere Membranen, der mikromorphologisch nachgewiesene, kontinuierliche Übergang zwischen Myelin und der Plasmamembran der Satellitenzelle. Die chemische Zusammensetzung von Myelin unterscheidet sich aber von der aller anderen Membranen; während der Proteinanteil am Trockengewicht beim Myelin bei 20% liegt, beträgt der anderer Membranen 60 bis 80%. Auch die Lipidzusammensetzung des Myelins ist atypisch; Cholesterin macht 40% und die Cerebroside machen 15% der Lipide beim Myelin aus; demgegenüber sind bei anderen Membranen Cholesterin mit 10%, Cerebroside aber nur in Spuren vertreten. Weiterhin sind keine chemischen Daten über die Zusammensetzung der Satellitenzell-Plasmamembranen bekannt; würde diese dem des Myelins entsprechen, unterschiede sie sich wesentlich von allen anderen zellulären Membranen.

Da jedoch alle zellulären Membranen in bedampften Dünnschnitten das gleiche elektronenoptische Aussehen haben, muß man sich die Frage stellen, was diese Struktur in molekularer Hinsicht darstellt. Diese Frage ist von KORN [339] kritisch untersucht worden. Er konnte folgendes zeigen:

1. Die verschiedenen zellulären Membranen variieren in ihrem Durchmesser so stark [591], daß dies nicht mehr mit einer einzigen molekularen Struktur zu erklären ist.

2. Der trilamelläre Aufbau der inneren Mitochondrien-Membran bleibt auch dann erhalten, wenn nahezu alle Lipide extrahiert werden.

3. Osmiumtetroxid (und Permanganat) bilden sowohl mit ungesättigten Fettsäuren, als auch mit den polaren Gruppen an der Wasser-Mem-

bran-Grenzfläche elektronendichte Präzipitate, so daß aus deren Lokalisation keine Rückschlüsse auf die molekulare Organisation der Membran zu ziehen sind.

4. Die Gefrierätz-Elektronenmikroskopie zeigt auf der tangentialen Bruchebene im inneren apolaren Bereich der Membran makromolekulare globuläre Strukturen bei allen Membranen, mit Ausnahme des Myelins.

So muß man fragen, ob die experimentellen Daten, auf denen die DANIELLI-ROBERTSONsche Hypothese beruht, ihre volle Gültigkeit haben. Zudem gibt es eine beträchtliche Anzahl von Informationen, die nicht im Einklang mit diesem Modell stehen:

1. Das DANIELLI-Modell fordert Ionenbindungen zwischen Membranproteinen und Membranlipiden. Einige bakterielle Membranen können tatsächlich durch Reduzierung der Ionenstärke ihres umgebenden Mediums in Lipoproteine aufgespalten werden [84]. Trotzdem sind die Lipide üblicherweise in nur sehr geringem Maße von den Proteinen mit Methoden zu trennen, die ausschließlich ionale Wechselwirkungen beeinflussen.

2. Das DANIELLI-Modell impliziert, daß ein beträchtlicher Anteil der Membranproteine in der β-Konformation vorliegt. Mit IR-Spektren konnte diese Konformation an Erythrocyten [317] und Tumorzell-Plasmamembranen [690] und Myelin jedoch nicht nachgewiesen werden, außer unter den im Kap. III, Abschn. 3.2.1. besprochenen sehr spezifischen Bedingungen.

4. Messungen der optischen Aktivität von Plasmamembranen [107, 206, 207, 212, 213, 366, 673, 678, 690] deuten darauf hin, daß erhebliche Teile der Membranpeptide in einer α-Helix-Konformation vorliegen. Die Lokalisation der Proteine, wie sie die „unit membrane"-Hypothese fordert, steht aber nicht im Einklang mit einem solch hohen Anteil dieser α-Helix-Konformation der Membranproteine. Außerdem zeigen ruhende Plasmamembranen einige Eigenschaften der optischen Aktivität, die unabhängig von der Lipidzusammensetzung auftreten und die vielleicht der Lichtstreuung zugeschrieben werden können; sie stünden aber auch mit der Annahme im Einklang, daß beträchtliche Anteile der Membranproteine im apolaren, zentralen Membrananteil lokalisiert sind [207, 212, 366, 617, 678, 690].

5. Die NMR-Spektren von Erythrocyten-Ghosts [101, 102, 206, 304], zeigen, daß sich die Cholin-Reste der Phospholipide und Sphingolipide in einer wäßrigen Umgebung befinden: sie deuten aber auch auf eine enge Assoziation von Kohlenwasserstoffketten der Membranlipide mit

den Membranproteinen hin, die nur unter Denaturierung der Proteine zerstört werden kann. Diese Daten sind mit der „unit membrane"-Hypothese nicht zu erklären.

6. Eine Plasmamembran ist durch eine Unmenge spezifischer, genetisch kontrollierter Funktionen gekennzeichnet. Die DANIELLI-DAVSONsche Membran leitet sich von der Aggregation der Membranlipide ab, die durchweg aus entropischen Kräften resultiert. Diese sind aber ungeeignet die biologische Ordnung der Plasmamembran zu erklären.

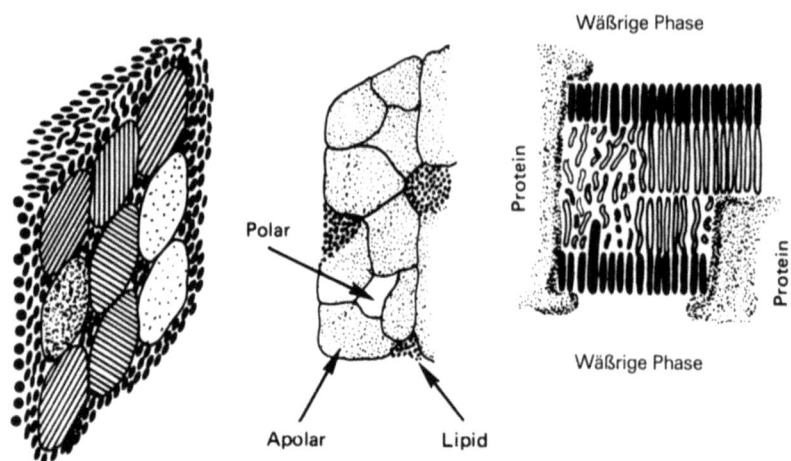

Abb. V.2. *Erweitertes* WALLACH-ZAHLER-*Modell*. Bei diesem Modell wird vorgeschlagen, daß die Membran aus verschiedenen Untereinheiten, die ein tangential bewegliches Oberflächenmuster bilden, aufgebaut ist; dieses wird in verschiedener Tiefe von Proteinen und Lipiden durchdrungen. Der Kontakt zwischen Protein-Untereinheiten und Proteinen und Lipiden tritt sowohl in den polaren, wie auch in den apolaren Regionen der Membran auf. Obwohl die Lipide oberflächlich in einer Doppelschicht auftreten, wird von den, den Proteinen benachbarten, Lipiden angenommen, daß sie eine spezifische Zusammensetzung und Organisation besitzen, die durch die umgebenden Proteine determiniert sind; dieser „ordnende" Einfluß der Proteine auf die Lipide nimmt mit der Entfernung ab.

Von den Membranproteinen wird angenommen, daß sie auf beiden Seiten der Membran, als auch im apolaren Kern der Membran lokalisiert sind. Oberflächenpeptide können in ihrer Tertiärstruktur unregelmäßig aufgebaut sein, aber auch andere Konformationen können existieren. Proteine, die die Membran durchdringen besitzen vorwiegend eine Stäbchenform und die α-Helix-Struktur (analog der H-Helix des Hämoglobins mit einer hydrophoben Oberfläche); dabei sind sie so angeordnet, daß sie Untereinheiten aufbauen, deren Umfang apolar aufgebaut ist. Die Helix-Konformation ist keineswegs eine notwendige Voraussetzung; auch ungeordnete oder β-strukturierte Peptidsegmente mit entsprechender Aminosäure-Sequenz können einen apolaren Außenbereich aufbauen, der für die membran-durchdringenden Proteinsegmente angenommen werden muß.

Von den Untereinheiten wird angenommen, daß sie auch eine tangentiale Assymetrie besitzen und ihre Achsen im allgemeinen senkrecht oder fast senkrecht zur Membranober-

Unsere gegenwärtigen Kenntnisse über die Membranen erlaubt die Aufstellung eines allgemeinen einheitlichen Membranmodells noch nicht; es ist auch unwahrscheinlich, daß eine solche allgemein gültige Membranstruktur existiert. Wohl mögen viele Biomembran-Regionen den nach der „unit membrane"-Hypothese geforderten Aufbau besitzen, doch enthalten Membranen unserer Ansicht nach, spezifisch aufgebaute Lipoprotein-Komplexe, die durch ihre speziellen Eigenschaften eine definierte Lokalisation in der Membran ermöglichen. Der Aufbau von Membranproteinen, wie auch der anderer Proteine, folgt sicherlich thermodynamischen Gesetzmäßigkeiten, die von KAUTZMAN [315] auf die Proteine angewandt wurden und durch Röntgenstreuungsanalysen an zahlreichen Proteinen [56, 58, 317, 372, 489] bestätigt wurden. Diese führen zu einer Struktur, in der die Peptid-Kettenmoleküle in ihrer Umgebung eine minimale freie Energie aufweisen und eine maximal mögliche Entropie. Bei wasserlöslichen Proteinen (wie Myoglobin, Hämoglobin, Lysozym u. a.) sind diese Bedingungen dann erfüllt, wenn die äußere Oberfläche polar und der innere Anteil apolar ist; gleiches findet man bei Phospholipid-Mizellen. Eine solche Anordnung verhindert eine Aggregation in wäßrigen Medien und ist deshalb für Membranproteine nicht denkbar. Eine einfache Umkehrung dieser Orientierung von apolaren und polaren Resten, d. h. die Zuwendung der hydrophoben Seitenketten zur wäßrigen Phase, würde zu einer unspezifischen Aggregation führen; auch dies ist für einen Membranaufbau ungeeignet. Für den Aufbau

---

fläche stehen. Die apolaren Aminosäurereste die die äußere Oberfläche der Untereinheiten aufbauen, besitzen spezifische Bindungsstellen für die Kohlenwasserstoffketten der fest gebundenen Membranlipide; die polaren Gruppen der Membranlipide können mit entsprechenden Seitenketten oberflächlicher Proteine gleichfalls in polare Wechselwirkung treten. Wir nehmen an, daß die Assoziation der fest gebundenen Lipide mit den Membranproteinen in Analogie zu der apolaren Häm-Globin-Wechselwirkung im Hämoglobin zu sehen ist. Zusätzlich glauben wir, daß die von den Proteinen entfernt liegenden Lipide weniger fest und weniger spezifisch in die Membran integriert sind. Für die Verteilung der polaren Aminosäurereste wird angenommen, daß sie entweder an der Oberfläche der Membran liegen und/oder an den Achsen jeder Untereinheit vermehrt auftreten und möglicherweise hydrophile Kanäle, die die Membran durchdringen, aufbauen. Auch dies steht in Analogie zur Struktur des Hämoglobins und könnte gleichzeitig die molekularbiologische Grundlage für Membran-„Poren" bilden. Die Permeabilität solcher Kanäle würde offensichtlich gegenüber konformationellen Änderungen der Proteine hochempfindlich sein. Die komplexe Struktur der Proteine innerhalb der Membran hängt entscheidend von der Assoziation mit den geeigneten Lipiden ab, und stellt den Zustand der geringsten freien Energie und der maximalen Entropie eines Systems aus Proteinen-Lipiden-Wasser dar. Es ist denkbar, daß die Membranproteine im Verlauf der Biosynthese eine andere Konformation besitzen als innerhalb der Membran (d. h. eine polare Außenfläche und einen apolaren Kern); diese spezifische Membrankonformation wird aber erst in Kombination mit den Lipiden erreicht.

der Membranproteine muß vielmehr angenommen werden, daß sie dann thermodynamisch am stabilsten sind, wenn diese Makromoleküle in einer zweidimensionalen Assoziation mit anderen Membranproteinen und/oder -lipiden vorliegen. Diese Voraussetzung wird erfüllt, wenn man annimmt, daß Membranproteine innerhalb des zentralen Anteils der Membran eine hydrophobe Peripherie, an der Membranoberfläche dagegen hydrophile Seitenketten besitzen. Das Innere der Membranproteine kann sowohl apolar sein, als auch polare Kanäle (wie z. B. im Hämoglobin-Tetramer [489]), die dem Ionentransport dienen könnten [682, 690], bilden. Eine solche Struktur müßte aus einer entsprechenden Aminosäuresequenz resultieren, die die Bildung von parallelen, apolaren Oberflächen begünstigt, wie dies z. B. bei den H-Helices der Hämoglobine [489] der Fall ist.

1.3. Überblick über die Strukturmodelle

In Abb. V.1. sind die hauptsächlichsten Eigenschaften verschiedener Membranmodelle schematisch zusammengestellt worden. Die Abb. V.2. zeigt das revidierte WALLACH-ZAHLER-Modell, das eigentlich weniger als Modell dient, als vielmehr eine bildliche Darstellung der meisten bekannten Membraneigenschaften wiedergeben soll. Ohne auf strukturelle Details dieses Membranmodells einzugehen, soll im folgenden das umfassende, dynamische Membrankonzept, wie es CHANGEUX und andere [60, 97, 98, 99, 309] gefordert haben, besprochen werden.

1.4. Dynamische Modelle

1.4.1. Einleitung

Dynamische Membranmodelle stellen weniger die statischen Aspekte bestimmter molekularer Strukturen in den Vordergrund ihrer Betrachtung, als vielmehr die Wechselwirkungen zwischen verschiedenen Membrankomponenten; sie zeigen damit die Vielfalt und die Verschiedenheit der Verhaltensmuster von Membranen auf. Die folgenden Ausführungen beziehen sich ganz wesentlich auf das allgemeine Konzept, das CHANGEUX u. Mitarb. sowohl auf Membranprobleme, wie auch auf die Wirkungsweise regulatorischer Enzyme angewandt haben. Diese beiden Problemkreise teilen zwei entscheidende Eigenschaften miteinander:

1. Beide reagieren auf ihre molekulare Umgebung durch Assoziation mit spezifischen, struktur- und funktionsbestimmenden Liganden, die die Eigenschaften ihrer Rezeptoren verändern, ohne die aktiven Zentren der katalytischen Reaktion in Anspruch zu nehmen.
2. Beide verhalten sich kooperativ, d. h. ihr physikalischer Zustand und ihre physiologische Funktion hängen von einer kritischen Konzentration regulatorischer Stoffe ab; dies führt gleichzeitig zu einer Vermittler- und Verstärker-Funktion.

Globuläre Proteine, wie z. B. regulatorische Enzyme, und Membranen unterscheiden sich aber in ihrer Symmetrie: bei den ersteren erfordert eine Stimulation im allgemeinen eine stereospezifische Reaktion zwischen dem Enzym und der Aktivator-Substanz. Bei Membranen mag eine Stimulation z. T. in ähnlicher Weise vor sich gehen, kann aber auch größere Areale erfordern, wie dies schon von EHRLICH und WEISS [153, 706] vorhergesehen wurde. So könnten die Bindungscharakteristika für regulatorische Stoffe ebenso von den speziellen Eigenschaften einzelner Proteinkomponenten herrühren, wie von spezifischen, starren, topologischen Mustern, die in der Membranebene von mehreren Untereinheiten gebildet würden. Auf diese Weise hinge die biologische Reaktivität von Membranen in hohem Maße von einer strukturellen Assymmetrie ab.

Die Eigenschaft der Membran auf biologische Reizung hin, bei gleichzeitiger Verstärkung, kooperativ in die Reaktion einzutreten ist bislang nicht ganz geklärt. CHANGEUX hat dieses Verhalten der Membran durch die kooperative Organisation der Membranbestandteile zu einer geordneten Struktur – seien es oligomere Aggregate oder ein ausgedehntes Gitter – erklärt. Seinen pionierhaften Gedankengängen soll hier gefolgt werden; es soll auch die mögliche Rolle der vermittelnden und verstärkenden Eigenschaften von Membranen diskutiert werden.

Zuerst jedoch soll erneut nachdrücklich hervorgehoben werden, daß lösliche Enzyme ihre Form ohne wesentliche Einschränkung durch das sie umgebende Lösungsmittel verändern können; solche Reaktionen sind in dem dicht gepackten Zustand, wie er bei den Membranbestandteilen in Form von geordneten Protein-Protein- und Protein-Lipid-Aggregaten vorliegt, nur in modifizierter Weise möglich. Wie auch in einfacheren Fällen, z. B. Hämoglobin, können die gleichen Kräfte, die eine einzelne Untereinheit in eine strukturelle Einheit mit anderen zusammenhalten, die Kooperativität der Einheit als Ganzes hervorrufen. Da diese Wechselwirkungen zwischen Makromolekülen innerhalb einer strukturierten Membran stattfinden, können sie über weite Distanzen fortgeleitet werden; dann sind kooperative Effekte außerordentlich ausgeprägt.

Membranen sind verformbare, nicht kovalent miteinander verbundene, aber in einem dicht gepackten Zustand vorliegende Proteinareale, mit den ihnen assoziierten Lipiden, die die beiden sie begrenzenden wäßrigen Phasen durch eine apolare Schicht voneinander trennen. Mikromorphologische Untersuchungen, insbesondere mit der Gefrierätz-Technik, zeigen, daß größere Membrananteile aus sich regelmäßig wiederholenden, diskreten morphologischen Einheiten aufgebaut sind, und daß manchmal ein Gitter vorliegt. Dies wird besonders deutlich bei den sogenannten „Nexus" zwischen verschiedenen Zellen, die möglicherweise den Ort des Ionenaustausches und anderer interzellulärer Kommunikationen darstellen (s. Abb. V. 3.).

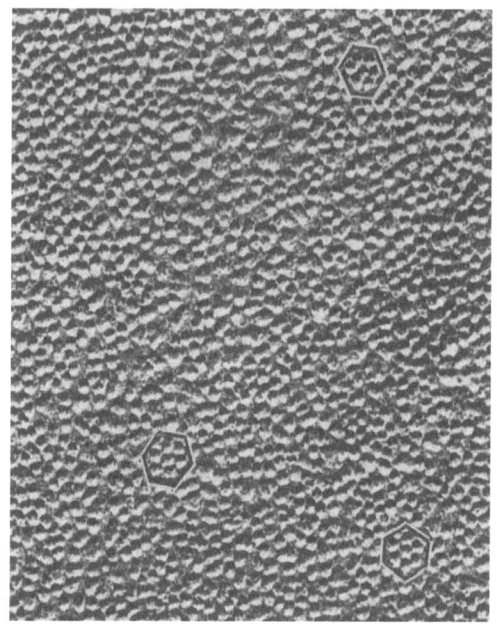

Abb. V. 3. Ein „Nexus" („offene" Verbindung) im Mäuseherz. Die verschmolzenen Membranen sind durch Areale mit dicht gepackten membran-assoziierten Partikeln (Untereinheiten) charakterisiert. Oft sind diese Untereinheiten in einem hexagonalen Gitter angeordnet (eingezeichnete Areale). Vergrößerung 167000fach. (Mit Genehmigung durch R. S. Weinstein und N. S. McNutt, Massachusats General Hospital Boston)

Membranen unterscheiden sich von anderen makromolekularen Komplexen dadurch, daß sie praktisch unbegrenzte multimolekulare Aggregate sind, die sich auf eine zweidimensionale Ausdehnung beschränken. Darüber hinaus trennen Membranen zwei physikochemisch und metabolisch ungleiche Phasen, während globuläre Proteine gewöhnlich von einem einzigen, gleichartigen Lösungsmittel umgeben sind und beeinflußt werden; d. h. Membranen sind asymmetrisch, da auch ihre Umgebung asymmetrisch ist.

Angesichts der Vielfalt der Membranproteine (s. Abb. IV. 4. S. 108) erfordert ihr Einbau in das geordnete System einer Membran bestimmte strukturelle Homologien der beteiligten Proteine, ohne daß diese deshalb funktionell identisch sein müßten. Dieses Konzept wird von WALLACH und ZAHLER [690] vorgeschlagen; die Autoren nehmen an, daß die notwendigen Homologien für die Assoziation in den Proteinanteilen mit einer α-Helix-Struktur und apolaren Oberflächen liegen. Solche analogen strukturellen Homologien sind von anderen Proteinen her wohl bekannt. Zum Beispiel besitzen sämtliche Hämoglobin-Varianten den gleichen prinzipiellen Aufbau, selbst wenn sie nur wenige Aminosäure-Reste gemeinsam haben [489]; auch verschiedene Pankreas-Enzyme können in solchen strukturellen Varinaten vorkommen [531]. Im Lichte der gegenwärtigen Kenntnis ist es durchaus nicht zwingend die α-Helix-Bereiche als Assoziations-Äquivalente anzunehmen; viele andere Konformationsmöglichkeiten sind gleichfalls denkbar. Es ist jedoch nützlich sich in Erinnerung zu rufen, daß Membranproteine einen höheren α-Helix-Anteil besitzen, als dies sonst üblich ist. Wie dem auch immer im Detail sei, strukturelle Homologien verschiedener Membranproteine müssen bei allen Theorien über die Membranstruktur vorausgesetzt werden. Sie bilden einen essentiellen Teil des Konzeptes von CHANGEUX. Es ist von Nutzen die wesentlichen geometrischen Eigenschaften des hypothetischen Membrangitters aus Untereinheiten mit strukturellen Homologien zusammenzufassen, wie dies CHANGEUX und THIERY [98] getan haben. Eine geometrische Eigenschaft, deren Ursache in der Membranfunktion liegt, ist die Polarität. Dazu stellt sich weiterhin die Frage: besitzt das Membrangitter eine *transversale* Polarität, d. h. eine oder mehrere Achsen liegen senkrecht zur Membranoberfläche und/oder orientiert sich das Membrangitter an einer oder mehreren Achsen, die in der Membranebene liegen und besitzt dann eine *tangentiale* Polarität? Nur ein einziger Gittertyp, nämlich das schräge Gitter, besitzt beide Möglichkeiten. Wegen der Protein-Elemente, kann ein Membrangitter nur Translation-, Rotations- und Schrauben-Achsen besitzen; es existiert weiterhin kein Symmetriepunkt und keine Symmetrieebene. Rotations-Achsen liegen parallel und/oder senkrecht zur Membranoberfläche. CHANGEUX und THIERY vermuten, daß insgesamt nur 17 Gitterstrukturen denkbar sind.

Bezüglich der Membranfunktion können zwei Mechanismen wirksam werden, von denen die zweite breitere Möglichkeiten bietet und hier besonders hervorgehoben werden soll:

1. Die Bindung eines Liganden startet unter Beteiligung membrangebundener Enzyme wie Phosphohydrolasen, Lipasen oder Proteasen, eine Kette kovalenter Reaktionen, die zu einer stufenweisen Freisetzung diffundibler Moleküle oder zu einem elektrischen Signal führen. Dies hat dann sekundär eine umfassendere und verstärkte strukturelle Umordnung der Membran zur Folge. Die Adenylzyklase ist ein Beispiel dafür.

2. Kooperative Wechselwirkungen und Membranprotomere: hierbei ist der Konformationsübergang eines gegebenen Protomers durch den Zustand seiner Nachbarn eingeschränkt. Die Kooperativität der Antwort ist primär durch eine strukturelle oder konformationelle Koppelung zwischen verschiedenen Protomeren bestimmt.

Diese beiden Mechanismen können sich in ihrer Kinetik und ihrer Reaktivität gegenüber metabolischen Inhibitoren unterscheiden; sie können aber auch nebeneinander vorliegen.

1.4.2. Indirekte Koppelung am Beispiel des Adenylzyklase-Zyklus

Das Prinzip der indirekten Koppelung kann folgendermaßen schematisiert werden:

Rezeptor ⟶ Vermittler ⟶ Verstärker ⟶ Membraneffektor

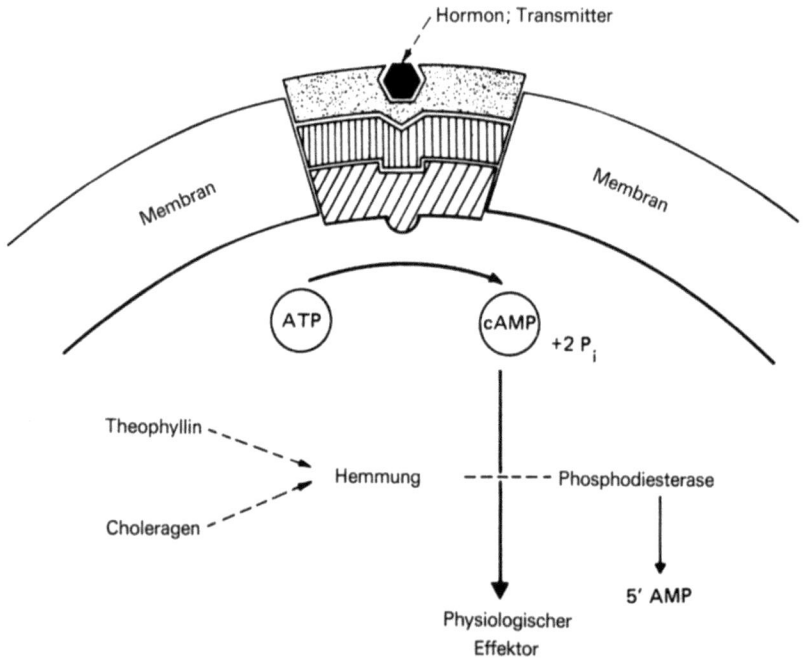

Am deutlichsten wird dieses Prinzip am Beispiel des Adenylzyklase-Zyklus.

Der Adenylzyklase-Zyklus: Wechselwirkung der Plasmamembran mit Hormonen, Neutrotransmittern etc. Viele Hormone, Neurotransmitter etc. regeln den Stoffwechsel ihrer Ziel-Zellen, indem sie an den Rezeptoren der Zelloberfläche binden und dadurch spezifische Stoffwechselreaktionen und gelegentlich Permeabilitätsänderungen hervorrufen. Dabei wird oft die Umwandlung von ATP zu 3',5'-zyklischem AMP (cAMP) und Pyrophosphat durch die membrangebundene Adenylzyklase bewirkt; cAMP seinerseits wirkt als intrazellulärer Transmitter des Hormoneffektes [531] (s. Abb. V.4.). Die Adenylzyklase, die in diesem Prozeß eine Schlüsselrolle einnimmt, konnte aus der Membran isoliert werden; sie ist ein Enzym, das gegenüber Detergentien und organischen Lösungsmitteln außerordentlich empfindlich ist. Die Spezifität einer Hormonwirkung ist auf diese Weise durch den Rezeptor und/oder durch bestimmte Stoffwechselvorgänge in der Zielzelle gewährleistet, während die Adenylzyklase die Rolle eines biologischen Verstärkers spielt. Die zentrale Bedeutung der Adenylzyklase resultiert aus dem Umstand, daß sie bei einer Vielzahl von Hormonen und anderen pharmakologisch wirksamen Substanzen, wie Neurotransmittern, Histamin [309], Fluoriden [578], Serotonin [309] und Herzglykoside [578] in Aktion tritt.

cAMP kann durch Hydrolyse in 5'-AMP über die Aktion einer Diesterase inaktiviert werden; dies ist offensichtlich ein wesentlicher Schritt für die Regulation solcher Vorgänge. Die Hydrolyse von cAMP kann durch Theophyllin [91] und Cholera-Toxin (s. Kap. VI, Abschn. 8.3.1.) inhibiert werden.

Abb. V.4. Die zentrale Rolle der Adenylcyklase und des cyclischen AMP (cAMP). Ein extrazellulärer Transmitter, z. B. ein Hormon, verändert bei Bindung an einen spezifischen Membranrezeptor diese Struktur. Diese geometrische Veränderung wird auf dem Wege über einen Membran-Vermittler zu dem Membran-Enzym Adenylzyklase weitergeleitet, wodurch die folgende Reaktion stimuliert wird:

$$ATP \longrightarrow cAMP + 2P_i$$

cAMP agiert als diffundibler pleiotypischer „interner Messanger" wobei jeder Zelltyp in spezifischer Weise aktiviert wird. Der cAMP-Spiegel wird weiterhin durch die Phosphodiesterase reguliert:

$$cAMP \longrightarrow 5'\text{-}AMP$$

Die Phosphodiesterase wird durch verschiedene Reagentien gehemmt, vor allem durch Choleratoxin und Theophyllin. Es ist möglich, daß das Choleratoxin als Stimulationsreiz für die Adenylzyklase wirkt oder selbst eine Adenylzyklase-Aktivität besitzt.

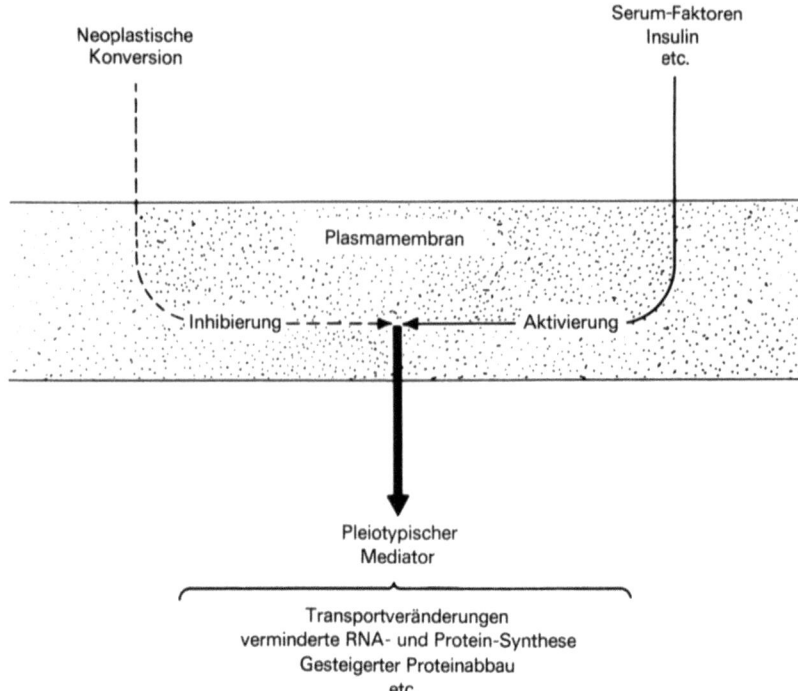

Abb. V. 5. Schema der pleiotypischen Membranantwort neoplastischer Zellen nach TOMPKINS u. Mitarb. [258]. Das Modell ist in vieler Hinsicht den Vorstellungen über den Andenylcyklase-Zyklus analog.

Ganz offensichtlich besitzt cAMP eine überragende biologische Bedeutung; es bleibt aber im Detail noch unklar, auf welchem Wege sie diese entfaltet. Eine wahrscheinliche Möglichkeit wäre, daß cAMP die funktionelle Wechselwirkungen zwischen verschiedenen Proteinen, einschließlich von Membranproteinen, begünstigt; in letzterem Falle würde ein noch weitgehenderer Verstärkungsfaktor eingeführt [550].

Aldosteron und verwandte Steroide binden an Rezeptoren, was dann eine DNA-abhängige RNA-Synthese bewirken; dies führt zur Bildung von Proteinen, die den Na^+-Transport über die Plasmamembran in verschiedenen Geweben stimulieren, vermutlich in einem Prozeß, der die Adenylzyklase beansprucht. Eine Hypothese [570] nimmt an, daß die aldosteron-induzierten Proteine als Permease wirken und den Na^+-Einstrom auf der mukösen Seite der Harnblase erleichtern. Die auffälligen und spezifischen Effekte verschiedener transport-steigernder Substrate werden als ein sekundäres Ereignis angesehen. Ein ähnlicher Mechanismus wurde zur Erklärung des Ionen-Transportes im Darm vorgeschlagen [111].

Rodbell et al. [496] haben gezeigt, daß das aus 29 Aminosäuren aufgebaute *Glukagon* spezifisch die Adenylzyklase in Präparationen von isolierten Leber-Galle-Grenzmembranen aktiviert. Des-Histidin-Glukagon (DH), d. h. Glukagon 2-29, aktiviert jedoch in isolierten Leber-Galle-Grenzmembranen und Fettzell-Membranen die Adenylzyklase nicht, sondern inhibiert die Wirkung des nativen Hormons auf diese Membranen [533]; DH verhindert die Bindung des nativen Hormons an seine Membran-Rezeptoren. Dagegen kommt es mit den amino-terminalen Fragmenten (Glukagon 1-21 oder Glukagon 1-24) und den carboxyl-terminalen Fragmenten (Glukagon 20-29 oder Glukagon 22-29) nicht zu einer kompetitiven Bindungshemmung für das natürliche Hormon, auch nicht zu einer Aktivierung der Adenylzyklase oder Inhibierung der Glukagonwirkung. Das apolare Segment 22-27, ebenso wie das aminoterminale Histidin ist an der Bindung des Hormons an die Membran beteiligt. Der Rezeptoranteil des Hormons wird durch Trypsinierung zerstört [53]. Die Bindung an die Leber-Zellmembranen wird durch Behandlung des Hormons mit Phospholipasen und Digitonin verhindert; entsprechend bleibt dann eine Aktivierung der Adenylzyklase aus [532]. Die Bindung ist merklich temperaturabhängig und wird auch durch 0.4 M Harnstoff verhindert. Alle diese Daten stehen im Einklang mit der Annahme einer apolaren Bindung, vermutlich an ein Membranprotein.

Die Bindungseigenschaften der *Gonadotropine* an Zellen in Suspensionen lassen sich ebenfalls mit der Annahme von Plasmamembran-Rezeptoren erklären [341, 546]. Die erste Wechselwirkung des Luteinisierungshormons (LH) und sensitiver Zellen findet an der Plasmamembran statt. Wie sich aus Radioimmunbestimmungen der ^{125}J-LH-Bindung [430] an isogene Leydig-Tumorzellen der Maus [345] ergeben hat, werden $5 \pm 1 \times 10^3$ Moleküle LH an eine Zelle gebunden; die Bindungskurve verläuft der Dosis-Wirkungs-Kurve parallel. Die Affinitätskonstante ist im Falle der Leydig-Tumorzellen dreißigmal höher als für Erythrocyten des gleichen Tieres; an Thymocyten wurde keine LH-Bindung festgestellt. Die Bindung des Hormons an die Plasmamembran aktiviert vermutlich auch die Adenylzyklase [622]; dies hat dann die vermehrte Testosteron-Produktion zur Folge.

Das antidiuretische Hormon *Vasopressin* erhöht im allgemeinen die Permeabilität von Epithelzell-Plasmamembranen für Wasser, Na^+-Ionen und kleine organische Moleküle [474]; dies erfolgt vermutlich über eine Erhöhung der intrazellulären cAMP-Konzentration. Vasopressin steigert ebenso, wie Theophyllin und cAMP den Na^+-Transport in Froschlurch-Epithelien [27, 697]. Vasopressin muß aber von der serösen Seite her angreifen und ruft dann vermutlich die Bildung von cAMP hervor; dies führt zu einem allgemein veränderten Permeabilitätsverhalten.

Oxytocin verhält sich ähnlich wie Vasopressin in Bezug auf die allgemeine Permeabilität, nicht aber auf den Na^+-Transport [70, 157]. Die Wirkung von cAMP auf die Harnblase hängt von der intrazellulären K^+-Konzentration ab [178]; der K^+-abhängige Schritt folgt der Bildung von cAMP nach.

Das *Wachstumshormon* und *Insulin* werden im Abschn. 1.4.4. dieses Kapitels besprochen.

1.4.3. Die Theorie des kooperativen Gitters von der Changeuxschen Arbeitsgruppe

Der hypothetische Mechanismus des Kooperativitäts-Modells ist zur Beschreibung des Verhaltens von Biomembranen insofern besonders geeignet, als die notwendigen Übergänge spontan und reversibel auftreten können. Zudem entspricht es wohlbekannten physikochemischen Mechanismen, wie sie von regulatorischen Proteinen her bekannt sind.

Das Kooperativitäts-Modell nimmt an, daß jede Untereinheit, oder „Protomer", des Systems in wenigstens zwei verschiedenen Struktur-Zuständen (R und S) vorkommt, und daß jeder Übergang $R \rightleftarrows S$ von dem Struktur-Zustand des nächsten Nachbarn abhängig ist; damit läßt sich nicht nur die Kooperativität der Membran, sondern auch die allgemein beobachtete Funktionsvielfalt erklären. Prinzipiell können diese funktionellen Untereinheiten entweder kleine oligomere Muster mit unregelmäßiger Verteilung darstellen, oder Teil eines Gitters mit homologen Assoziationen zwischen den benachbarten Molekülen sein. Wie CHANGEUX und seine Mitarbeiter gezeigt haben [60, 97, 98, 99], kann nur mit der letztgenannten Möglichkeit die abgestufte *und* die „alles-oder-nichts"-Antwort der Membran auf Umweltreize erklärt werden [674, 676, 677].

Eine genaue physikochemische Beschreibung eines solchen zweidimensionalen Gitter-Modells kann bisher aber noch nicht gegeben werden; CHANGEUX u. Mitarb. haben aber das „molekulare Feld" in der BRAGG-WILLIAMS-Annäherung verwendet, um eine angenäherte, brauchbare Handhabung dieses Problems auf physikochemischer Grundlage zu ermöglichen.

Die Abb. V. 6. gibt die CHANGEUXschen Vorstellungen schematisch wieder. Sie zeigt, daß jede Untereinheit in mindestens zwei strukturellen Zustandsformen, R und S, vorliegen kann, die miteinander in einem Gleichgewicht stehen.

$$R \rightleftarrows S \qquad (1)$$

Weiterhin kann man annehmen, daß diese beiden Zustände für einen gegebenen Liganden unterschiedliche Affinitäten besitzen:

$$R + L \longrightarrow RL \quad ; \quad K_R \qquad (2)$$

$$S + L \longrightarrow SL \quad ; \quad K_S \qquad (3)$$

Dabei sind K_R und K_S die „Gesamt"-Dissoziationskonstanten.

Im Falle von Membranen, bei denen durch Reizung Permeabilitätsveränderungen hervorgerufen werden, können diese Liganden Aktivatoren und Inhibitoren sein. Beide werden durch komplementäre Rezeptoren erkannt; in einer Reihe von Fällen konnte gezeigt werden, daß diese Rezeptoren stereospezifisch gebaut sind und vermutlich Proteine darstellen. Eine definierte Permeabilitätsänderung ist charakteristisch für die Wirkung eines bestimmten Aktivators auf eine spezielle Plasmamembran; es besteht aber keine notwendige Korrelation der chemischen Struktur des Aktivators und der resultierenden Wirkung.

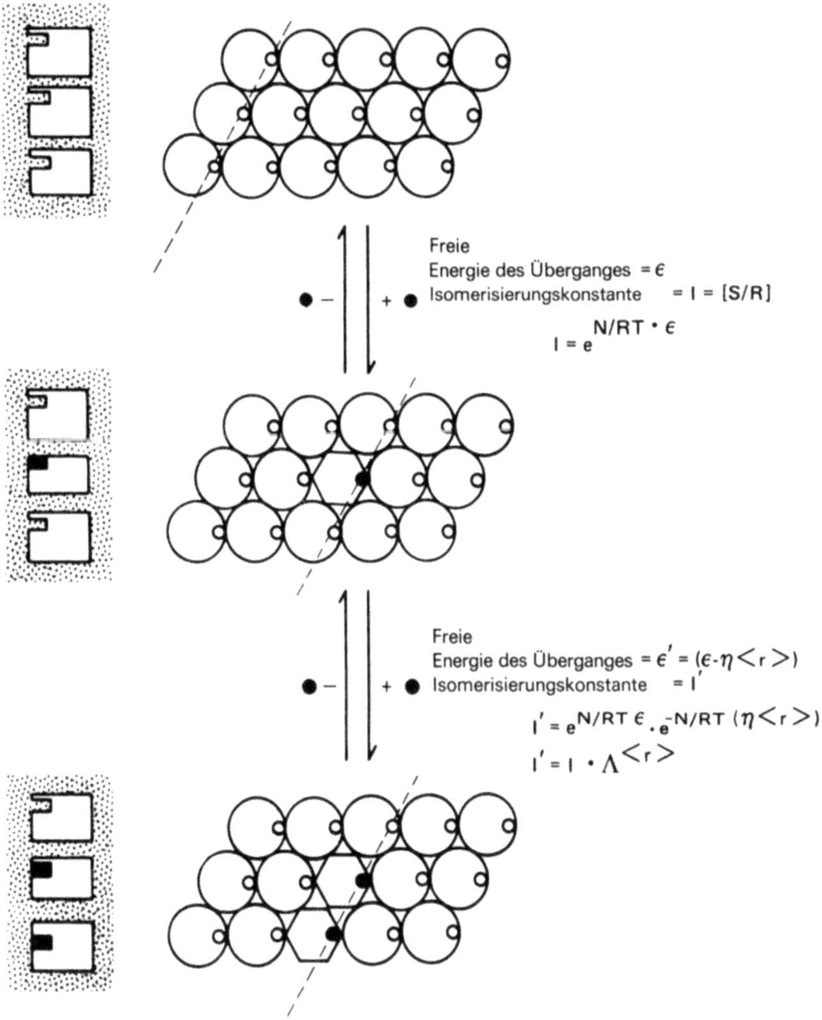

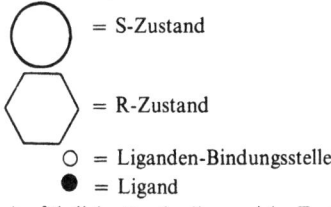

Abb. V.6. Strukturelle Übergänge und Liganden-Bindung an einem Membrangitter. Linke Bildseite: Querschnitt; rechte Bildseite: Oberflächenansicht.

◯ = S-Zustand

⬡ = R-Zustand

○ = Liganden-Bindungsstelle
● = Ligand

Ausführliche Beschreibung siehe Text.

Betrachten wir zunächst den Übergang einer Untereinheit S des Gitters in den R-Zustand, wenn sich alle anderen Untereinheiten im S-Zustand befinden. Die freie Energie dieser Zustandsänderung ε und die Isomerisierungskonstante des Überganges $I = (S/R)$ stehen in der folgenden Beziehung zueinander:

$$I = e^{\frac{N}{R \cdot T} \cdot \varepsilon} \qquad (4)$$

Dabei ist: R = Gaskonstante; N = AVOGADROsche Zahl; T = absolute Temperatur.

Die Situation ist völlig verändert, wenn bei einem solchen $(S \rightarrow R)$-Übergang das Gitter bereits eine Anzahl von Untereinheiten im R-Zustand besitzt. In diesem Falle ist die freie Energie des Überganges ε' eine Funktion des Anteiles $[r]$ der sich bereits im R-Zustand befindet. Dann gilt:

$$\varepsilon' = (\varepsilon - \eta\,[r]) \qquad (5)$$

wobei η ein Maß für die Energie der Wechselwirkung zwischen zwei benachbarten Untereinheiten darstellt. Die Isomerisierungskonstante I' ist dann:

$$I' = e^{\frac{N}{R \cdot T} \cdot \varepsilon} \cdot e^{-\frac{N}{R \cdot T} \cdot (\eta\,[r])} \qquad (6)$$

oder

$$I' = I \cdot \Lambda^{[r]} \qquad (7)$$

Dabei stellt Λ ein Parameter der Kooperativität dar. Ist $\Lambda = 1$ besteht keine Kooperativität; abnehmende Werte von Λ zeigen eine zunehmende positive Wechselwirkung an.

Numerische Berechnungen der obigen Gleichungen ergeben eine Zustandsfunktion $[r]$ und eine Bindungsfunktion $[y]$ in Abhängigkeit von $\alpha = [L]/K_R$ für verschiedene Werte von Λ mit $[r]$ als Anteil der Untereinheiten im R-Zustand und $[y]$ als Anteil der Untereinheiten, die mit dem Liganden L eine Bindung eingegangen sind, wobei $[L]$ die Konzentration des Liganden angibt. Solche Kurven mit verschiedenen Werten für Λ geben die Abbildungen V.7. und V.8. wieder. Bei einer geringen Kooperativität ähnelt die Kurve $[y]$ gegen $[L]/K_R$ der sigmoidalen Sauerstoffbindungskurve des Hämoglobins, doch liegen die Kurven von $[r]$ und $[y]$ nicht parallel. Weiterhin ist $[r] \neq 0$ bei $[L] = 0$. Dies hat seinen Grund in der getroffenen Voraussetzung, daß ein Gleichgewicht $R \rightleftharpoons S$ auch ohne Bindung eines Liganden L vorliegen kann. Darin unterscheidet sich das CHANGEUXsche Modell von anderen

Vorstellungen, die annehmen, daß ein solcher $S \rightarrow R$-Übergang erst bei der Bindung eines Liganden erfolgt („induced fit models").

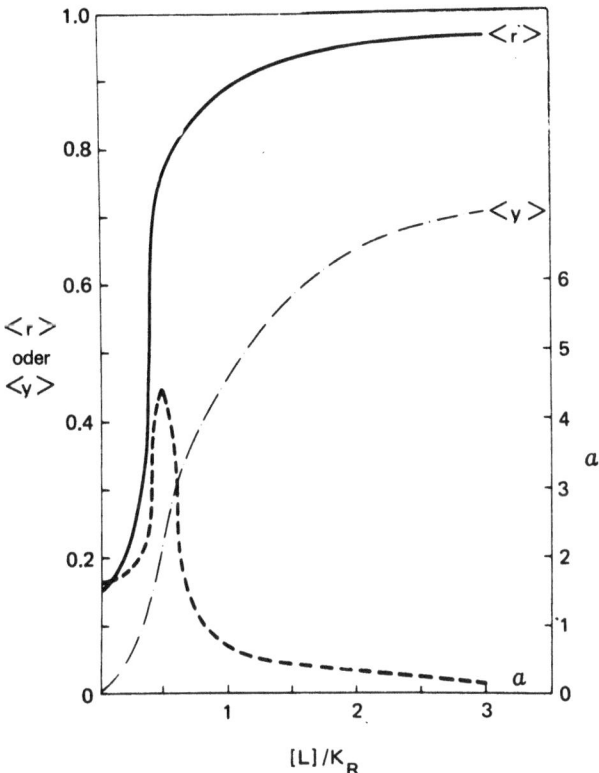

Abb. V. 7. Zustands-Funktion $[r]$, Bindungsfunktion $[y]$ und Verstärkung $a(\alpha)$ als Funktion der Ligandenkonzentration $[L]$ in einem mäßig kooperativen Membrangitter. K_R ist eine Konstante (Nähere Beschreibung siehe Text).
Der Kurvenverlauf von $[r]$ und $[y]$ gegen $[L]/K_R$ wurde mittels elektronischer Datenverarbeitungsanlagen für viele Werte von Λ und I' berechnet. Die resultierenden Kurven bestätigen die Ergebnisse von CHANGEUX u. Mitarb. Die Wiedergegebenen Kurven sind die beste Illustration der beteiligten Prinzipien und zeigen die Parameter, die denen von CHANGEUX und THIERY [98] weitgehend ähneln. Gleiches gilt auch für die Kurven der Abb. V. 8. (Nach [676])

Der unabhängige Kurvenverlauf von $[r]$ und $[y]$ beinhaltet auch, daß bei bestimmten Konzentrationen von L geringe Veränderungen des Gleichgewichtes $R \rightleftharpoons S$, die Bindung oder Freisetzung großer Mengen des Liganden L hervorrufen, bzw. umgekehrt geringe Veränderungen

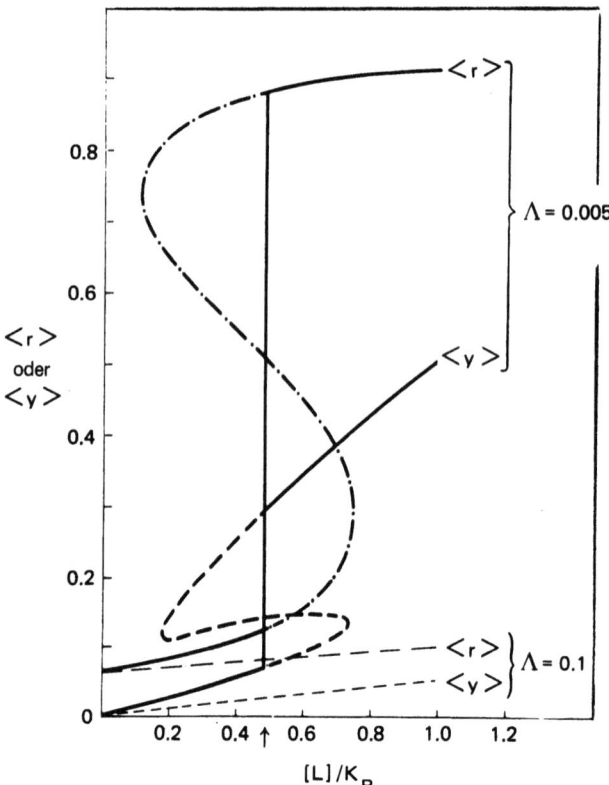

Abb. V. 8. Zustandsfunktion $\langle r \rangle$ und Bindungsfunktion $\langle y \rangle$ in Abhängigkeit von der Ligandenkonzentration $[L]$ in einem stark kooperativen Gitter; dabei zeigt sich die mögliche „alles-oder-nichts"-Antwort bei kritischen Werten von $[L]$; K_R ist eine Konstante (Nähere Beschreibung siehe Text). (Nach [676])

in der Bindung des Liganden L sehr drastische Veränderungen des Gleichgewichtes $R \rightleftharpoons S$ bewirken können. Eine solche „Verstärkung" zeigt das Diagramm der Abbildung V.7.; hierbei läßt sich nach CHANGEUX et al. [98] ein Verstärkungsfaktor $a(\alpha)$ definieren:

$$a(\alpha) = \frac{1}{r_{max} - r_{min}} \cdot \frac{\vartheta[r]}{\vartheta[y]} \qquad (8)$$

wobei $\alpha = [L]/k_R$ und k_R die „mikroskopische" Dissoziationskonstante des R-Zustandes für einen gebundenen Liganden ist. Der Verstärkungsfaktor durchläuft ein scharfes Maximum bei einem definierten Wert für [L], so daß geringfügig kleinere Konzentrationen als „Gleichgewichts"-Konzentrationen angesehen werden können.

Für einen charakteristischen Wert für α erreicht die Verstärkung ein Maximum bei α_n: an diesem speziellen Punkt ist der Anteil der Protomere, die eine Zustandsänderung durchlaufen wesentlich größer als der Anteil der Protomere, die einen Liganden binden. Bei $\alpha < 1$ ist der Anteil der Protomere, die einer Zustandsänderung unterliegen kleiner als die Zahl der Protomere, die einen Liganden binden.

Das Maximum der Verstärkung kann sehr groß werden: bei bestimmten Werten für die Parameter nähert sich die Verstärkung einem unendlichen Wert.

Bei hoher Kooperativität, d.h. bei kleinem Λ und Verstärkungswerten nahe ∞ (bei entsprechenden Daten für [L]/K_R) kann das System einen metastabilen Zustand erreichen (s. Abb. V.8.). Dann kann eine sehr geringe Veränderung von [L], d.h. die Bindung von geringsten Mengen von L, das ganze Membrangitter perturbieren, was infolge der äquivalenten Assoziation der Protomere zu einer völligen Veränderung der Membranstruktur führt.

Das Ausmaß einer solchen Veränderung hängt von den Werten [L], K_R und Λ ab. [L] wird im stationären Zustand sowohl von internen, wie auch von externen Kontrollmechanismen geregelt, z.B. durch genetische und enzymatische Prozesse oder durch ein regulatorisches Hormon, das die Bildungs- und/oder Abbaurate von L beeinflußt. Schließlich können Prozesse, die nicht in der Membran lokalisiert sind, einen solchen Spiegel von [L] aufrechterhalten, daß bereits minimale Veränderungen als Folge biologischer Prozesse drastische Zustandsänderungen hervorrufen.

1.4.4. Konformations-Übergänge in der Membran

Die wesentlichste Voraussetzung für die Theorie des kooperativen Membran-Gitters sind Strukturveränderungen von Membranuntereinheiten, wenn entsprechende biologische Bedingungen gegeben sind. Man hat heute triftige Hinweise dafür, daß es bei solchen Wechselwirkungen zwischen Membranen und Liganden und/oder metabolischen Reaktionen auf der Membranoberfläche zu Konformationsänderungen der Proteine komme. Als wesentlichste Beispiele dafür seien angeführt:

1. Bei der Reaktion von Wachstumshormon mit Erythrocytenmembranen kommt es zur Veränderung der Proteinfluoreszenz und des Zirkulardichroismus [595, 596].
2. Die ATP-Hydrolyse an Erythrocytenmembranen ist von erheblichen Veränderungen der IR-Spektren begleitet [676].

3. Die Veränderung der NMR-Spektren des an Erythrocytenmembranen gebundenen Benzylalkohols, wenn diese lysieren [416].

Obwohl diese Daten noch fragmentarischer Natur sind, so bilden sie doch eine gute Basis für eine Arbeitshypothese für die theoretischen und experimentellen Ansätze auf diesem Gebiet. Man kann annehmen, daß ein Protomer mindestens einen Rezeptor für jeden spezifischen Liganden trägt und in mindestens zwei reversiblen Konformationen vorkommt. Weiterhin verändert sich die Affinität eines oder mehrerer Rezeptoren, wenn der Konformationsübergang stattfindet.

Die Interpretation von experimentellen Ergebnissen im Lichte der Theorie des kooperativen Gitters erfordert die Verbindung der beobachteten funktionellen Membran-Antwort auf einen biologischen Reiz hin, mit den postulierten Konformations-Übergängen der Membran-Protomere. Zum Beispiel sollte sich die Zahl, die Größe oder die Form von spezifischen Poren, Kanälen oder Bindungsgruppen von Ionen mit der Konformationsänderung bei der elektrischen Reizung eines Nerven ändern. In jedem Falle sollte die Membran-Antwort auf eine Reizung hin mit dem Anteil der Protomere, die einer Konformationsänderung unterliegen, korreliert werden können.[1]

Verschiedene biologisch wirksame Agentien bewirken an der Membran eine echte kooperative Antwort.

1.4.4.1. Wachstumshormon

Jüngere Untersuchungen legen den Schluß nahe, daß das Wachstumshormon die Struktur der Membran ganz wesentlich verändert. Zunächst konnte SONENBERG [595, 596] einen 25%igen Abfall der mittleren polaren Elliptizität der menschlichen Erythrocyten-Membranproteine, unter gleichzeitigem Ausschluß von Lichtstreuungs-Artefakten, nachweisen; er zeigte auch, daß dieser Vorgang spezies-spezifisch ist. Er konnte weiterhin zeigen, daß die Intensität und die Polarisation der Tryptophan-Fluoreszenz der Membranproteine drastisch abnehmen; auch dieser Prozeß ist spezies-spezifisch. Beide Phänomene treten bereits bei einer Bindung von nur 60 bis 170 Hormonmolekülen pro Zelle auf. Seine Daten lassen sich eher durch einen massiven „Verstärker"-Mechanismus und/oder eine ausgeprägte kooperative Membranperturbation erklären, als mit der Annahme einer indirekten Koppelung.

---

[1] Je nach Wirkungsmechanismus an der Membran kann zwischen Aktivatoren, die eine Membranantwort hervorrufen, und Inhibitoren, die diese Antwort blockieren, unterschieden werden.

1.4.4.2. Insulin

Die direkte Wirkung von Insulin auf die Membran hat CUATRECASAS [130, 131] nachgewiesen. Über die freie Aminogruppe der aminoterminalen Aminosäure der β-Kette oder der ε-Aminogruppe des Lysins der β-Kette band er das Hormon kovalent an Sepharose. Die Partikel mit einem Durchmesser von 60 bis 300 Mikron sind größer als die in dem Experiment verwendeten Fettzellen (Durchmesser 50 bis 100 Mikron) und können deshalb nicht in die Adipocyten eindringen; letzteres wurde durch die Verwendung von ^{14}C-markierter Sepharose nachgewiesen. Partikel-gebundenes Insulin hat die gleiche Zusammensetzung wie natives Insulin, dissoziiert nicht von der Sepharose, besitzt aber dennoch die gleiche biologische Wirksamkeit wie natives Insulin. Dies konnte durch Messung des Glukose-Umsatzes und der Lipidolyse nach Zugabe von Dexamethason/Wachstumhormon, Aminophyllin und ACTH nachgewiesen werden. Auch die notwendigen Konzentrationen, die Kinetik des Glukose-Umsatzes, ebenso wie die Maximal-Wirkung entsprachen dem des normalen Insulin. Anti-Insulin hemmt die Wirkung des partikelgebundenen Insulins völlig.

Diese Untersuchungen unterstützen die Ansicht, daß die metabolische Wirkung des Insulins über spezifische Wechselwirkungen des Hormons mit Membran-Rezeptoren erfolgt.

1.4.5. Elektrisch erregbare Membranen

HILL [261] und auch CHANGEUX et al. haben die Theorie des kooperativen Gitters auf elektrisch erregbare Membranen ausgedehnt. HILL hat dieser Theorie die Hypothese hinzugefügt, daß eine der beiden Zustandsformen der Protomere stärker polarisierbar ist, und daß das elektrische Feld das Gleichgewicht zu Gunsten dieser stärker polarisierten Zustandsform verschiebt. CHANGEUX u. Mitarb. betrachten die Antwort einer erregbaren Membran als eine integrale und wesentliche Eigenschaft der Membran. Diese Ansicht kann bei den regulatorischen Enzymen getestet werden, bei denen kooperative Effekte eine intakte Quartärstruktur des Enzyms voraussetzen; d. h. das allosterische Oligomer ist eine „kooperative Einheit", die aus mehreren Untereinheiten, die man im allgemeinen voneinander trennen kann, aufgebaut ist. Die Eigenschaften intakter Membranen als Ganzes unterscheiden sich jedoch vollständig von denen der einzelnen Komponenten; bisher gibt es keine Möglichkeit den Beitrag einer isolierten Untereinheit an dem Membrangitter zu erkennen; der Zusammenhang zwischen strukturellen und elektrischen

Veränderungen an intakten Membranen kann wohl nicht unabhängig voneinander untersucht werden.

In der Hypothese von den in zwei Zustandsformen vorliegenden Protomeren, tritt die Zustandsänderung auf der Ebene der Untereinheiten auf. Die Gesamt-Antwort erfordert aber auch die Annahme einer Änderung der statistischen Verteilung der Protomere. Die Hypothese beinhaltet deshalb ein weites Spektrum kooperativer Effekte, die sowohl proportionale, wie auch „alles-oder-nichts"-Reaktionen umfassen.

Um die funktionellen Besonderheiten der elektrischen Eigenschaften eines Nerven im Lichte ihrer eigenen allgemeinen Hypothese zu interpretieren, haben CHANGEUX u. Mitarb. diese Hypothese erweitert. Die primären Erkennungsorte für Aktivatoren und permeable Ionen sind distinkte Bestandteile struktureller Elemente mit starken Wechselwirkungen untereinander: der makromolekulare Rezeptor für den Aktivator und der biologische Ionenträger.

1.4.5.1. Chemische Reizung

Das selektive Verhalten von Membranen gegenüber Ionen und der Wechsel dieser Eigenschaften bei erregbaren Membranen erfordert die Anwesenheit von Strukturelementen, die diese Ionen voneinander unterscheiden und sie durch Membranen, entgegen dem elektrochemischen Gradienten, transportieren können: biologische Ionophorese (Ionenträger). Man kennt viele Modell-Ionophore, z. B. Peptid-Antibiotika und verwandte zyklische Verbindungen [108, 431]. Diese Ionophore unterscheiden zwischen sehr ähnlichen Kationen entsprechend deren nicht-hydratisierten Ionenradien; es ist wahrscheinlich, daß ähnliche Transportelemente möglicherweise an Makromoleküle gebunden auch in biologischen Membranen vorkommen. CHANGEUX u. Mitarb. nehmen an, daß sich dieser, an Ionophore gebundene Ionentransport durch die Reizung ändert. Sie betrachten diese Art von Ionophoren als veränderlich in dem Sinn, daß sie ebenso wie andere Protomere der Membran in zwei miteinander in einem reversiblen Gleichgewicht stehenden Zustandsformen vorkommen: eine für den ruhenden Zustand, der andere unter den Bedingungen der elektrischen Erregung. Diese beiden Formen unterscheiden sich voneinander entweder in bezug auf ihre Selektivität und Affinität für permeable Ionen und/oder der Transportgeschwindigkeit für diese Ionen. Solche Ionophore sind im aktivierten Zustand im allgemeinen vermehrt permeabel und weniger selektiv als im ruhenden Zustand.

Bei einer chemischen Reizung werden Aktivatoren und Ionen durch makromolekulare Rezeptoren erkannt; dadurch wird dann die folgende

Reaktionskette ausgelöst:

Rezeptor → Kopplung → Aktivierungs- → Ionophor-
mechanismus Transport

CHANGEUX schlägt vor, daß es sich dabei um eine indirekte Koppelung handelt, ähnlich dem allosterischen Übergang der durch regulatorische Enzyme hervorgerufen wird.

1.4.5.2. Elektrische Reizung

Die elektrische Reizung von Membranen ist ein wesentlich komplexerer Vorgang, der auf der Basis einer kooperativen Strukturänderung eines ganzen Satzes von Ionophoren erklärt werden kann. Dieser Übergang wird durch die Ionenkonzentration in der äußeren Grenzschicht der Membran, die diese von der übrigen Umgebung trennt, kontrolliert. Nach dieser Auffassung würde das permeable Ion seine eigene Permeabilität regeln. Entsprechend dem elektrochemischen Gradienten über die Membranen können einzelne Instabilitäten entstehen [60] und eine „alles-oder-nichts"-Antwort würde den Übergang der gesamten Membran zwischen zwei stabilen Zuständen über solche lokale Instabilitäten darstellen.

Der makromolekulare Rezeptor und der Ionenträger können entweder in verschiedenen Polypeptidketten lokalisiert sein, oder sie stellen verschiedene Teile der gleichen Polypeptidkette dar. Die Koppelung zwischen Aktivator und dem permeablen Ion wird durch einen Konformations-Übergang des den Aktivator bindenden Protomers bewirkt. Im Zustand gesteigerter Permeabilität besitzt der makromolekulare Rezeptor eine höhere Affinität für den Aktivator und wird durch diesen stabilisiert; im Zustand geringerer Permeabilität besitzt er eine dementsprechend geringere Affinität und wird durch verschiedene Hemmstoffe stabilisiert. Die Affinität des Ionophors betrachtet man während der ganzen Strukturveränderung als konstant. Wie in dem allgemeinen Fall funktioneller Wechselwirkungen können Protomere in kooperative Wechselwirkung treten.

Allgemein kann man bezüglich der Membranvorgänge bei elektrischer Reizung eines Neurons folgendes feststellen:

1. Die Reizung verschiebt das Strukturgleichgewicht von der Ruhestruktur zur aktivierten Struktur, da der Aktivator vornehmlich an die aktivierte Struktur bindet. Unvollständige Strukturübergänge infolge einer nicht ausschließlichen Bindung des Aktivators an den einen der beiden Zustände führen zu unterschiedlichen maximalen Antworten oder

der Wirkung verschiedener Effektoren über den gleichen molekularen Mechanismus.

2. Die elektrische Leitfähigkeit steigt, das Membranpotential verhält sich unabhängig (alternativ könnte man annehmen, daß die Strukturveränderung des Proteins zu keiner Ladungsveränderung führt).

3. Die sigmoidale Dosis-Wirkungs-Kurve spiegelt die strukturelle Kooperativität des Aktivator-Protomers wider; ein zweiter Aktivator oder Inhibitor, der an andere Stellen bindet, kann diesen Kurvenverlauf ändern.

4. Pharmaka können auf mindestens drei Ebenen in diesen Prozeß eingreifen: *a)* auf den Ionophor, d. h. sie können den Bindungsort der Ionen blockieren und so ihren Transport verhindern; *b)* Bindung von Pharmaka an die Rezeptoren für die Aktivatoren oder Inhibitoren; *c)* auf den Kopplungsmechanismus zwischen Rezeptor und Ionophor und zwischen den kooperativen Protomeren.

Der Kernpunkt der Hypothese ist die Koppelung von makromolekularen Rezeptoren und Ionophoren, die durch einen reversiblen Konformations-Übergang der Rezeptoren bewirkt wird. Es sollte möglich sein, solche hypothetischen Übergänge zu definieren. Als Modell für solche Übergänge können die wohlbekannten Konformations-Änderungen verschiedener regulatorischer Enzyme infolge der Einwirkung spezifischer Effektoren (z. B. auch Hämoglobin [428]) gelten.

1.4.5.3. Transport und Kooperativität

CHANGEUX et al. [97] haben eine Hypothese aufgestellt, die alle wesentlichen Eigenschaften erregbarer Membranen erklärt; dabei haben sie eine Reihe realistischer physikalischer Annahmen gemacht. Sie haben ihre Theorie von dem Verhalten regulatorischer Enzyme abgeleitet, doch zwei Eigenschaften biologischer Membranen berücksichtigt:

1. Membranen sind in molekularer Größenordnung ein zweidimensionales unendliches Gitter.

2. Die Umgebung der Membranen ist „*in vivo*" asymmetrisch; die elektrische Erregung hängt von dieser Asymmetrie ab, und wird von ihr kontrolliert.

Daraus schließen diese Autoren:

1. Membranen sind offene isothermische Gitter zwischen zwei Phasen mit unterschiedlichen elektrochemischen Potentialen und einer entsprechenden ungleichen passiven Permeabilität.

2. Dieses Gitter enthält äquivalente verschiedenartige Ionophore, die jeweils mindestens zwei spezifische Reaktionsorte für das entsprechende permeable Ion haben: einen auf der inneren und einen auf der

äußeren Plasmamembran-Oberfläche. Das permeable Ion bindet und permeiert am Ort der Ionophore; letzteres geschieht durch einen „Sprung" von der einen zu der anderen Art der spezifischen Reaktionsorte.

3. Im Gegensatz zur chemischen Reizung verändert sich sowohl die Bindung, als auch die Permeabilität im Laufe der Konformationsänderung der Ionophore. Auf diese Weise reguliert das permeable Ion seine eigene Permeabilität.

4. Zwischen den Ionophoren im Membrangitter treten kooperative Wechselwirkungen auf; dies erfolgt über die strukturelle Koppelung zwischen den benachbarten Protomeren. Der die Ionophore tragende Anteil des Membrangitters muß nicht kontinuierlich sein, sondern kann auch in einem verteilten Muster vorliegen, vorausgesetzt, daß die Verteilung dieser Muster dicht genug ist.

5. Auf beiden Seiten der Membran befindet sich eine „Gleichgewichts"-Schicht, in der sich die Diffusionsfähigkeit der Ionen von der auf beiden Seiten der Membran außerhalb dieser Schicht unterscheidet. Die Konzentration der Liganden in dieser Schicht ist von den folgenden Faktoren abhängig: der Absorptionsgeschwindigkeit an der Membranoberfläche, der Transportgeschwindigkeit durch die Membran und dem Diffusionszufluß aus dem umgebenden Medium.

Die drei folgenden Annahmen sind zur Deutung der elektrischen Erregbarkeit notwendig:

1. Eine Änderung der Affinität des permeablen Ions während des strukturellen Überganges des Ionophors.

2. Die Notwendigkeit einer kooperativen Wechselwirkung zwischen den die Ionophoren tragenden Protomeren.

3. Die Existenz von asymmetrischen „Gleichgewichts"-Schichten, die möglicherweise mit den GOUY-CHAPMAN-Grenzschichten in Beziehung stehen.

Entsprechend können vier Gleichungen abgeleitet werden, um das Verhalten des Membransystems bei Veränderung der Ionen-Verhältnisse in der Umgebung zu beschreiben. Zwei geben die Zeitabhängigkeit der Ligandenkonzentration auf der inneren und äußeren Gleichgewichts-Schicht an, eine beschreibt den Netto-Fluß über die Membran und die vierte gibt den Anteil der aktiven Protomere während des permeablen Zustandes an. Diese Hypothese läßt folgende Vorraussagen zu:

1. *Spezifität.* Das Ionophor trägt die selektive Ionenspezifität der Membran, vermutlich auf der Basis der nicht-hydratisierten Atomradien. Ionen können jedoch auch binden ohne zu permeieren; einige Liganden kontrollieren vielleicht die Ionen-Translokation durch die Bindung an die allosterischen Rezeptoren auf diesem Ionophor-Molekül.

2. *Potential- und Leitfähigkeitsverhalten.* Die Hypothese fordert Regionen mit negativer Leitfähigkeit und variablen Potentialgradienten. Solche Strom-/Spannungsbedingungen sind von verschiedenen biologischen Präparationen her wohl bekannt. In Regionen mit negativer Leitfähigkeit hat die Zustandsfunktion $[r]$ eine vom Potential abhängigen sigmoidalen Verlauf. Die Existenz solcher Regionen mit negativer Permeabilität leitet sich von der Annahme der asymmetrischen Umgebung und der kooperativen Wechselwirkung zwischen Ionophoren ab.

3. *Instabilität.* Die Hypothese sagt mehrere Leitfähigkeitszustände für einen einzigen Potentialwert vorraus; dies ergibt sich vor allem aus der Annahme einer Reihe von Gleichgewichts-Schichten, von denen eine mit dem System nahezu in einem thermodynamischen Gleichgewicht steht, während sich eine andere in einem starken thermodynamischen Ungleichgewicht befindet. Diese beiden extremen Zustände sind stabil; ein dritter dagegen befindet sich in einem Übergangszustand. Entsprechend kann ein hinreichender Reiz, z. B. die Ionenkonzentration in den Gleichgewichtsschichten so verändern, daß ein Schwellenwert erreicht wird, der das System zum sprunghaften Übergang in einen anderen stabilen Zustand veranlaßt. Wie groß auch immer der Reiz über den notwendigen Schwellenwert liegt, die Amplitude des Überganges ist eine Konstante, d. h. die Reizantwort folgt dem „alles-oder-nichts"-Gesetz. Die Gleichgewichtsschichten und die kooperativen Wechselwirkungen zwischen Ionophoren können flüchtige Instabilitäten über Rückkoppelungsmechanismen oder autokatalytischen Mechanismen zulassen. Die Struktur-Übergänge müssen nicht so scharf sein wie in den Modellen, die für eine Ionentranslokation keinen Übergang annehmen. So ist für das Verständnis flüchtiger Instabilitäten die Kooperativität zwischen oligomeren Strukturen ausreichend; die Annahme einer durchgehenden Gitterstruktur ist dafür nicht notwendig.

4. Die fundamentale Annahme dieser Hypothese ist die strukturelle Kooperativität zwischen Ionophoren. Eine Alternative ist die Annahme „kollektiver" Effekte. Diese hätten ihren Ursprung in einer über größere Entfernungen wirkenden indirekten Koppelung. Indes wäre bei einer solchen elektrischen Koppelung die auftretende Kooperativität eine Funktion des absoluten Potentials und würde nicht in Abhängigkeit von dem jeweils transportierten Ion stehen; dies trifft aber für biologische Membranen nicht zu.

Letztlich kann dieses Problem nur bei Kenntnis der chemischen Struktur, der Art der strukturellen Übergänge und der Beziehungen der Ionophore zu anderen Membrankomponenten geklärt werden. Es ist aber wahrscheinlich, daß alle Moleküle, die eine solche biologische Spezifität tragen, Proteine sind.

1.4.6. Kodierung der Membran-Oberfläche

Die Plasmamembran tierischer Zellen stellt nicht nur eine Grenze zwischen verschiedenen Phasen dar, sondern sie ist auch der Ort sozialer Wechselwirkungen der Zellen untereinander. Dies führt zum Aufbau normaler Gewebestrukturen; ihre Entartung führt zur Neoplasie (s. Kap. VI, Abschn. 2.3.). Es ist deshalb unumgänglich einen zeitabhängigen Kode zur Oberflächenerkennung für die Differenzierung von Geweben während der Entwicklung und der Regeneration anzunehmen. Die Organisation des neuronalen Netzes des Gehirns ist vor allem wegen der hervortretenden Zeitabhängigkeit ein exzellentes Beispiel dafür.

Die Zahl der Neuronen und ihre spezifischen Verbindungen untereinander ist wesentlich zu groß um individuell durch spezifische Proteine determiniert zu werden. Die notwendigen Mengen an DNA, die diese Proteine kodieren müßten, liegt um einige Größenordnungen über der einer befruchteten Eizelle. Die Annahme zusätzlicher Kodierungs-Mechanismen für das soziale Verhalten während der Differenzierung ist deshalb notwendig. Einen vernünftigen Ansatz für dieses Problem liefert das Konzept von BOYSE (s. Kap. IV, Abschn. 2.2.1.), das folgende Annahmen macht:

1. Die Stabilität von Zell-Zell-Assoziationen liegt an der Affinität der Zelloberflächen.

2. Die Induvidualität der Zelloberflächen hat ihren Ursprung in „Kodierungs-Einheiten", die von Protomeren bestimmter Art gebildet werden; jede Kodierungs-Einheit entspricht einer definierten Kombination von Membran-Untereinheiten in der Ebene. Daraus folgt, daß die Affinität zwischen Membran-Oberflächen von ihrem Protomer-Gehalt und/oder -Anordnung abhängig ist.

Protomere können in der Membranebene eine vorbestimmte, fixierte Position einnehmen, d. h. es liegt ein geordneter Kode vor; sie können aber auch zufällig verteilt sein und so einen statistischen Kode darstellen. Da ein geordneter Kode nur von verschiedenen Protomeren gebildet werden kann, muß ein Mechanismus gefordert werden, durch den jede Kode-Einheit eine präzise Lokalisation erhält. Ein statistischer Kode hängt dagegen von der strukturellen Homologie der Membranproteine ab, die auch eine notwendige Vorraussetzung für das Zustandekommen regulärer Gitterstrukturen darstellen. Zell-Zell-Affinitäten würden dann von der Gesamt-Protomer-Zusammensetzung der betreffenden Gitter abhängen, woraus eine praktisch unbegrenzte Zahl verschiedener Kode-Einheiten resultiert. Der Einbau einer neuen Art von äquivalenten Struktur-Einheiten kann als Basis für viele Membrankrankheiten angenommen werden und wird für das Krebsproblem im Kap. VI, Abschn.

2. diskutiert. Ein solches Ereignis kann durch Mutation, durch ständige Modifizierung der ursprünglichen Einheiten oder durch die Bildung von neuen funktionellen Einheiten mit ungewöhnlichen Affinitäten (z. B. unter der Einwirkung von Viren) zustande kommen. In solchen Fällen läge ein kleiner distinkter Übergang von einem Gitter in ein anderes vor, das nur wenige Kode-Einheiten betrifft.

Obwohl hier nur beiläufig erwähnt, muß dem Kodierungsprozeß als dritte Dimension die Zeit zugeordnet werden; als Beispiel dafür kann man den in Kap. IV, Abschn. 5. aufgeführten Prozeß der Embryogenese des Gehirns aufführen. Die Gewebsdifferenzierung kann als asymmetrischer zeitabhängiger Prozeß von Oberflächen-Ungleichheiten zwischen verschiedenen Zellen angesehen werden. Jede Einheit eines Oberflächen-Kode würde sich von ihrem Partner auf anderen Zelloberflächen trennen. Eine solche Theorie stünde weitgehend im Einklang mit den neuen immunologischen Vorstellungen von BURNET und JERNE.

2. Modellmembranen

Interessante und nützliche Möglichkeiten für zahllose Probleme der Membranbiologie bietet das Studium von Modellmembranen. Es wurden viele geniale Methoden zur Herstellung von künstlichen Membranen, mit denen Eigenschaften von Biomembranen simuliert werden können, entwickelt. Dieses umfangreiche Gebiet der Modellmembranen wurde verschiedentlich in Übersichtsarbeiten zusammenfassend dargestellt [33, 610, 643]. Die grundlegenden Möglichkeiten zur Darstellung solcher Modellmembranen sind in den Abb. V.9., V.10. und V.11. wiedergegeben. Die Untersuchung von Modellmembranen hat viele interessante Ergebnisse hervorgebracht (s. Tab. V.1.), doch selbst in dem gegenwärtigen, hochentwickelten Stadium dieser Forschungsrichtung ist die kritische Frage nach der allgemeinen Deutung dieser Untersuchungen für die realen Verhältnisse in den Biomembranen zu stellen. Alle künstlichen Membranen bestehen nämlich ausschließlich aus Lipiden und berücksichtigen in keiner Weise die Membranproteine. Aber gerade diese stellen die Hauptmasse von Biomembranen dar und verleihen diesen ihre spezifischen Eigenschaften. Wohl wurden Proteine, wie Albumin, Insulin, Antikörper u. a. an verschiedene künstliche Lipidmembranen absorbiert und die daraus resultierenden Veränderungen, sowie die chemischen und physikalischen Eigenschaften gemessen; doch müssen solche Experimente mit Membranproteinen durchgeführt werden, um eine biologische

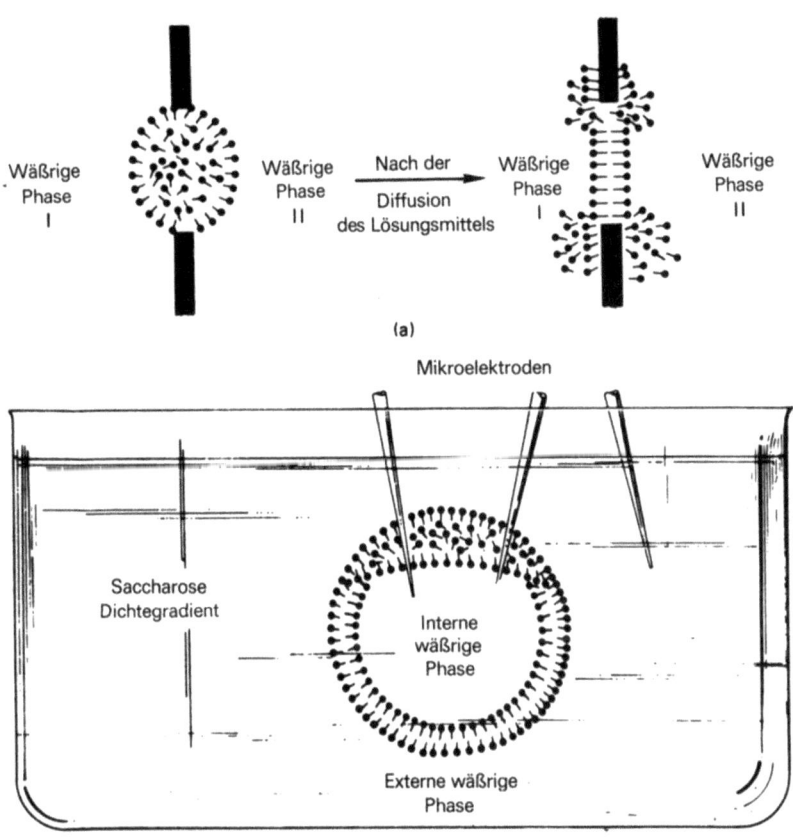

Abb. V. 9. Modellmembranen.

(a) Die klassische Technik zur Bildung von Lipid-Doppelschichten zwischen zwei wäßrigen Kompartimenten nach MÜLLER und RUDIN [431]. Ein Tropfen einer geeigneten Lipid-Lösung, normalerweise in Dodecan, und falls nötig unter Zusatz eines Antioxidans, wird in eine kleine Höhlung zwischen zwei wäßrigen Kompartimenten eingeführt. Nach Diffusion des Lösungsmittels bildet sich eine Doppelschicht in dieser Höhlung, außer an den Rändern. Diese Doppelschicht kann auf optischem Wege untersucht werden; ihre Permeabilitäts- und elektrischen Eigenschaften können in den beiden wäßrigen Phasen gemessen werden. Diese Modellmembran ist die vermutlich am weitesten benutzte künstliche Membran.

(b) Eine Variation zur Herstellung von Lipid-Doppelschichten, die eine größere Flexibilität der Handhabung erlaubt. Die sphärischen Lipid-Doppelschichten können in einem Sucrose-Gradienten komprimiert oder vergrößert werden; diese Technik erlaubt die Verwendung größerer Mengen von Material. Messungen der Permeabilität und der elektrischen Eigenschaften der Doppelschicht-Vesikel sind möglich [540].

(c) Eine einfache und wenig verwendete Methode zur Darstellung von Phospholipid-Doppelschichten oder Multischichten. Lösungen von reinen Phospholipiden in $CHCl_3$

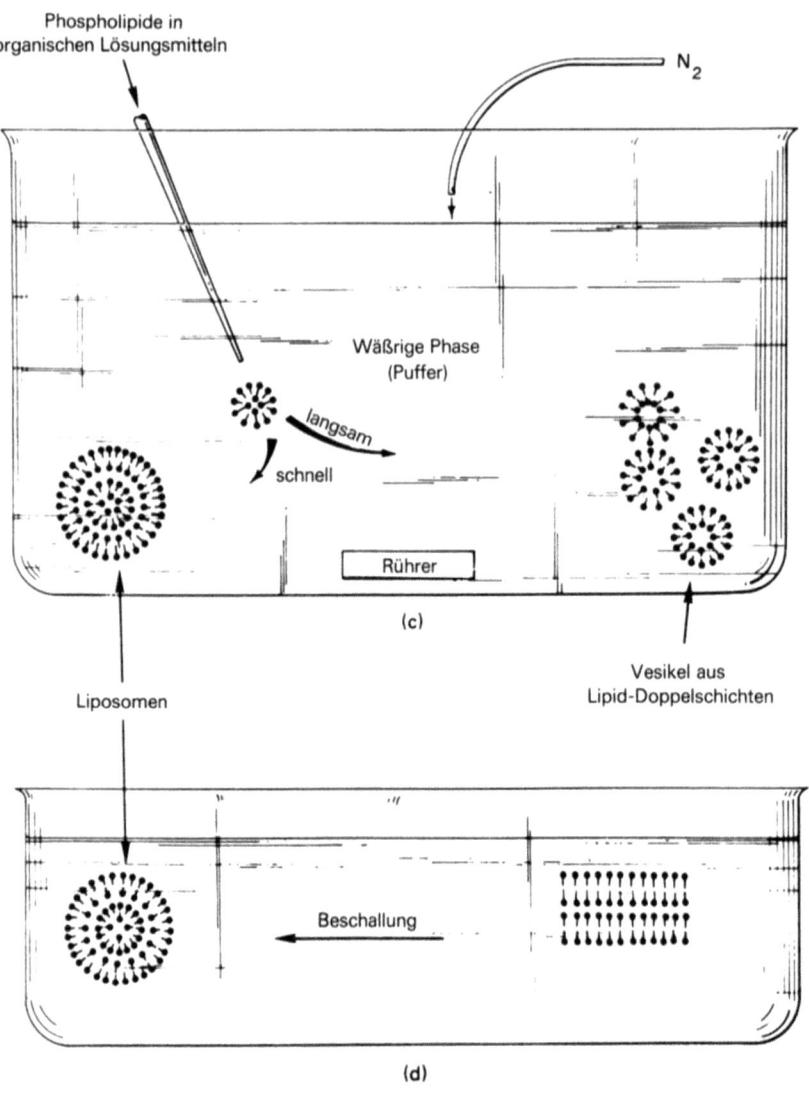

werden mittels einer automatischen Bürette in ein wäßriges Puffersystem unter ständigem Rühren und einem konstanten Durchfluß von Stickstoff injiziert. Bei langsamer Infusion, bei der die $CHCl_3$-Konzentration so gering bleibt, daß sich das Lipid-Lösungsmittel in dem wäßrigen Puffersystem löst, bilden sich kleine Vesikel. Bei schnellerer Infusion bilden sich multilamelläre Schichten („Liposomen") (D. F. H. WALLACH, unveröffentlicht).

(d) Herstellung von Vesikeln von Multischichten oder „Liposomen" [33]. Eine rohe Phospholipid-Dispersion wird durch Ultraschall weiter dispergiert. Dabei bilden sich multilamelläre Strukturen aus Phospholipid-Doppelschichten; das Suspensionsmittel befindet sich dann zwischen den Lamellen.

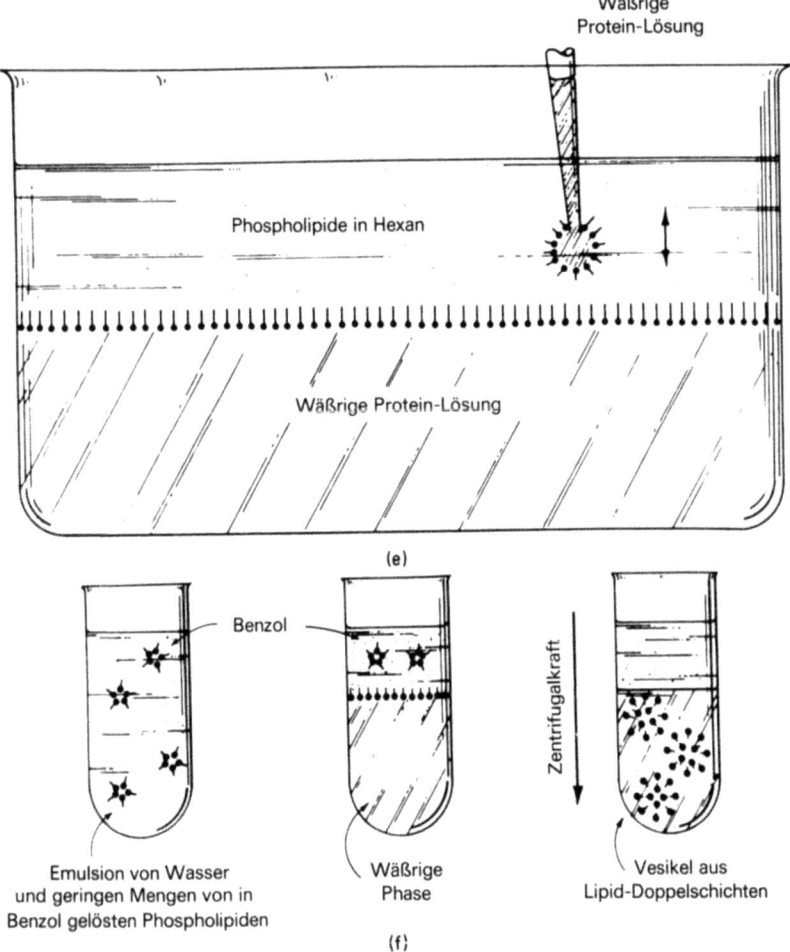

(e) Ein System zum Studium des Einflusses von Proteinen auf Lipid-Doppelschichten. Eine einzelne Phospholipidschicht wird an der Grenzfläche zwischen einer wäßrigen Proteinlösung und einer Hexan-Phospholipid-Lösung gebildet. Eine ähnliche Phospholipidschicht bildet sich um einen Tropfen der wäßrigen Proteinlösung an der Spitze einer Pipette innerhalb der Hexanschicht. Dieser Tropfen wird so nahe an die Hexan-Wasser-Grenzfläche gebracht, daß sich eine Lipid-Doppelschicht bildet. Die elektrischen Eigenschaften und die Permeabilität zwischen dem Tropfen und der wäßrigen Phase können gemessen werden. Dieses System kann dann von großer Bedeutung sein, wenn geeignete und native Membranproteine verwendet werden.

(f) Träubles Technik zur Herstellung von Vesikeln mit einheitlicher Lipid-Doppelschicht. Diese Technik bietet einige der Möglichkeiten die in (e) beschrieben sind, obwohl keine Mikropipetten verwendet werden können. Ähnliche Ansätze sind aber auch geeignet, wobei eine große Zahl einheitlicher Vesikel hergestellt werden können [550].

Signifikanz zu erreichen. Möglicherweise bieten die Ansätze von FROMM-HERZ [194] und ROMEO et al. [536] einen Fortschritt in dieser Richtung (s. Abb. V. 10. und V. 11.).

Alles in allem ist dies ein großes und hoch entwickeltes Forschungsgebiet, dessen Fortschritte aber so lange begrenzt bleiben müssen, bis es möglich ist Membranproteine in die Untersuchungen mit einzubeziehen.

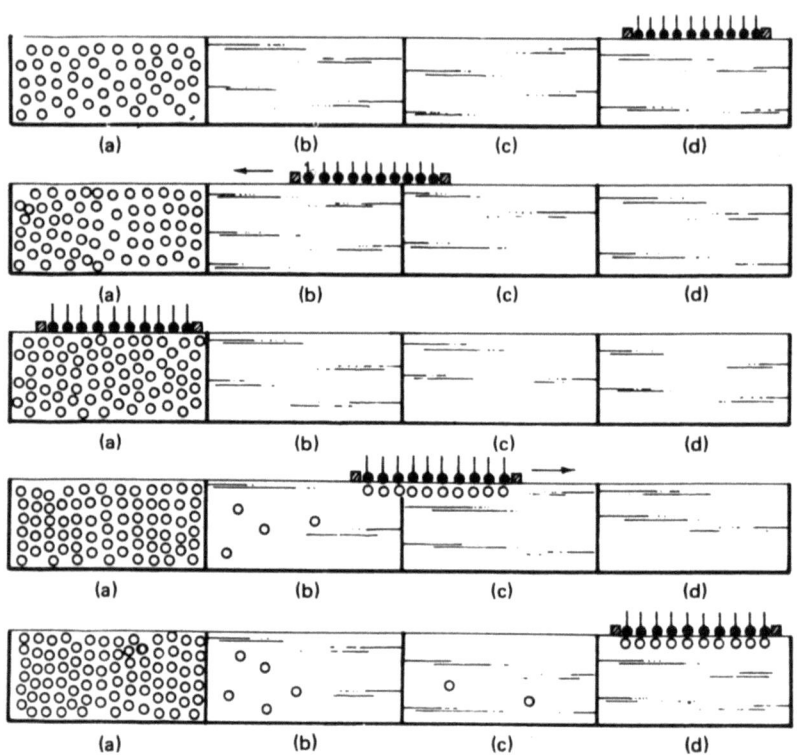

Abb. V. 10. Die Methode von FROMMHERZ [194] zur Absorption nativer Proteine an Phospholipid-Einzelschichten. Im obersten Bild wird in der Kammer (d) eine dicht gepackte Lipid-Einzelschicht an der Luft-Wasser-Grenzschicht gebildet; diese wird über die zwei rein wäßrigen Kompartimente (b) und (c) zu der Proteinlösung in Kompartiment (a) transferiert. Die Einzelschicht wird ohne Änderung der Oberflächenspannung, aber mit einer absorbierten Proteinschicht wieder in das Kompartiment (d) zurückbefördert und die lose gebundenen Proteine in den Kompartimenten (b) und (c) desorbiert; dabei entsteht eine intakte Lipid-Protein-Einzelschicht in Kompartiment (d). Durch Eintauchen einer geeigneten festen Oberfläche in diese komplexe Einzelschicht kann eine solche auf einen festen Träger einfach oder auch mehrfach aufgetragen werden; dabei können auf fester Unterlage Multischichten gebildet werden.

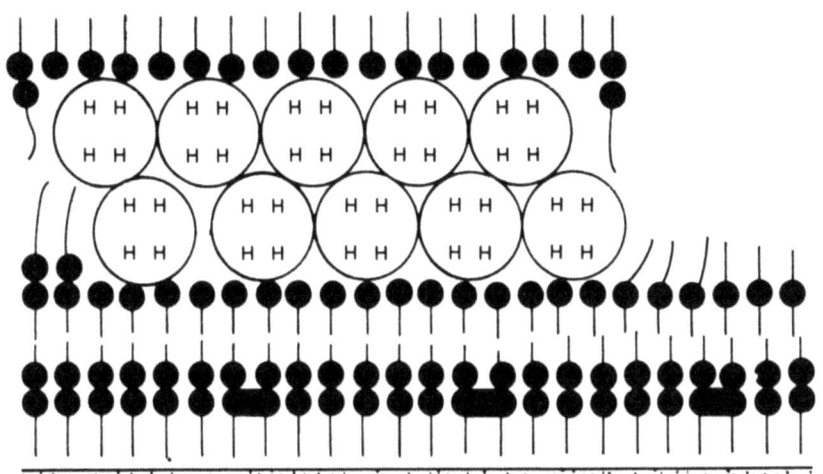

Abb. V. 11. Die Abbildung zeigt das Schema einer solchen Multischicht von Hämoprotein und Lipid, die mit der FROMMHERZ-Technik gebildet wurde.

H = Häm
🮲 = fluoreszierender Cyaninfarbstoff
● = Lipidmoleküle

Normalerweise fluoresziert der Farbstoff bei optischer Anregung; im Fall dieser Hämoprotein-Lipid-Multischichten wird die Emissionsenergie durch einen strahlungsfreien Übergang auf das Häm übertragen, das diese Energie als Wärme freisetzt (Fluoreszenz-Quenching). Da der Anteil der übertragenen Energie mit dem Abstand der Chromophore vom Häm variiert bietet dieses System die Möglichkeit den Abstand zwischen Lipid und Protein zu messen [194].

VI. Kapitel
Biologie und Pathologie der Plasmamembranen

1. Einleitung

An einer Reihe pathologischer Prozesse sind Plasmamembranen wesentlich beteiligt. In einigen Fällen, wie z.B. bei der Bleivergiftung, sind die biochemischen Mechanismen, die an der Plasmamembran angreifen, gut bekannt, während bei anderen pathologischen Veränderungen, z.B. bei den multiplen Defekten der Plasmamembranen von Krebszellen, unsere Kenntnisse rein deskriptiver Natur sind.

Die Membran ist aber auch bei einigen therapeutischen Maßnahmen, z.B. bei der Strahlentherapie und bei verschiedenen pharmazeutischen Agentien, primär beteiligt. Das große Gebiet der Wechselwirkungen zwischen Pharmazeutika und Plasmamembranen soll hier aber nicht abgehandelt werden (siehe dazu PORTER et al. [502]).

2. Neoplasien

2.1. Einleitung

Neoplasien sind durch eine verwirrende Vielfalt von Membranveränderungen charakterisiert. Die Beteiligung der Plasmamembranen in einem solch fundamentalen biologischen Prozeß, wie ihn die maligne Entartung einer Zelle darstellt, ist seit langem erkannt worden [117, 118, 285], ebenso ihre zentrale Rolle bei der Tumor-Immunologie. Es gibt aber keine einzelne Membranveränderung oder eine andere Zelleigenschaft, die als notwendige, invariable Eigenschaft einer neoplastischen Zelle charakterisiert wurde. Vielmehr hat man genügend Beweise dafür, daß maligne Neoplasien, welcher Herkunft und Ursache auch immer, eine

Gruppe von Membranvariationen darstellen, unter denen der Plasmamembran die zentrale Rolle zufällt (s. Abb. VI. 1.). Diese Kenntnis ist für die Definition der Malignität, als einer Schädigung des sozialen Verhaltens, das sich an den Zelloberflächen abspielt, eine fundamentale Voraussetzung. Die gestörte Soziologie der Tumorzellen, ihr invasives entdifferenziertes und zumeist beschleunigtes Wachstum ist demnach vermutlich pathogenetisch vom primären Ereignis getrennt. Viele solcher distalen Veränderungen können triviale Folgereaktionen sein, andere jedoch, wie die mögliche Steigerung der Affinitätskonstante eines limitierenden, membranständigen Transportsystems, können diesen neoplastisch veränderten Zellen, gegenüber normalen und anderen variierten Zellen, einen kompetitiven Vorrang verleihen.

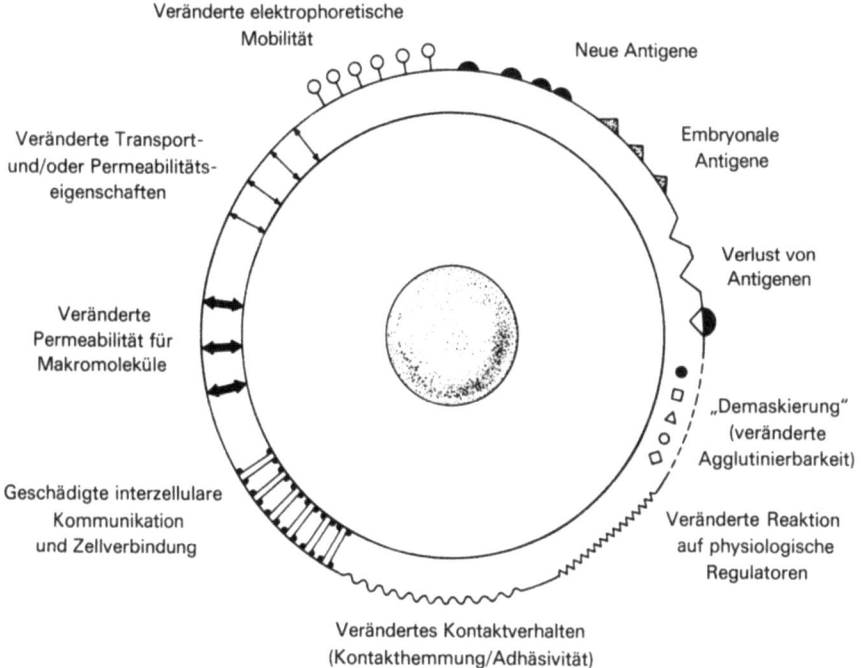

Abb. VI. 1. Überblick über die wesentlichsten Veränderungen neoplastischer Plasmamembranen; nicht dargestellt sind mögliche topologische Veränderungen der Membranproteine. Details siehe Text.

Betrachtet man Biomembranen als ein geordnetes Gitter [60, 97, 98, 99], dessen biologisches Verhalten in einer kooperativen Weise verändert werden kann, so können die Membran-Alterationen, die bei der malignen Umwandlung stattfinden, möglicherweise in einem oder gleichzeitig mehreren der folgenden Mechanismen ihren Ursprung haben:

1. Einbau einer neuen, strukturellen Untereinheit, infolge einer Mutation, eines Produktes von Virus-Genen, durch Strahleneinfluß oder durch andere Einflüsse, die kovalente Bindungen verändern und so zu einer Modifizierung der bestehenden Untereinheiten führen.

2. Die Veränderung der stationären Konzentration strukturbestimmender, nativer Liganden, durch Mutation oder durch die Wirkung eines Virus-Episoms.

3. Auftauchen von Isomeren eines struktur-bestimmenden Liganden infolge einer Mutation oder einer Virus-Infektion.

4. Einfluß eines von außen auf die Membran einwirkenden Liganden mit hoher Membranaffinität.

5. Veränderung von existierenden Membranproteinen und/oder -lipiden durch den Einfluß externer Proteasen und/oder Lipasen oder durch die Aktivierung entsprechender membranständiger Enzyme[1].

Diese Erörterungen stehen im Einklang mit den theoretischen Darlegungen über die Kooperativität und Instabilität von Membranen. Unter Beachtung der Gemeinsamkeit und der Unterschiede der Membranveränderungen bei Neoplasien hat WALLACH [674, 677] dieses Konzept in eine allgemein gültige Hypothese für das Verhalten von Tumorzellen integriert. Seine Hypothese fordert, daß onkogene Agentien die kooperativen Eigenschaften zellulärer Membranen verändern [60, 97, 98, 99]; als Konsequenz dessen könnten zahlreiche Membranfunktionen modifiziert werden, wodurch die morphologische und funktionelle Vielfalt der neoplastischen Membranveränderungen erklärt würden. So könnte der Einbau einer abnormen Struktur-Komponente in die Plasmamembran sowohl direkte morphologische Veränderungen verursachen, als auch die Variation der Membranantigenität, die modifizierte Permeabilität, die veränderte Substratbindung und die funktionelle Modifizierung von membranständigen Enzymen bewirken. Zusätzlich können Defekte auftreten, die dem primären Ereignis nachfolgen, und in keinem unmittelbaren Bezug zu Membranen stehen.

---

[1] Viele, durch das nicht onkogene Herpes simplex Virus determinierte und im Cytoplasma gebildete Proteine haben eine hohe Membranaffinität. Sie werden an die Membranen gebunden und ändern deren funktionelle und immunologischen Charakteristika. Sind intrazelluläre Membranen beteiligt, werden solche Proteine mit neu synthetisierten Nukleokapsiden assoziiert und bilden schließlich die Virushülle. Die Plasmamembran von infizierten Zellen ist jedoch in gleicher Weise beteiligt; dies führt zu einer Veränderung der Zell-Zell-Wechselwirkungen und der immunologischen Eigenschaften der Zelloberfläche.

THOMPKINS u. Mitarb. [650], die sich mit diesen „pleiotypischen" Veränderungen bei der neoplastischen Umwandlung von Zellen beschäftigen, vermuten, daß die Plasmamembranen normaler Zellen die stationäre Konzentration oder die Freisetzung eines „pleiotypischen Mediators" kontrollieren, der die Ausprägung eines umfangreichen Satzes nicht miteinander zusammenhängender metabolischer Funktionen kontrolliert (s. Abb. V.5. S. 128). Von verschiedenen extrazellulären Agentien nimmt man an, daß sie die normale Membran-Antwort auf verschiedene Reize hin modulieren; bei neoplastischen Zellen ist diese Eigenschaft entscheidend geschädigt.

Beide Hypothesen sprechen die gleichen Probleme an. CHANGEUX [60, 97, 98, 99] und WALLACH [674, 677] sehen indes die „pleiotypische" Antwort als physikalisch notwendige Folge der veränderten Membranstruktur an, und nicht als ein primär biochemisches Problem. WALLACH betrachtet die Membranunterschiede der Tumorzelle als einen speziellen Fall des pleiotypischen kooperativen Verhaltens, wie es für Membranen charakteristisch ist.

2.2. Morphologie der Membranen

Die Darstellung von HAGENAU [234] läßt den Schluß zu, daß es keine einzelne morphologische Abweichung gibt, die für Tumorzellen charakteristisch ist, obwohl die Plasmamembran den differenzierten Charakter ihrer Stammzellen verliert.

RATCLIFFE et al. [517], die die Möglichkeit erwogen haben, daß ältere Untersuchungen den Vergleich mit den normalen Kontrollzellen nicht durchgeführt haben, untersuchten drei Varianten einer Tumor-Zelllinie unterschiedlicher Malignität; auch sie konnten in den kontrastierten Dünnschnitten keine signifikanten Unterschiede in der Membranmikromorphologie finden.

Untersuchungen mit modernen elektronenoptischen Methoden legen jedoch den Schluß nahe, daß zum mindesten quantitative Veränderungen der Plasmamembran in Bezug auf interzelluläre Kommunikationen [375] neoplastischer Zellen vorliegen. BENEDETTI und EMMELOT [43] berichten über die Verminderung von „dichten" interzellulären Verbindungen bei isolierten, neoplastischen Leber-Galle-Grenzmembranen im Vergleich zu Präparationen aus normalen Lebergewebe. Weiterhin fanden MARTINEZ-POLOMBO et al. [401], daß solche „dichten" interzellulären Verbindungen in SV_{40}-transformierten Fibroblasten wesentlich weniger vorkommen, als bei normalen Fibroblasten; dagegen kommen „geschlossene" interzelluläre Verbindungen und Desmosomen in beiden Zellpopulationen gleich häufig vor. Die Mikromorphologie der „offenen" interzellulären Verbindungen („Nexus") wurde von MCNUTT und WEINSTEIN [410] mit einer nahe an einer molekularen Auflösung liegenden Methodik untersucht. In dieser Studie, die Dünnschnitt-Techniken mit Gefrierätz-Methoden kombiniert, wird die mögliche Rolle dieser Strukturen beim interzellulären Ionenaustausch berücksichtigt. Auch diese Arbeitsgruppe hat eine Verminderung solcher „Nexus" zwischen Plattenepithelzellen des Zervixkarzinoms [409, 411] festgestellt. Sie finden dabei 5 bis 10 interzelluläre Verbindungen pro Zelle in der Basalzellschicht der proliferierenden Zervikalepithelien, 100 bis 200 Verbindungen pro Zelle bei normal differenzierten Zellen der intermediären Zellschichten, aber nur eine Verbindung pro Zelle beim invasiven Karzinom. Beim atypischen Epithel und beim Carcinoma in situ sind die „offenen" interzellulären Verbindungen ebenfalls vermindert.

Es scheint aber als unterschieden sich Tumoren in dieser Hinsicht stark voneinander. So fand JOHNSON [307] einige „dichte" interzelluläre Verbindungen sogar bei NOVIKOFF-Hepatomzellen, die in Suspensionen wachsen; dieser Befund steht im Einklang mit der Beobachtung von SHERIDAN [573], daß einige dieser Zellen direkte, für Ionen durchlässige Kontaktverbindungen aufnehmen.

2.3. Zell-Kontakt

Eine ausführliche Übersicht zu diesem Thema wurde unjüngst von KOHN und FUCHS [335] publiziert.

2.3.1. Zelluläre Adhäsion

Das soziale Verhalten neoplastischer Zellen untereinander und mit normalen Zellen ist insuffizient [3, 135, 285]. COMAN et al. [118–122, 428] bezeichnen dieses Verhalten als „verminderte Adhäsivität" neoplastischer Zellen. In der Tat ist die Adhäsion maligner Zellen, die auf einem festen Medium wachsen, untereinander geringer als bei normalen Zellen. Eine solche „verminderte Adhäsivität" ist für die Malignität indes nicht notwendig; so gibt es eine Reihe maligner Zellarten verschiedener Gewebe, die in Schüttelkulturen eine höhere Adhäsivität zeigen als ihre normalen Stammzellen [239]. Das heißt, die Adhäsivität ändert sich wohl mit der malignen Entartung der Zellen, aber diese Änderung kann in positiver *und* in negativer Richtung verlaufen.

2.3.2. Kontakthemmung der Bewegung

Dieses Phänomen wurde zuerst von ABERCROMBIE et al. [2, 4] beschrieben. Zeitrafferfilme von wandernden Zellen zeigten, daß bei Kontakt der gekräuselten, fließenden Oberflächen wandernder Zellen mit der Oberfläche von anderen Zellen, die Beweglichkeit der Plasmamembran blockiert wird und keine weitere Bewegung auf die Kontaktzelle zu, oder auch auf andere Zellen hin, zustande kommt. Oberflächen, die keinen Kontakt aufnehmen, sind weiterhin gekräuselt; die Zellen bewegen sich auf der freien Oberfläche der festen Unterlage so lange, bis sich eine durchgehende, immobilisierte Zellschicht gebildet hat.

Ursprünglich hatte ABERCROMBIE et al. [5] berichtet, daß die Kontakthemmung der Bewegung bei den meisten Tumorzellen vermindert sei. Ein solcher Defekt kann in einem frühen Stadium der neoplastischen Entartung verschiedener Zelltypen durch onkogene Viren auftreten [413, 543, 613, 628, 671]; ausführliche Studien ergaben jedoch, daß einige Tumorzellen, die durch Zellkontakt mit gleichartigen neoplastischen Zellen keine Kontakthemmung ihrer Bewegung erfahren, durch den Kontakt mit normalen Zellen oder Tumorzellen anderen Ursprungs gehemmt werden [335, 613, 614]. Dies deutet darauf hin, daß es sich bei der Kontakthemmung um einen hochspezifischen Mechanismus handeln muß.

2.3.3. Kontakthemmung des Wachstums

Erreicht das Wachstum von neoplastischen Zellen auf festen Unterlagen die Formation einer geschlossenen Zellschicht, kommt es zu einem plötzlichen Abfall der RNA-, DNA- und Proteinsynthese [367, 611]. Normalerweise findet eine solche Kontakthemmung des Wachstums im postmitotischen Stadium [649] statt und ist bei neoplastischen Zellen wesentlich geringer ausgeprägt als bei normalen Zellen.

2.3.4. Elektrische Koppelung und Ionenaustausch

Es ist wohl bekannt, daß eine elektrische Koppelung über einen Ionenaustausch zwischen einzelnen Zellen verschiedener Epithelien vorhanden ist. Diese ionische Koppelung hängt von der Verteilung von Ca^{2+}- und/oder Mg^{2+}-Ionen im extra- und intrazellulären Raum ab [444]. Ausgeprägte elektrische Verbindungen sind von normalen oder regenerierenden Hepatocyten der Rattenleber her bekannt [378, 487]. LOEWENSTEIN und KANNO [376] stellen eine defekte Koppelung zwischen neoplastischen Hepatocyten in einer Reihe von Hepatomen, sowie in maligne entarteten Schilddrüsen- und Magenzellen fest [298, 311]. Demgegenüber fand man unveränderte ionische Verhältnisse in normalen und neoplastischen Fibroblastenkulturen [196] und auch zwischen NOVIKOFF-Hepatomzellen [573]. So ist auch die elektrische Koppelung und der Fluoreszein-Transfer zwischen BHK-21- oder 3T3-Zellen vor und nach einer malignen Konversion durch Polyoma- oder SV_{40}-Viren unverändert. Bei Gewebekulturen von Sarkom-180-Zellen findet sich eine gute Koppelung bis 12 Stunden nach dem Replattieren; anschließend vermindert sich diese Koppelung und erst bei erneuter Verringerung der Zelldichte steigt sie wieder an.

Wie LOEWENSTEIN [375] im Detail ausführt, können die oben beschriebenen zellulären Kommunikationen als wesentlicher Mechanismus für die interne metabolische Kontrolle gelten. Weiterhin konnten SUBAK-SHARPE [621] und STOKER [612] zeigen, daß der abnorme Nukleinsäurestoffwechsel einer mutierten Form von mit Polyoma-Viren transformierten BHK-21-Zellen durch Zugabe einer undefinierten Substanz, die von den nicht mutierten Formen während des Zellkontaktes gewonnen wurde, wieder normalisiert werden konnte. LOEWENSTEIN u. Mitarb. fanden kürzlich eine nicht zum Kontakt fähige Mutante eines Zelltyps, der normalerweise ionische intercelluläre Kommunikationen aufnimmt. Diese Ansätze lassen hoffen, daß die Frage, ob die normale Kontakthemmung neoplastischer Zellen durch einen falschen interzellulären Transfer regulatorischer Substanzen oder durch einen abnormen Kontakt zustande kommt, geklärt werden kann.

2.3.5. Zellfusion

Die obere Grenze des Zellkontaktes führt zur Zellfusion; diese kann in vitro durch bestimmte Myxoviren oder durch Lysolecithin induziert werden. OKADA et al. [462, 464, 465, 466, 467] haben den Mechanismus dieses Vorganges, zumeist an EHRLICHs Asziteskarzinom-Zellen, im Detail beschrieben. OKADA und TADOKORO sind auch auf Grund von Untersuchungen an einer Reihe von Zelltypen der Ansicht, daß die Fusionsmöglichkeit der Zellen ihrer Malignität parallel verläuft [466, 467]. Dieses Gebiet wurde von OKADA [463] kürzlich zusammenfassend dargestellt und wird hier im Kap. IV, Abschn. 2.5. behandelt.

2.4. Oberflächenladung

2.4.1. Elektrophorese

Für die Wechselwirkungen zwischen einzelnen Zellen hat man lange die Ladungsdichte auf der Zelloberfläche als die wesentlichste Ursache angesehen. Diese Ansicht rührt daher, daß kleine Partikel, die in einem wäßrigen Medium einer statistischen thermischen Bewegung unterliegen, bei Zusammenstößen dazu neigen aneinander zu haften; erst wenn die Partikel eine hinreichende gleichgerichtete elektrostatische Ladung tragen, führen die elektrischen Abstoßungskräfte zu elastischen Zusammenstößen [687]. Deshalb haben viele Forscher das veränderte Kontaktverhalten neoplastischer Zellen auf eine abnorme Oberflächenladung der entarteten Zellen zurückgeführt. Bedauerlicherweise gibt es nur wenige Untersuchungen, die die Oberflächenladung, die Adhäsivität und die Kontakthemmung miteinander korrelieren.

Es gibt jedoch Experimente, die eine Veränderung der elektrophoretischen Mobilität von Zellen während des neoplastischen Überganges nachweisen. Zum Beispiel haben normale Hamster-Nierenzellen eine geringere elektrophoretische Mobilität als Zellen von stilbesterol-induzierten Nierentumoren [13]; auch bei Hepatomzellen zeigt sich im Vergleich zu normalen Hepatocyten eine gesteigerte anodische Mobilität [380]. Beim MCIM-Sarkom der Maus steigt die anodische Mobilität beim Übergang vom soliden Tumor in die stark invasive Ascitesform

Tabelle VI. 1. *Elektrophoretische Charakteristika normaler und Polyoma(PY)-transformierter Hamsternieren Fibroblasten* (nach [198]).

Zellstamm	Behandlung	Elektrophoretische Mobilität (μ/sec/V/cm)
C13	Normale Kontrollzellen	$-1{,}02 \pm 0{,}06$
C13	Neuraminidase-behandelte Zellen	$-0{,}64 \pm 0{,}05$
P	PY-transformiert	$-1{,}26 \pm 0{,}06$
Q	PY-transformiert	$-1{,}29 \pm 0{,}05$
S	PY-transformiert	$-1{,}25 \pm 0{,}05$
V	PY-transformiert	$-1{,}27 \pm 0{,}06$
X	PY-transformiert	$-1{,}23 \pm 0{,}05$
Y	PY-transformiert	$-1{,}28 \pm 0{,}09$
J	PY-transformiert	$-0{,}97 \pm 0{,}06$
M	PY-transformiert	$-1{,}02 \pm 0{,}05$
N	PY-transformiert	$-1{,}30 \pm 0{,}06$
N	Neuraminidase-behandelte Zellen	$-0{,}65 \pm 0{,}06$

[509]. FORRESTER et al. [186, 188] berichten, daß die anodische Mobilität von Hamster-Fibroblasten nach der neoplastischen Umwandlung mit Polyoma-Viren nicht ansteigt (s. Tab. VI. 1.); gleichermaßen verändert sich die elektrophoretische Mobilität von Milz-Zellen der Maus bei Infektion mit FRIENDschen Leukämievirus [1]. Schließlich haben bestimmte leukämische Zellen der Maus eine abnorm niedrige anodische Mobilität [124]. Die bisher vorliegenden Daten stimmen mit der immer noch allgemein vertretenen Annahme einer Korrelation zwischen einer vermehrten negativen Oberflächenladung und der Malignität bei menschlichen [665] und Mäuse-Tumoren [583] nicht überein. Bisher gibt es noch zu wenig genaue Untersuchungen, die die elektrophoretische Mobilität eines definierten Zellstammes vor und nach der neoplastischen Umwandlung unter identischen experimentellen Bedingungen vergleichen. Trotzdem ist die neoplastische Umwandlung von Zellen in vielen Fällen von einer Veränderung der Oberflächenladung begleitet.

2.4.2. Spezifische ionogene Gruppen

Den Hauptanteil des negativen Oberflächenpotentials von Säugetierzellen trägt die Sialinsäure (N-Acetylneuraminsäure); aber auch geladene Seitenketten von Membranproteinen [687, 124], membranständige RNA [705] und vermutlich auch Membranlipide tragen zu der Netto-Oberflächenladung bei.

Es wurde vorgeschlagen, daß diese gesteigerte Oberflächenladung bei den neoplastischen Zellen auf einen vermehrten Gehalt an Sialinsäure zurückzuführen ist; für eine derartige Verallgemeinerung gibt es indes noch keinen genügenden experimentellen Nachweis. So haben drei verschiedene Typen von virus-transformierten Hamster-Fibroblasten einen verminderten Sialinsäure-Gehalt gegenüber den normalen Zellen [461]; dies obwohl die neoplastische Umwandlung einen von der Sialinsäure abhängigen Anstieg der elektrophoretischen Mobilität in einigen, aber nicht in allen Fällen hervorruft [514, 515].

WU et al. [726] und MEEZAN et al. [415] haben über einen veränderten Sialinsäuregehalt, sowie Aminozucker- und Glykoprotein-Zusammensetzung in der Plasmamembran und in dem endoplasmatischen Retikulum verschiedener Zellstämme von SWISS/3T3-Zellen und deren SV_{40}-transformierten neoplastischen Varianten berichtet. Sie konnten jedoch keine eindeutige Korrelation zwischen diesen Veränderungen und der Kontakthemmung nachweisen. WU et al. [726] sowie GRIMES [227] finden ebenfalls einen verminderten Sialinsäuregehalt pro mg zellulärem Protein nach der SV_{40}-Transformation der 3T3-Zellen. Die

Veränderung der Sialinsäurekonzentration bei der neoplastischen Umwandlung kann aber keinesfalls mit dem Oberflächenpotential in Verbindung gebracht werden, da die elektrophoretische Wirkung von ionisierten Gruppen in der Membran von wesentlich komplizierteren und bislang in ihrer Größe unbekannten Variablen abhängig ist: dem effektiven Radius, der die Ladung tragenden Moleküle, von dem Einfluß anderer Ladungsträger und von der Lokalisation in der Membran [687]. Dies wird durch die geringere anodische Mobilität von leukämischen Mäusezellen demonstriert [124]. Bei diesen ist der gesteigerte Ladungsanteil der Sialinsäure durch einen entsprechenden Anstieg der kationischen Gruppen auf der Membranoberfläche kompensiert. Sialinsäure könnte das Verhalten der Zelloberfläche auch auf ganz anderem Wege als durch ihren ionischen Charakter beeinflussen. Jüngere Untersuchungen an normalen SWISS/3T3-Zellen (SW3T3), ihren SV_{40} transformierten Varianten (3T3SV) und den erneut zum normalen Zustand zurückgeführten Zellen lassen nämlich den Schluß zu, daß die Sialinsäure der Plasmamembran in irgendeiner Weise die interzellulären Wechselwirkungen reguliert (s. Tab. VI. 2.); dies obwohl der Sialinsäuregehalt nicht direkt durch das Virus-Genom modifiziert wird [132]. Es ist weiterhin bekannt, daß ein enzymatischer Abbau der Sialinsäure auf der Zelloberfläche die embryonale Zellaggregation verhindert [260].

Tabelle VI. 2. *Korrelation zwischen maximaler Kontakthemmung, Dichte und Sialinsäure-Gehalt bei verschiedenen SW3T3-Zellen*[a]

Zell-Linie[b]	Sialinsäure (μg/mg Protein)	Maximale Kontakthemmung[c] (Zellen/cm^2 × 10^{-4})
3T3	5,0 ± 0,6	5,0
3T3SV	3,0 ± 0,3	>100
3T3SVR	4,8 ± 0,3	8,0

[a] Nach CULT et al. [132]. – [b] 3T3 = Kontrolle; 3T3SV = SV_{40}-transformierte Zellen; 3T3SVR = zu normalem Wachstum retransformierte Zellen. – [c] Berechnet aus der Zellzahl in Plastikschalen mit einem Durchmesser von 50 mm.

Zusammenfassend kann man feststellen, daß in mindestens vier Fällen (Transformation von BHK-21-Zellen durch Polyoma-Viren, beim FRIENDschen Leukämievirus und verschiedenen anderen Leukämien) die abnorme anodische Mobilität der transformierten Zellen durch enzymatische Entfernung der Sialinsäure mittels Neuraminidase modifiziert werden kann. Die mögliche Beziehung zwischen Oberflächenladung,

Sialinsäure und/oder anderer ionisierter Gruppen und der Malignität erfordert weitere genaue Untersuchungen.

2.5. „Undichtigkeit" der Plasmamembran

Die Plasmamembranen von Tumorzellen besitzen normalerweise eine abnorme „Permeabilität" für gewisse intrazelluläre Enzyme [260, 267, 398, 408, 625–629, 724, 725, 727]. Die freigesetzten Enzyme sind meistens lysosomalen und/oder zytoplasmatischen Ursprungs. Die beobachtete „Undichtigkeit" beruht nicht auf einer Zellschädigung. Solche „undichten" Zellen verhalten sich in Bezug auf die üblichen Kriterien der Ausscheidung von Farbstoffen normal, so daß verschiedene Untersucher das Phänomen als ein besonderes Charakteristikum der Plasma- und/oder der lysosomalen Membranen von Tumorzellen ansehen.

Diese Frage wurde von SYLVEN u. Mitarb. [629] sehr sorgfältig unter Berücksichtigung einer möglichen Korrelation dieses Phänomens zum invasiven Wachstum untersucht. Unter Anwendung von Mikropunktur und mikroanalytischen Methoden demonstrieren diese Forscher die Freisetzung von lysosomalen Peptidasen und Hydrolasen in die umgebende interstitielle Flüssigkeit, insbesondere an der invasiven Wachstumsfront. Sie sind der Ansicht, daß diese Enzyme an dem destruktiven Verhalten eines invasiv wachsenden Tumors ursächlich beteiligt sind, und vermuten, daß diese Enzymfreisetzung der Tumorzelle auch für die verminderte Adhäsivität der Zelle verantwortlich ist. Der Mechanismus der Translokation von Makromolekülen durch die Plasmamembran von normalen oder neoplastischen Zellen bleibt völlig unklar. Ebenfalls unbekannt ist, ob diese „Undichtigkeit" von abnormen Plasmamembranen eine allgemeine Eigenschaft von Neoplasien darstellt, oder ob dies nur eine Manifestation von Immunreaktionen gegen den Tumor ist. Für das Verständnis der grundlegenden Defekte bei neoplastischen Zellen und dem Mechanismus des invasiven Wachstums ist die weitere Untersuchung dieses Phänomens von wesentlicher Bedeutung.

2.6. Immunologische Veränderungen

2.6.1. Neue Antigene

Diejenigen Plasmamembranveränderungen bei der neoplastischen Umwandlung die genetisch am besten definiert sind, sind immunologischer

Natur und wurden bereits in Kap. IV. Abschn. 2.4. besprochen. Plasmamembranen von chemisch oder durch Viren induzierten Tumoren besitzen Transplantationsantigene, die im ursprünglichen Gewebe nicht vorhanden sind [9, 10, 244, 256, 323, 324, 327, 587, 625–629]. Es ist zweifelhaft, ob diese neuen Antigene ein notwendiges Charakteristikum der neoplastischen Entartung darstellen, da sie bei Infektionen mit onkogenen Viren, unterhalb von Konzentrationen, die eine neoplastische Entartung bewirken, ebenfalls auftreten können [205]. Die Antigene spielen jedoch eine zentrale Rolle im Verhältnis des Tumors zum Gesamtorganismus, da durch sie unter günstigen Umständen die immunologische Elimination der neoplastischen Zellen ermöglicht wird. Die neuen Antigene von chemisch induzierten Tumoren scheinen tumor-spezifisch zu sein, während die durch verschiedene Viren hervorgerufenen Tumoren, unabhängig von der Herkunft des Gewebes, stets die gleichen neuen Transplantations-Antigene tragen. Es ist noch nicht sicher, ob diese neuen Antigene ausschließlich auf der Plasmamembran lokalisiert sind.

2.6.2. Embryonale Antigene

Die immunologischen Veränderungen von Tumorzell-Plasmamembranen sind nicht auf das Hervortreten neuer Antigene beschränkt. So führt die neoplastische Transformation von Hamster-Fibroblasten durch Polyoma-Viren oder durch andere Viren zu dem Auftreten von FORSSMAN-Antigenen auf der Oberfläche von transformierten Zellen [470, 670]. Das FORSSMAN-Antigen fehlt den Fibroblasten in neonatem und ausgereiftem Stadium; es findet sich jedoch bei ihnen im Verlauf der embryonalen Entwicklung. Die Struktur der FORSSMAN-Antigendeterminanten ist wohl bekannt; es handelt sich um Glykolipide, die aus mehreren FORSSMAN-positiven Geweben in reiner Form isoliert werden konnten. Das Auftreten von embryonalen Antigenen konnte auch bei gastro-intestinalen Tumoren des Menschen nachgewiesen werden [208–210]. Dabei finden sich auf der Tumorzell-Oberfläche Glykoproteine, die mit 0.6 M Perchlorsäure extrahiert werden können und die weitgehend charakterisiert wurden. Eine neu entwickelte Radioimmunbestimmung der zirkulierenden, tumor-abhängigen embryonalen Antigene bei gastro-intestinalen Tumoren [642] kann in der Diagnose dieser Erkrankung von außerordentlicher Wichtigkeit sein.

Einen weiteren Anhalt für die Antigen-Veränderungen von Plasmamembranen bei neoplastischer Umwandlung gibt die Veränderung der Glykolipid-Zusammensetzung von transformierten Zellen im Vergleich zum normalen Stammgewebe. Bei der Transformation von BHK-21-Zellen durch Polyoma-Viren kommt es zu einem Abfall des zellulären Hämatosids und zu einem 10fachen Anstieg des Lactosylceramids [237]. Daraus ist zu schließen, daß der Kohlehydratanteil der neoplastischen Glykolipide inkomplett ist. Dieses Phänomen ähnelt dem Verlust der Haptene der Blutgruppen A und B bei einigen Adenocarcinomen des Menschen (bei gleichzeitigem Anstieg der Le^a- und H-Glykolipide) [236] und der abnormen Synthese von Kohlehydratketten, auf Grund eines gestörten Kohlehydrat-Stoffwechsels [235].

2.6.3. „Demaskierung" und Veränderung der Agglutination

Wie bereits festgestellt, können bei der malignen Transformation die Proteine der Plasmamembran verändert werden; verschiedene distinkte chemische Gruppierungen werden „demaskiert", bzw. die malignen Zellen werden durch komplementäre Liganden agglutinierbar. Die bisher untersuchten Rezeptoren sind:
  1. Bestimmte Glykolipide [238].
  2. Bestimmte, bisher nicht identifizierte Isoantigene [254].
  3. Bindungsorte für Weizenkeim-Phytagglutinine [87].
  4. Bindungsorte für Concanavalin A (ConA) [286–288].
  5. Bindungsorte für Sojabohnen-Agglutinin [191].

Einige dieser Rezeptoren, z. B. die für Con A kommen normalerweise in vielen Zelltypen vor (s. Tab. VI.3.), treten in verschiedenen Stadien des Teilungszyklus auf [191] und erscheinen bei Virusinfektionen (z. B. mit Polyoma [44] oder Vaccinia [737]). Um die Agglutinationsfähigkeit von Con A zu steigern bedarf es einer früh einsetzenden Proteinsynthese. Unjüngst untersuchten CLINE und LIVINGSTON [110] und OZANNE und SAMBORK [477] das Problem der „Demaskierung" unter Verwendung von ^{3}H- und ^{125}J-markiertem Con A. Das Verhältnis von (gebundenem Con A-Menge pro normale Zelle/gebundene Con A-Menge pro transformierte Zelle) zeigt, daß maligne Zellen mehr Con A binden, als die normalen Kontrollzellen (s. Tab. VI.3.), und daß zwischen Con A-Bindung und Con A-induzierter Agglutination eine Korrelation besteht. Transformierte Zellen, die eine hohe Agglutinationsfähigkeit besitzen, scheinen andere Veränderungen auf der Oberfläche zu besitzen als solche, die eine gesteigerte Con A-Bindung aufweisen [288]. Weiterhin geht die Con A-induzierte Agglutination auch nicht stets den anderen Veränderungen der virus-induzierten Transformation (wie morphologische Veränderungen oder Wechsel im Wachstumsverhalten) parallel. Die gleichen Überlegungen gelten für Weizenkeim-Agglutinin; aber auch in diesem Fall ist bekannt, daß einige Tumoren keine gesteigerte Agglutinierbarkeit zeigen [20, 21, 44, 110, 152, 477, 737]. Im Gegensatz dazu werden einige Viren, wie das SEMLIKI-FOREST-Virus durch geringe Konzentrationen von Con A agglutiniert [471].

Tabelle VI. 3. *Zahl der Concanavalin-A-Reseptoren pro Zelle verschiedner Herkunft*[a]

Zellherkunft	Concanavalin-A-Rezeptoren pro Zelle
BHK-Zellen[b]	$8,8 \times 10^7$
3T3-Zellen[b]	$2,2 \times 10^7$
BHK-Zellen, Polyoma-transformiert	$6,8 \times 10^7$
3T3-Zellen, SV_{40}-transformiert	$2,2 \times 10^7$
Leberzellen[c]	$3,0 \times 10^7$
Testis-Zellen[c]	$5,1 \times 10^7$
Nieren-Zellen[c]	$3,4 \times 10^7$
Lymphocyten[c]	$1,3 \times 10^7$
Thymocyten[c]	$1,6 \times 10^7$
Milzzellen[c]	$1,4 \times 10^6$
Spermien, gesamt[c]	$4,9 \times 10^7$
Spermien, Kopf[c]	$7,9 \times 10^6$
Spermien, Schwanz[c]	$2,5 \times 10^6$

[a] Unter der Annahme eines Molekulargewichtes der Untereinheiten von 27 000 Dalton. – [b] Nach OZANNE und SAMBROOK [477]. – [c] Nach EDELMAN und MILETTE [152].

Die Situation ist in der Tat außerordentlich komplex. So fanden SELA et al. [560], daß mit Sojabohnen-Agglutinin transformierte Zellen der Maus, der Ratte und des Menschen agglutiniert werden, doch transformierte Hamsterzellen nur nach vorheriger langer Pronase-Behandlung. Dagegen werden normale Zellen von der Maus, der Ratte und des Menschen schon nach kurzer Inkubation mit Trypsin oder Pronase agglutinierbar. Die Autoren schließen daraus, daß die Rezeptoren für das Sojabohnen-Agglutinin in normalen Zellen „kryptisch" vorliegen, in transformierten Zellen der Maus, der Ratte und des Menschen vermehrt erreichbar sind, in transformierten Zellen des Hamsters dagegen vermindert erreichbar sind.

So haben SHOHAM et al. [579] gefunden, daß an transformierten Zellen gebundenes Con A ihr Absterben herbeiführt oder ihre Replikation verhindert – ganz im Gegensatz zu der bekannten mitogenen Wirkung dieser Substanz bei Bindung an Lymphocyten [506]. BURGER und NOONAN [88] fanden indes, daß die Bindung von „monovalentem Con A" an die Rezeptoren transformierter Zellen das normale Kontakthemmungs-Verhalten wieder herstellen. Sie vergleichen ihre Beobachtung mit der vorübergehend ausfallenden Wachstumskontrolle normaler Zellen in Kultur durch eine milde Protease-Behandlung.

So werden nicht transformierte, in einer einzelnen Zellschicht kultivierte Zellen, die bereits durch Kontakthemmung kein Wachstum mehr zeigen, durch kurze Trypsinierung zu ein oder mehreren Mitosen angeregt und werden vorübergehend durch Con A agglutinierbar.

BURGER und NOONAN [88] kommen so zu der Ansicht, daß die Freilegung des Bindungsortes für Con A auf der Zelloberfläche eine Umstrukturierung mit sich führt, die gleichzeitig zur Verhinderung der Kontakthemmung führt. Wird an diese Rezeptoren Con A gebunden, kann die Kontakthemmung erneut auftreten. Die Autoren halten diese Hypothese für bewiesen. Trotz der zweifelhaften Beziehung zwischen Kontakthemmung und Malignität und der offensichtlichen Tatsache daß die „Demaskierung" nicht durch den Verlust von Con A-Fragmenten zu erklären ist, wäre dieser Umstand ein sehr wesentlicher Beitrag. Doch lassen ihre veröffentlichten Experimente im technischen Detail noch Fragen offen. Das oben beschriebene Phänomen steht vermutlich der veränderten Agglutinierbarkeit bestimmter virus-transformierter Zellen durch basische Kopolymere nahe [151]. So agglutiniert ein 1:1-Kopolymer aus Ornithin und Leucin normale und neoplastische Zellen; der Vorgang ist durch Zugabe von Serum zu hemmen. Dagegen aggregiert dieses Kopolymer, ebenso wie 1:1-Ornithin-Valin-Kopolymer und 1:1-Arginin-Leucin-Kopolymer spezifisch SV_{40}-transformierte Zellen, die normalen Ursprungszellen jedoch nicht. Dies ist nach einer 24stündigen Kulturdauer möglich. Der Vorgang wird weder durch Serum oder einzelne Aminosäuren, noch durch verschiedene Kohlehydrate gehemmt. Die Agglutination findet auch beim Vermischen der Tumorzellen mit normalen Zellen statt und kann mit sauren Polyaminosäuren gehemmt werden, wenn diese nicht später als 5 Stunden nach der Zugabe des basischen Polymers zugesetzt werden.

Diese Daten zeigen, daß bestimmte basische Polymere in der Gegenwart von Serum eine Veränderung der Plasmamembranstruktur neoplastischer Zellen induzieren, die sich in einer gesteigerten Agglutination durch das Polymer ausdrücken. Diese Erscheinung, sowie die verwirrende Vielfalt der „Demaskierungs-Phänomene" führen zu der Annahme, daß beide Erscheinungen ein Ausdruck der Vielseitigkeit von Membranen sind.

SACHS et al. [43a, 288a, 288] haben wichtige Untersuchungen veröffentlicht, die zur Klärung der abnormen Agglutination neoplastischer Zellen beitragen und die Verbindung zu anderen Membran-Phänomenen herstellen. Danach demaskiert die virus-induzierte neoplastische Transformation einerseits kryptische Con A-Bindungsstellen und führt andererseits zur Konzentration der an normalen Zellen vorhandenen Bindungsstellen zu reaktiven Gruppen [43a]. Weiter ist die Con A-Agglutination trypsinierter und neoplastischer Zellen temperaturabhängig [288]. Schließlich haben die Con A-Bindungsstellen einen Bezug zu bestimmten Aminosäuren- und Zucker-Transportsystemen, der sich in normalen und neoplastischen Zellen unterscheidet. Durch gebundenes Con A wird der Transport von metabolisierbaren und nicht metabolisierbaren Aminosäuren bei neoplastischen Zellen gehemmt, nicht aber bei normalen Zellen. Der Glukose- und Galaktose-Transport wird in beiden Fällen gehemmt, doch tritt dieses Phänomen bei neoplastischen Zellen stärker hervor; der Galaktose-Transport ist dabei empfindlicher gegen die Con A-Bindung [288a].

2.6.4. Verlust von Antigenen

Die neoplastische Transformation kann auch zum Verlust von bestimmten, organspezifischen Antigenen führen. Dies wurde ausgiebig an hepatozellulären Karzinomen untersucht und unjüngst von ABELEV [1, 576] ausführlich dargestellt. Hepatomen fehlen eine Reihe von leber-spezifischen Antigenen und das Antigen-Muster frisch induzierter Hepatome unterscheidet sich von einem Hepatom zum anderen. Nach vielen Generationen der Transplantation scheinen diese Tumoren dann ein allgemeines Antigen-Muster zu erreichen.

2.7. Wachstumshemmung

Durch onkogene Viren neoplastisch transformierte Zellen reagieren mit Serum und bei Zell-Zell-Kontakt empfindlicher als ihre normalen Stammzellen [109]; dies wurde von TOMPKINS et al. [258] zum pleiotypischen Membranverhalten in Beziehung gesetzt.

2.8. Transport

Schon in den einleitenden Bemerkungen zu diesem Kapitel wurde die Möglichkeit aufgezeigt, daß die pleiotypischen Membranveränderungen auch die verschiedenen Transport-Mechanismen in einer Weise beeinträchtigen, die den neoplastischen Zellen einen physiologischen Vorrang gegenüber den normalen Zellen einräumen. Einige jüngere Untersuchungen an Modellmembranen stehen im Einklang mit dieser Ansicht.

2.8.1. Zuckertransport

HATANAKA et al. [249–251] fanden an durch Mäuse-Sarkom-Virus transformierten embryonalen Mäusezellen oder BALB/3T3-Zellen einen auffallenden Anstieg der Aufnahme von Glukose, Galaktose, Mannose und 2'-Desoxyglukose; die Aufnahme von 3'-Methylglukose ist dagegen konstant. Diese Veränderungen finden sich nicht bei SV_{40}-transformierten Zellen und der Leukämie der Maus. Die Transportveränderungen zeigen sich in einem verminderten K_m-Wert für Glukose, Galaktose und 2'-Desoxyglukose (s. Tab. VI.4.).

Tabelle VI. 4. *Charakteristika des Zuckertransportes in normalen und mit murinem Sarkom-Virus transformierten Zellen (nach [249, 250, 251])*

Zucker	K_m ($M \times 10^4$) Kontrolle	Tumor
Glukose	29	3,7
Galaktose	25	5,6
Mannose	28	3,4
2-Deoxyglukose	23	5,0
3-Methylglukose	6	11,0

Die experimentellen Daten dieser Autoren lassen den Schluß zu, daß diese Transportveränderungen nicht auf eine Steigerung der intracellulären Hexokinase-Aktivität, sondern auf spezifische Veränderungen des, in der Plasmamembran lokalisierten, Zucker-Transportsystems zurückzuführen sind. Eine kontinuierliche Virusproduktion ist keine Voraussetzung für die Veränderung des Transports.

2.8.2. Aminosäuretransport

FORSTER und PARDEE [189] haben die zelluläre Akkumulation nicht metabolisierbarer Aminosäuren, wie z. B. Aminoisobutylsäure (AIB) und Cycloleucin, sowie metabolisierbarer Aminosäuren, wie Arginin und Glutamin untersucht. Sie finden bei konfluierend wachsenden SW/3T3-Zellen eine um 30% geringere Akkumulation als bei nicht konfluierend wachsenden Zellen. Keine Unterschiede treten bezüglich der Transport-Kinetik zwischen diesen beiden verschiedenen Wachstumsformen der polyoma-transformierten neoplastischen Zellen auf. Die K_m-Werte von normalen und transformierten Zellen sind ebenfalls gleich. Lediglich die Geschwindigkeit der AIB- und Cycloleucin-Akkumulation war bei transformierten, nicht konfluirenden Zellen höher als bei den normalen Kontrollzellen; für Glutamin und Arginin traf dies nicht zu. Die Auroten schließen daraus, daß der Aminosäure-Transport von der Zelldichte abhängt und keine Transportdefekte, die dem Prozeß der neoplastischen Transformation eindeutig zuzuschreiben sind, aufgedeckt wurden.

2.9. Schlußbemerkung

Abschließend kann man feststellen, daß unabhängig von der Ursache, die „Malignität" als Summe einer Unzahl von nicht miteinander in Beziehung stehenden Defekten anzusehen ist, von denen viele in der Plasmamembran lokalisiert sind. Wesentlich ist die Tatsache, daß Membranen einen verdichteten Zustand darstellen, bei dem Mutationen oder permanente Veränderungen einzelner Membranproteine sehr ungewöhnliche biologische Effekte hervorrufen. Man muß vermutlich ein ganzes Spektrum von Membranvarianten annehmen, deren neue Eigenschaften aus der veränderten Funktion von Proteinen und/oder dem Einfluß von variierten Membrankomponenten auf die normalen Bestandteile des Membrangitters resultieren. Innerhalb der Membranprotein-Varianten führen nur diejenigen zu einer malignen Neoplasie, die zu wesentlichen Verschiebungen des sozialen Verhaltens zwischen den Zellen führen. Die abweichenden sozialen Wechselwirkungen von Tumorzellen, ihr invasives und meist beschleunigtes Wachstum kann man deshalb als Folge des primären Ereignisses, nämlich des Auftretens von abnormen Proteinen oder anderer Substanzen in der Plasmamembran oder auch in anderen Membransystemen ansehen.

3. Membranaspekte der Immunologie

3.1. Einleitung

Das immunologische Verhalten höherer Organismen ist ein extrem kompliziertes und induvidualisiertes Ineinandergreifen biologischer Vorgänge zum Schutze des Induviduums:
 1. gegen externe Angriffe von Zellen, subzellulären Parasiten, sowie komplexen oder einfachen Molekülen.
 2. gegen interne Abweichungen, z. B. gegen neoplastische Zellen. In einigen Fällen, wie Autoimmunerkrankungen, wendet sich die immunologische Abwehr gegen den Organismus selbst und kann seine Vernichtung bewirken.

In mindestens vier Teilaspekten der Immunantwort spielt die Plasmamembran eine zentrale Rolle:

1. Als Träger chemischer Determinanten oder topologischer Oberflächenmuster zur Unterscheidung von „selbst" und „nicht selbst", von Geweben untereinander, von Zellen in verschiedene Stadien der Differenzierung und verschiedenen Regionen derselben Zelle. Dies wurde im Detail in Kap. IV. Abschn. 2. besprochen.

2. Für die Funktion der Immunocyten, als Träger des Erkennungsmechanismus für andere Zellen und verschiedener Substanzen, die ihre Zelloberfläche erreichen; die Plasmamembran ist gleichfalls an dem Mechanismus beteiligt, der die Immunantwort initiiert.

3. Als katalytische Oberfläche für die Bildung von immunologischen Effektoren (vor allem Komplement), sowie als Ziel dieser Effektoren.

4. Als primäres Ziel der zytotoxischen Immunreaktionen, die vermutlich auch einige Autoimmunprozesse, wie die demyelinisierenden Erkrankungen einschließen.

3.2. Zelluläre immunologische Individualität

Da dieses Gebiet in Kap. IV. Abschn. 2. bereits ausführlich dargestellt wurde, soll es hier nicht behandelt werden. Doch sei erneut auf die Bedeutung der Hypothesen von BURNET [90] und JERNE [305] hingewiesen.

3.3. Antigen-Erkennung

Die „clonal selection"-Theorie der Immunantwort fordert, daß eine gegebene immunkompetente Zelle nur auf ein einziges Antigen oder eine sehr beschränkte Anzahl von Antigenen reagiert, und daß dies durch Plasmamembran-Rezeptoren mit hoher Spezifität bewirkt wird [89, 90, 305, 425, 586]; weiterhin wird vorgeschlagen, daß diese Antigen-Rezeptoren den Charakter von Antikörpern haben.

Gegenwärtig zeigen zahllose Untersuchungen, daß solche prädeterminierten Lymphocyten existieren, und daß tatsächlich Immunglobuline der Plasmamembran für die Antigen-Erkennung verantwortlich sind; als Beispiele dafür seien angeführt:

1. Die Behandlung lymphoider Zellen nicht immunisierter Mäuse mit radio-iodiertem Antigen von hoher spezifischer Aktivität, erschöpft die Kapazität der verbleibenden Zellpo-

pulation die immunologische Antwortsbereitschaft auf isogene, immunologisch reaktive Empfänger-Zellen zu übertragen; vermutlich hat dies seine Ursache im strahlungs-induzierten Zelltod der prädeterminierten antigenbindenden Zellen.

2. Auch nach der Filtration von Lymphocyten nicht immunisierter Mäuse über Säulen, deren Kunststoff- oder Glasperlen spezifische Antigene absorbiert tragen, zerstört bei der eluierten Zellpopulation die Fähigkeit die primäre immunologische Antwortbereitschaft auf diese Antigene auf isogene Mäuse, die durch vorherige Röntgenbestrahlung immun-inkompetent wurden, zu übertragen; d. h. die rezeptor-tragenden Zellen wurden entfernt [713].

3. Viele Forscher haben nachgewiesen, daß nicht-immune Tiere einen geringen Prozentsatz an Lymphocyten besitzen, die spezifische radioaktiv- oder fluoreszenz-markierte Antigene an ihre Oberfläche binden können, was durch Autoradiographie oder Mikrofluoreszenz gemessen werden kann [92, 140, 141, 446]. Der Anteil dieser rezeptor-tragenden Zellen beträgt 0.1% der Lymphocytenpopulation bei nicht immunisierten Tieren. Die Rezeptoren selbst sind hoch spezifisch für ein Hapten [141] und stellen vermutlich Immunglobuline der Gamma$_2$-Klasse dar. Es scheint aber so, als gäbe es mehr als nur einen Rezeptortyp, nämlich solche für die Vermittlung der zellulären Immunität, die eine komplexere Spezifität aufweisen, und solche hochspezifischen Hapten-Rezeptoren, die letztlich die Antikörperbildung bewirken. Zum Beispiel besitzen die für die celluläre Immunität verantwortlichen Zellen, die durch die spezifische Absorption an Antigen-Agarose-Konjugate definiert werden können, sowohl eine Hapten-Spezifität, als auch eine „carrier"-Spezifität; beide sind für eine optimale Immunantwort nötig.

Immunfluoreszenz-Studien unter Verwendung von fluoreszenz-markierten Anti-Immunglobulinen zeigen die Verteilung der angenommenen Antigen-Rezeptoren. Diese ist manchmal diffus, teilweise tritt sie fleckförmig auf und gelegentlich sogar in Ringform oder als polare Kappe. TAYLOR et al. [637] haben dies unjüngst genauer abgeklärt. Dabei hat es den Anschein, daß die Rezeptoren auf der Oberfläche ruhender Lymphocyten diffus verteilt sind, und daß es durch die Reaktion von Anti-Immunglobulin mit den Rezeptoren auf der Zelloberfläche zunächst zu einer polaren Kappenbildung kommt, und daß schließlich das Immunglobulin intrazellulär aufgenommen wird. Diese topologische Umverteilung ist temperatur-abhängig; bei 0 °C ist die Oberflächen-Fluoreszenz gänzlich ringförmig, während die Inkubation bei 37 °C eine Kappenbildung begünstigt; „Ring-Zellen" werden durch Inkubation bei 37 °C in „Kappen-Zellen" übergeführt, und zwar um so schneller, je mehr sich die Temperatur 37 °C annähert. Der Umverteilungsprozeß ist energetisch stoffwechsel-abhängig und kann durch Azide und Dinitrophenol blokkiert werden.

Es gilt als sicher, daß die Antigen-Rezeptoren Immunglobuline mit spezieller Membran-Affinität sind; möglicherweise stellen sie ursprünglich Membranproteine dar, wie dies BURNET [90] vorschlägt. Ihre energie-abhängige Umverteilung, was auch immer ihre Bedeutung sein mag, attestiert der dynamischen Membran eine höhere Flexibilität, als zum Beispiel die Umordnung der membran-assoziierten Partikel von Erythrocyten nach Phospholipase-C-Behandlung [597] oder pH-Verminderung [100].

Bisher ist noch unbekannt, was die Immunantwort „triggert", nachdem das Antigen gebunden ist. Man hat vorgeschlagen, daß auch hierbei der Adenylzyklase-cAMP-Mechanismus wesentlich beteiligt ist; dieser würde durch die Bindung des Antigens an die Oberfläche der Immunocyten ausgelöst. Wenn jedoch die „Stimulierung" der Immunocyten durch Con A und andere Phytagglutinie tatsächlich ein Modell für die einleitende Immunreaktion darstellt, so sprechen die sehr raschen Permeabilitäts-Veränderungen [244] und der veränderte Phospholipid-Stoffwechsel [167, 168] der lymphoiden Zellen eher für eine kooperative Membranantwort. Möglicherweise kommt es dabei zu einem lokalen Anstieg des Lysophosphatid-Spiegels; das Reaktionspotential dieser Stoffe in biologischen Systemen ist erheblich, wie aus ihren Wirkungen bei der Zellfusion [273] und der Veränderung von Membranproteinen [597] hervorgeht.

3.4. Komplement

An der Komplementwirkung ist die Plasmamembran in zweierlei Hinsicht beteiligt:
1. als katalytisch wirksame Oberfläche und Träger für die kaskadenförmige Freisetzung der Effektoren der Komplementwirkung.
2. als das primäre Ziel dieser Effektoren.

Zunächst soll die erstgenannte Beteiligung besprochen werden. Die verschiedenen Komplementkomponenten, sowie deren Reaktionssequenz sind von MÜLLER-EBERHARDT [432, 433] kürzlich genau beschrieben

Tabelle VI. 5. *Komplementkomponenten, die an verschiedenen Membran-Reaktionen teilnehmen*

C-Komponente[a]	Reaktion
S,A,C$\bar{1}$,4	Immun-Konglutination[b]
S,A,C$\bar{1}$,4,2a,3	Immun-Adhärenz[c]
S,A,C$\bar{1}$,4,2a,3,5	Komplement-abhängige Histamin-Freisetzung[d]
S,A,C$\bar{1}$,4,2a,3,5,6,7,8,9	Cytolyse

[a] S = Membran; A: Antikörper; Zahlen: Komplement-Komponenten. – [b] Die Immun-Konglutination wird durch ein Protein, Konglutinin, begünstigt, das im Serum bestimmter Wiederkäuer vorkommt und keine Beziehung zu Antikörpern hat. Die Reaktion erfordert den Kohlehydratanteil von C3 und die Gegenwart von Ca^{2+}. – [c] Unter der Immunadhärenz versteht man die Agglutination von EAC1-3 auf der Oberfläche von Stärkepartikeln und nichtsensibilisierter Primaten-Erythrocyten. – [d] Von Mastzellen.

worden. Die Komplement-Lyse eines Erythrocyten kann bereits durch ein einziges gebundenes IgM-Molekül oder zwei benachbarte IgG-Moleküle initiiert werden. Die komplement-induzierte Membran-Läsion ist primär ein die Ionenpermeabilität und/oder -Transport schädigender Vorgang, der sekundär zur osmotischen Lyse der Zelle führt.

Einige wichtige Wirkungen des Komplements auf Membranen sind in Tab. VI. 5. zusammengestellt. Die Reaktionssequenz der Komplementkomponenten, die zur Membranschädigung führt, geben die Abb. VI. 2. und VI. 3. wieder[1].

Der erste Schritt bei der C-induzierten Zell-Lyse ist die Bindung des Antikörpers an den Membran-Bindungsort. Die C-Komponente C1 bindet dann an den zellgebundenen Antikörper, wobei die Komponente in ihre enzymatisch aktive Form $\overline{C1}$ (= $\overline{C1}$-Esterase) übergeht. Dieses Enzym $\overline{C1}$ kann von einem Bindungsort auf der Membran zu einem anderen wandern, d. h. es liegt stets sowohl in der flüssigen Phase gelöst, als auch an die Membran gebunden vor. Das aktivierte $\overline{C1}$-Molekül induziert eine Bindung von C2 und C4 an die Membran. Dabei wird C4 enzymatisch in zwei Fragmente C4a und C4b gespalten. 5 bis 10% des C4b binden fest an die Membran oder an den Antikörper, während der Rest inaktiviert in die flüssige Phase übergeht. C2 wird durch die peptidolytische Wirkung von $\overline{C1}$ ebenfalls in zwei Bruchstücke, C2a und C2b, gespalten, von denen C2a an das zellgebundene C4b bindet. Dabei wird ein enzymatischer Komplex $C\overline{4b, 2a}$ (= C3-Konvertase) aufgebaut, der seinerseits C3 durch Spaltung in C3a und C3b aktiviert; C3b wird dabei an die Membran gebunden. So entsteht ein enzymatisch aktives Supramolekül $C\overline{4,2,3}$ (= C3-abhängige Peptidase), das C5 in C5a und C5b spaltet. 1% von C5b wird in aktiver Form an die Membran gebunden, während 99% inaktiv in die flüssige Phase übergehen. Danach reagieren C6 und C7 in einem noch nicht gänzlich aufgeklärten Reak-

---

[1] Im Rahmen einer international vereinbarten Nomenklatur werden in der Komplementforschung die folgenden Abkürzungen verwandt:

E	Erythrocyt
A	Antikörper
S	Einzelner Ort auf einer biologischen Membran, an dem eine Komplementreaktion erfolgt
C	Komplement
C1, C2, ... C9	Komplementkomponenten
SAC1, 4, 2, ... n SAC1–n	} Intermediärkomplexe
Cn a, b	Fragmente von Komplementkomponenten, die durch Lösung von Peptidbindungen im Ablauf der Komplementreaktion gebildet werden
$\overline{Cn}$	Enzymatisch aktive Komplementkomponente
Cn_i	Inaktivierte Komplementkomponente

tionsmechanismus mit C5b; C8 wird an diesen Komplex von C5b,6,7 absorbiert. Schon jetzt beginnt eine protrahierte Lyse der Zellen, die durch die Bindung von C9 extrem beschleunigt wird. Die finale Reaktion,

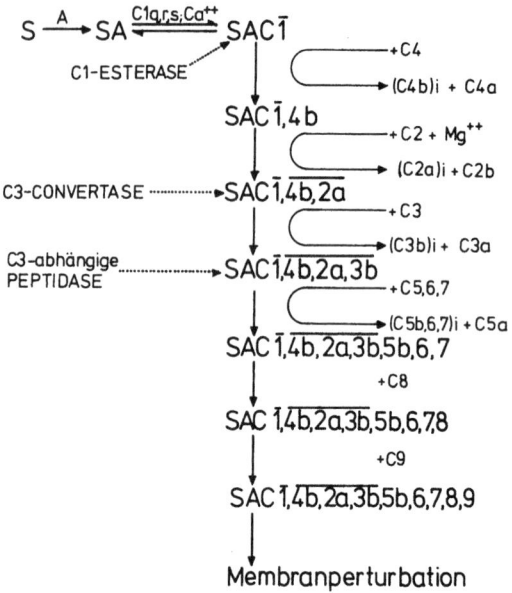

Abb. VI.2. Schematische Darstellung der klassischen hämolytischen Reaktionssequenz von Antikörper und Komplement mit Erythrocyten.

die letzlich zur Membranschädigung und Zellyse führt, ist noch unbekannt. Die Abb. VI.3. gibt diesen Reaktionsablauf noch einmal bildlich wieder.

Biomembranen und komplement-empfindliche Lipid-Membranen zeigen nach negativer Kontrastierung im Elektronenmikroskop nach der Einwirkung von Antikörper und Komplement kreisförmige Störstellen, die aus einem dunklen, zentralen Anteil bestehen und von einem hellen Ring begrenzt sind. Bei Anwendung von Humankomplement haben diese Defekte einen Durchmesser von 100 bis 110 Å, bei Meerschweinchenkomplement einen von 85 bis 95 Å. Die Natur der antigenen

Hämolytische Reaktionssequenz von Antikörper und Komplement

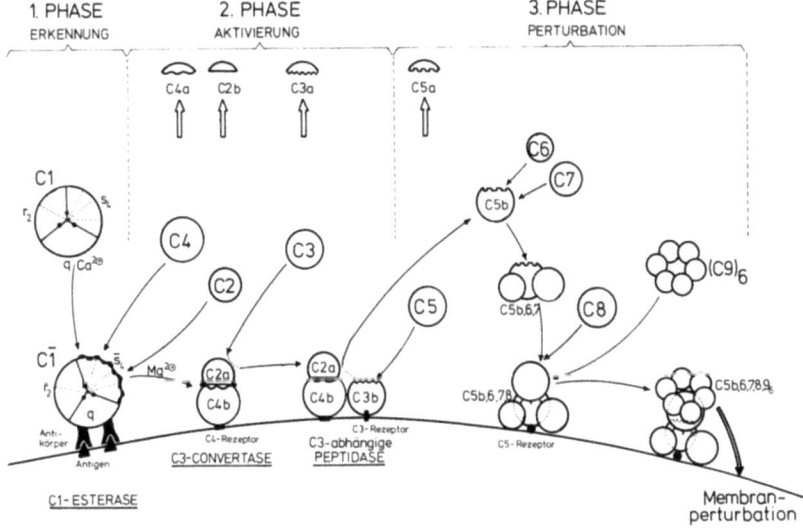

Abb. VI. 3. Graphische Darstellung der hämolytischen Reaktionssequenz; gezeichnet nach den Angaben in [433].

Determinante oder der Antikörperquelle hat keinen Einfluß auf dieses Aussehen [283]. Saponin-Einwirkung führt zu ähnlichen Defekten an Membranen von Rous-Sarkomzellen und an künstlichen Lipidmembranen; bei den letzteren scheinen die Defekte in einer hexagonalen Anordnung vorzuliegen. Das Antibiotikum Filippin ruft gleichfalls ähnliche Defekte hervor, doch haben die Störstellen einen Durchmesser von 125 Å. Während erhebliche Anstrengungen in bezug auf die Reinigung von Komplementkomponenten, der Aufklärung ihres Reaktionsmechanismus und der Messung ihrer physikochemischen Eigenschaften sowie der Definition ihrer biologischen Abbauprodukte unternommen wurden [432, 433], wurden nur wenige Arbeiten über biochemische Veränderungen am Zielobjekt des Komplement, nämlich des Plasmamembran veröffentlicht. Zudem haben sich die Forscher, die diese Frage zu klären versuchten, ausschließlich auf die Untersuchung der Lipide der Zielzelle, bzw. auf künstliche Lipidmembranen beschränkt. Dies war indes nur bedingt fruchtbar, trotz der frühen Arbeitshypothese, daß die Membran-Schädigung auf eine gesteigerte Lysolezithin-Freisetzung zurückzuführen sei; doch ist diese Auseinandersetzung noch nicht beendet. Sorgfältige Studien von INOUE und KINSKY [289] an künstlichen Liposomen deuten sicher darauf hin, daß die terminale Komplementwirkung nicht auf den Abbau von Membranlipiden zurückzuführen ist. Die Autoren wiesen nämlich nach, daß in dem Modell der künstlichen, komplement-empfindlichen Liposomen kein Lipidabbau stattfindet.

Die ersten Forscher, die Modellmembranen zum Studium immunologischer Reaktionen anwendeten, waren CASTILLO u. Mitarb. [95, 651]. Sie konnten zeigen, daß die Bindung von makromolekularem Antigen und entsprechenden Antikörpern einen verminderten elektrischen Widerstand der Lipid-Doppelschichten bewirkte. Komplement hatte dagegen auf ihr System keinen Effekt; ähnliche Widerstandsänderungen fanden sich auch bei Enzym-Substratbindungen in einer flüssigen Phase.

Unjüngst fanden jedoch BARFORT et al. [37] einen drastischen Abfall des elektrischen Widerstandes von Shingomyelin-α-Tocopherol-Doppelschichten in 0,1 M NaCl, wenn auf der einen Seite Antikörper und Komplement anwesend waren, und auf der anderen Seite das entsprechende Antigen (Insulin, Lysozym). Die Reaktion trat innerhalb weniger Minuten ein und bedurfte aktiven Komplements sowie minimaler Mengen von Antikörper. Schließlich konnten HAXBY et al. [253] sicher nachweisen, daß künstliche Liposomen, die FORSSMAN-Antigen, ein Glykolipid, enthalten unter der Einwirkung von Antikörper und aktivem Komplement für Glukose abnorm permeabel werden.

Diese Daten deuten darauf hin, daß sich unter dem Einfluß von Antigen, Antikörper und aktivem Komplement der physikochemische Zustand der Lipid-Areale verändert, ohne daß deswegen notwendigerweise der molekulare Charakter der Lipidmoleküle verändert wird.

Überraschenderweise sind bis in die jüngste Zeit nur geringe Anstrengungen gemacht worden einen möglichen Effekt des Komplements auf Membranproteine zu untersuchen. Das hatte seinen Grund darin, daß erst seit kurzem Fraktionierungsmethoden für Membranproteine bekannt sind. Die Anwendung der molekulargewichts-abhängigen SDS-Polyacrylamid-Gelelektrophorese von Membranproteinen vor und nach der Komplementlyse zeigt erhebliche Veränderungen im hochmolekularen Peptidbereich sowie das Auftreten neuer niedermolekularer Banden [331]. Durch Kombination der Fluoreszenz-Markierung aller Membranproteine mit Dansylchlorid [548] mit der SDS-Polyacrylamid-Gelelektrophorese in ein- und zweidimensionaler Technik lassen sich bei diesen veränderten Peptidmustern die absorbierten Komplementkomponenten und die Membranproteine voneinander unterscheiden und besondere Wechselwirkungen zwischen ihnen nachweisen [52, 330]. Diese Ergebnisse sind noch vorläufiger Natur und lassen vermuten, daß Membranproteine einen der primären Angriffspunkte des Komplementsystems bilden.

3.5. Zell-vermittelte Cytotoxizität

Das Problem der zell-vermittelten Cytotoxizität wurde unjüngst von PERLMANN und HOLM [488] dargestellt, doch bis vor kurzem lagen die beteiligten Membranvorgänge im Dunkeln, nämlich:
1. die Möglichkeit einer Kooperation zwischen immunologisch aggressiven Zellen
2. die Wirkung des Aggressor-Immunocyten auf die Plasmamembran der Zielzelle.

Bezüglich einer Zell-Zell-Kooperation haben HULSER und PETERS [281] am Modell von Phytagglutinin-stimulierten Lymphocyten deutlich zeigen können, daß es zu einer ionischen Kommunikation zwischen den stimulierten Zellen innerhalb weniger Minuten nach Beginn der Aktivierung kommt. Dies ergab sich aus der Messung des Abfalls des interzellulären elektrischen Potentials nach der Stimulation mittels Mikroelektroden. Diese Daten zeigen auf, daß eine solche Kommunikation nur nach der Stimulierung auftritt und nicht einem einfachen Zell-Zell-Kontakt oder einer Zell-Agglutination zuzuschreiben ist. Was die terminale Aktion der Immunocyten betrifft, so haben SELLIN, WALLACH und FISCHER [562, 563] gezeigt, daß sich zwischen $H2^b$-Immunocyten, die gegen $H2^d$-Mastocyten sensibilisiert waren, fluoreszein-permeable Zellverbindungen bilden. In getrennten Ansätzen wurden lymphoide Zellen oder Zielzellen durch Zugabe des permeablen Farbstoffes Fluoreszein-dipropionat, der intracellulär durch gesunde Zellen in das inpermeable Fluoreszein gespalten wird, mit Fluoreszein beladen. Bei der Ausbildung von Fluoreszein-permeablen Zell-Zell-Verbindungen zwischen markierten und nicht markierten Zellen kann der Übertritt des Fluoreszenz-Farbstoffes mikroskopisch verfolgt und quantifiziert werden. Eine typische Zellverbindung dieser Art zeigt die Abb. VI.4.

Zwischen Lymphocyten und Mastocyten des gleichen Tieres bilden sich keine Zell-Verbindungen. Es wurden aber eine signifikante Anzahl von „cell junctions" zwischen $H2^d$-Mastocyten und $H2^d$-Immunocyten von nicht immunisierten Tieren gefunden; dies tritt vermutlich infolge bereits vorhandener Immunocyten auf. Das Auftreten von „cell junctions" ist in Gegenwart von Lysolecithin, einem potenten Adjuvans und einem die Zellfusion fördernden Agens, gesteigert. Diese Daten weisen eindeutig darauf hin, daß bei der zellvermittelten Cytotoxizität die Membranen von Aggressorzellen und Zielzellen regional fusionieren und cytoplasmatische Brücken gebildet werden. Diese Brücken sind vorrübergehender Natur, so daß eine einzelne lymphoide Zelle von einer Zielzelle zur anderen wandern kann. Es bleibt offen, ob diese

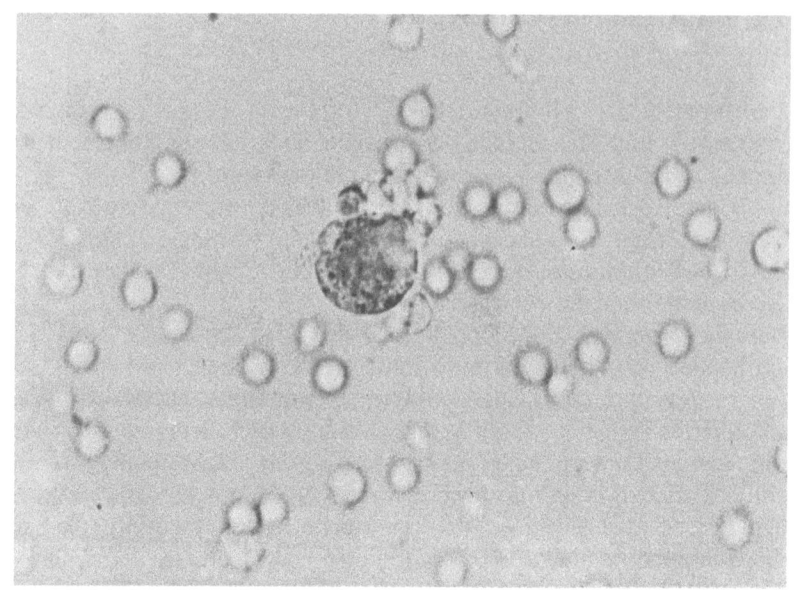

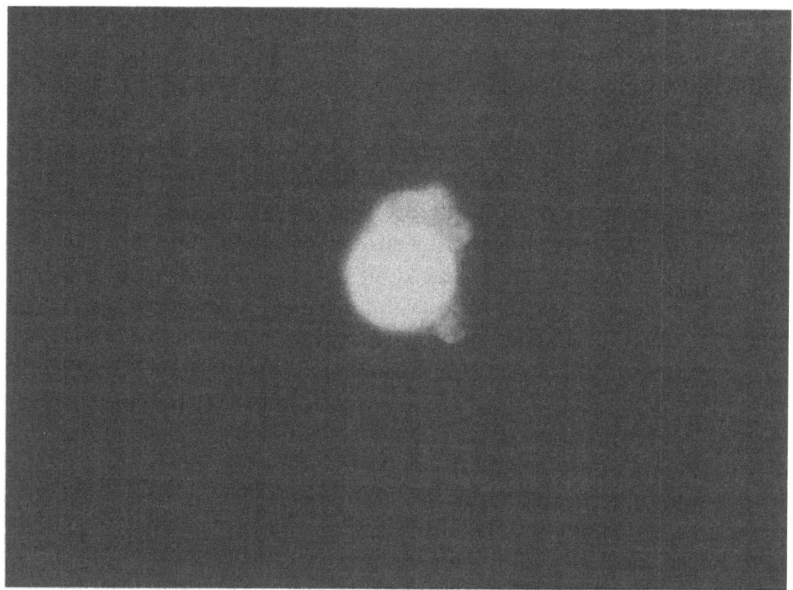

Abb. VI. 4. Entwicklung von „cell junctions" zwischen Aggressor-Lymphocyten und ihren Zielzellen während der zell-vermittelten Immuncytolyse. Oberes Bild: Phasenkontrast-Mikroskopie. Unteres Bild: Fluoreszenzmikroskopie. Die Zielzelle, Mastocytomzellen, wurden vor der Zugabe sensibilisierter Lymphocyten mit Fluoreszein markiert. Die Ausbildung von „cell junctions" wird durch den Übergang von Fluoreszein von der Zielzelle zu den Lymphocyten angezeigt [563]. (Mit Erlaubnis des European J. Immunol.)

Kontakte für die zell-vermittelte Cytotoxizität essentiell sind, und was dann an Material und/oder Information über diese „cell junctions" übergeht.

4. Toxische Metalle

4.1. Einleitung

Die Toxizität von Schwermetallen bildet eine immer drohendere Gefahr für Millionen von Menschen in der ganzen Welt. Um nur einige Beispiele zu nennen: die Abgase der Kraftfahrzeuge in einem Jahr enthalten mehrere Tonnen Blei; eine ständig wachsende Gefahr bildet auch das Quecksilber, das als Fungizid, und in zunehmenden Ausmaß als Katalysator in bestimmten Industriezweigen verwendet wird.

Man hat bereits umfangreiche Kenntnisse über die Bindungscharakteristika von verschiedenen Schwermetallen an biologisch aktive Gruppen, wie Carboxyl-Gruppen, Phosphate, Imidazol-, Phenoxyl-, Sulfhydryl- und Disulfid-Gruppen (s. Tab. VI.6.). Insbesondere Hg^{2+}-, aber auch Ag^+- und Cu^{2+}-Ionen haben eine sehr hohe Affinität zu SH-Gruppen. Doch diese Bindungscharakteristika spiegeln durchaus nicht alle biologischen Wirkungen dieser Substanzen wieder. Die Plasmamembran ist einer der wichtigsten Angriffspunkte der Schwermetalle, wobei es primär zu einer Schädigung derselben kommt, und sekundär, durch die Störung der Permeabilität für Schwermetalle, zu der Möglichkeit für diese, auch intrazelluläre schwermetall-empfindliche Funktionen zu stören. Aus technischen Gründen wurden die meisten grundlegenden

Tabelle VI. 6. *Bindungskonstanten (Log K_1) für einige toxische Metalle und kleine Moleküle* (nach [485])

Kation	RS^-	NH_3	Imidazol	CH_3COO^-
Hg^{++}	20	8,8	–	10,3
Ag^+	15	3,2	–	3,7
Cu^{++}	–	4,2	4,4	8,2
Pb^{++}	11	–	–	5,5
Cd^{++}	8	2,7	2,8	3,9
Ni^{++}	–	2,8	3,3	5,8
Co^{++}	9	–	–	4,6

Untersuchungen über die Wirkung von Schwermetallen an den Plasmamembranen von Erythrocyten durchgeführt. Dieses Gebiet wurde von PASSOW [485] sehr gut zusammenfassend dargestellt.

Beim Erythrocyten reagieren Pb^{2+}- und Hg^{2+}-Ionen extrem schnell mit empfindlichen Membrananteilen und penetrieren dann in das Innere der Zelle. Cu^{2+}- und Zn^{2+}-Ionen penetrieren nur sehr geringfügig und zeigen eine geringere Affinität zu Membrankomponenten. Thallium-Ionen scheinen in die Zellen durch Beeinflussung des Na^+-K^+-abhängigen Transportsystems einzudringen, während Uranyl-Ionen (UO_2^+) die Membranfunktion durch Komplexbildung mit Phosphat- und Carboxyl-Gruppen zu schädigen scheinen [541]. Fe^{3+}- und Cr^{2+}-Ionen werden nur sehr schwer gebunden und aufgenommen; Fe^{3+}-Ionen können an Retikulocyten mit einer Geschwindigkeit von 5×10^4 Ionen/Minute absorbiert werden, wenn die Ionen als Transferrin-Komplex vorliegen, bei dem zwei Fe^{3+}-Ionen mit drei Phenoxyl-Gruppen des Transferrins ein Chelat bilden [299–301].

Der Eisentransport durch die Retikulocyten-Membran ist zwar kein allgemeines Beispiel für die Toxizität von Metallen, aber es soll hier doch kurz dargestellt werden, zumal Eisen bei der Hämochromatose als toxische Substanz auftritt. Normale Retikulocyten können ca. 50000 Transferrin-Moleküle auf ihrer Oberfläche an spezifische Rezeptoren binden (das entspricht etwa 2% der gesamten Oberfläche); die Rezeptoren können durch Trypsinierung entfernt werden. Die Eisenaufnahme erfordert eine metabolisch aktive Zelle. Transferrin liefert Fe^{3+}-Ionen an die Zelloberfläche an; ausschließlich dieses Eisen wird metabolisiert und das Transferrin danach wieder freigesetzt. Dieser Mechanismus wird durch eine 5fach größere Affinität des Fe^{3+}-Transferrin-Komplexes für die Membranrezeptoren als freies Transferrin unterstützt.

4.2. Die Wirkung toxischer Metalle auf die Oberflächenladung

4.2.1. Elektrophorese

Bei neutralem pH tragen Zellen normalerweise eine negative Oberflächenladung und wandern im elektrischen Feld dementsprechend zur Anode. Bei Zugabe von Schwermetallen wird diese elektrophoretische Wanderung umgekehrt und zwar:

$$Th > UO_2 > La > Cu; \quad Ni > Ca, Sr, Ba, Mn$$

Man hat diese Erscheinung mit der Komplexbildung durch Phosphatgruppen erklärt [34]. Die negative Oberflächenladung der meisten Zellen rührt indes von den —COO⁻-Gruppen, insbesondere von der N-Acetylneuraminsäure her, die α-glykosidisch an Membranproteine gebunden ist [720]. Weiterhin ist die reale Oberflächenladung von Zellen, wie bereits von WALLACH et al. [687] dargestellt wurde, durch keine der bisher bekannten Methoden zu ermitteln. So liefern die bisher beobachteten Metalleffekte keine sicheren Daten über die Beteiligung von Metall-Rezeptoren und -Reaktionen.

$$\text{Ac—N} \underset{}{\overset{\text{CH—CH—CH}_2\text{OH}}{\bigg|\quad\bigg|}} \text{—O—COO}^{\ominus} \qquad \text{Ac.:} \quad \text{H}_3\text{C—C} \overset{\text{O}}{\underset{}{\diagdown}}$$

4.2.2. Agglutination

Wie bereits in Kap. VI. Abschn. 2.3. diskutiert [687], wird ein Zell-Zell-Kontakt durch eine gleiche Oberflächenladung verhindert. Diese Eigenschaft wird durch die Bindung aller bisher getesteten multivalenten Metall-Ionen bei hohen Ionenstärken vermindert (s. Tab. VI. 7.). Die agglutinierenden Eigenschaften von Metallen sind bei niedrigen Ionen-

Tabelle VI. 7. *Kationen-induzierte Agglutination menschlicher Erythrocyten*[a]

Kation[b]	μMol des Kations in 0.15 M NaCl, die zur Agglutination der Erythrozyten benötigt werden
Ca^{2+}, Cu^{2+}, $Th^{4+[c]}$, Ti^{3+}	0,1–1,0
Al^{3+}	0,1–1,0
Fe^{3+}, Cr^{3+}, Sn^{4+}, Zn^{2+}	1,0–5,0
Rb^{2+}	5,0–10,0
$Ag^{+[c]}$, HAu^{4+}	10,0–50,0[e]
Cd^{2+}	50,0–100,0[e]
Ni^{2+}	50,0–100,0
$Mn^{2+[d]}$, $Co^{2+[d]}$	100,0–500,0
Hg^{2+}	100,0–500,0[e]

[a] Nach JANDL und SIMMONS [301]. – [b] Soweit nicht anders angegeben, werden die Kationen als Chloride zugegeben. – [c] Als Nitrat zugegeben. – [d] Als Sulfat zugegeben. – [e] Silber, Gold, Cadmium und Quecksilber rufen unter den Bedingungen minimaler Agglutination eine starke Hämolyse hervor [301].

stärken und höherem pH noch ausgeprägter. Polycarbonsäuren verhindern die schwermetall-induzierte Agglutination, ebenso wie die Zugabe von Plasmaproteinen.

Cr^{3+}-, Fe^{3+}-. Th^{3+}-, und Al^{3+}-Ionen können bestimmte Proteine fest an die Erythrocytenmembran einiger Spezies binden, die daraufhin durch entsprechende divalente Immunglobuline agglutinierbar werden. Dieser Sensibilisierungs-Effekt tritt nur bei gleichzeitiger Zugabe von Metall-Ionen und den Proteinen zu den Zellen auf. Dieses Phänomen ist auch für den klinisch soweit verbreiteten COOMBS-Test wichtig.

4.2.3. Spezifische Effekte einzelner Metalle

4.2.3.1. Quecksilber

Organische und anorganische Quecksilberverbindungen können den aktiven und passiven Transport durch die Blockierung entscheidender SH-Gruppen ganz wesentlich beeinflussen. An Erythrocyten, die bei weitem am meisten untersucht wurden, rufen Quecksilberverbindungen sowohl einen schnellen intrazellulären K^+-Verlust, als auch einen schnellen Na^+-Einstrom hervor. Andere Zellen verhalten sich ähnlich und auch der Aminosäure-Transport kann betroffen sein. In den folgenden Ausführungen soll sich im wesentlichen auf die Wirkung der anorganischen Quecksilber-Verbindungen beschränkt werden. Im Gegensatz zu anderen toxischen Metallen ist die Affinität des Quecksilbers für SH-Gruppen so groß, daß diese Gruppen sicherlich zu den primären Angriffsorten des Quecksilbers gehören. Es ist jedoch auch möglich, daß zwei oder mehrere andere chemische Gruppen topologisch so angeordnet sind, daß sie eine Chelatbildung mit Quecksilber mit ähnlicher Stabilität wie die Quecksilber-Mercaptide erlauben. Weiterhin kann sich aus sterischen Gründen und infolge der Nähe einer geladenen Aminosäure-Gruppe die Affinität einer gegebenen Membran-SH-Gruppe und die daraus resultierende Stabilität des Quecksilber-Komplexes, von der der freien Quecksilberverbindung unterscheiden [699]. Außerdem reagieren Hg^{2+}-Ionen sehr heftig mit ungesättigten Kohlenwasserstoffverbindungen [302, 303], einschließlich derer in der Membran [618]; dabei bilden sich die folgenden Addukte:

$$\begin{array}{cc} Hg^+ & OH \\ | & | \\ -C-\!\!\!-C- \\ H & H \end{array} \qquad \begin{array}{c} Hg^+\!\!-\!\!CH_2\!\!-\!\!CH_2 \\ \diagdown \\ O \\ \diagup \\ Hg^+\!\!-\!\!CH_2\!\!-\!\!CH_2 \end{array}$$

Bei physiologischem pH ist das Verhältnis von ($HgCl_2/Hg_{total}$) ungefähr 0.3; unter diesen Bedingungen reagiert Quecksilber unter Bildung der folgenden beiden Komplexe:

R—S—Hg und R'—S—Hg—R''.

Organische Quecksilberverbindungen sind Beispiele des letztgenannten Typs, wobei R'' den organischen Rest des Reagens darstellt.

Wegen der möglichen Chelatbildung und der Reaktionsmöglichkeit mit —C=C-Bindungen ist es unwahrscheinlich, daß alles Quecksilber, das an die Membran gebunden wird, mit den SH-Gruppen reagiert. 182×10^{-18} Mol metallischen Quecksilbers reagieren mit den Bindungsstellen von einem Erythrocyten-Ghost [607]; das ist ungefähr die fünffache Menge, die für die Sättigung der SH-Gruppen nötig wäre. Die Hauptbindungsstellen werden bei der intakten Zelle in der nachstehenden Reihenfolge gesättigt: Membran, Hämoglobin, Gluthation-SH. Aminosäureanalysen der Erythrocytenmembran [539] ergeben, daß ungefähr 1% der Aminosäuren Cystein darstellen. Dieser Anteil reicht aus, um die Bindung von organischen Quecksilberverbindungen zu erklären, ist aber für die Bindung von metallischem Hg^{2+} zu klein. Diese Diskrepanz kann auf der zu niedrigen Bestimmung der vorhandenen SH-Gruppen, infolge der Bildung von —S—Hg—S-Verbindungen in der Membran beruhen, oder es müssen noch andere Liganden vorhanden sein.

Organische Quecksilberverbindungen hemmen den aktiven Transport von Na^+- und K^+-Ionen durch die Erythrocytenmembran, ebenso wie die Na^+-K^+-aktivierte ATPase [485]. Anorganisches Quecksilber verhält sich dagegen etwas anders. Es hemmt die ionen-spezifische *und* kationen-insensible ATPase der Membran; es ruft eine vermehrte passive Permeabilität von Na^+- und K^+-Ionen etc. (aber keiner größeren Ionen) hervor, wie sie auch bei den organischen Quecksilberverbindungen gesehen wird. Bei anorganischem Quecksilber sind die maximalen Permeabilitätsänderungen wesentlich ausgeprägter, treten sehr viel schneller auf und erreichen bei einer bestimmten Quecksilberkonzentration ihr Maximum. PASSOW [485] schlägt vor, daß dieses Phänomen durch eine bifunktionelle Bindung der Hg^{2+}-Ionen durch nahe benachbarte SH-Gruppen erklärt werden kann. Dann würde bei [SH]>[Hg^{2+}] der Komplex —S—Hg—Cl vorherrschen, wie dies auch bei den organischen Quecksilberverbindungen der Fall ist; bei mittleren Konzentrationen von Hg^{2+} würden sich Verbindungen des Typs —S—Hg—S— bilden, und bei hohen Konzentrationen von Hg^{2+} käme es erneut zur Bildung von Verbindungen des Typs —S—Hg—Cl. In allen diesen Fällen spiegeln sich in den veränderten Permeabilitätseigenschaften spezifische Veränderungen der Proteinstrukturen wider.

4.2.3.2. Blei

Die im allgemeinen löslichen Bleisalze (mit Ausnahme des Bleiphosphates mit einem Löslichkeitsprodukt von 10^{-30}) führen zu einer Schädigung biologischer Funktionen in Konzentrationen von 10^{-4} M oder geringer. Im Gegensatz zu seiner hohen Affinität für Phosphate ist die Bindung von Blei an SH-Gruppen mindestens 100 mal geringer als die von Hg^{2+}, Au^{3+} und Cu^{2+} (s. Tab. VI.6.). Man nimmt deshalb an, daß für die toxische Wirkung von Blei verschiedene Phosphatgruppen verantwortlich sind. Man weiß seit langem, daß Blei die funktionellen und physikalischen Eigenschaften der Plasmamembranen schädigt. Erythrocytenmembranen, die gegen dieses Metall hochempfindlich sind, haben in jüngsten Untersuchungen Aufschluß über die Wirkungsweise dieses Metalls gegeben [485]. Geringe Konzentrationen von Pb^{2+}-Ionen (10^{-7} M Pb^{2+}/g Zellen) steigern den K^+-Ausfluß um das 100fache. Dieser K^+-Verlust erfolgt zunächst außerordentlich rasch, sinkt aber nach einer bestimmten Zeit nach der Pb^{2+}-Zugabe auf eine geringe Geschwindigkeit. Obwohl weder die Natur, noch die Zahl der Pb^{2+}-bindenden Orte auf der Membran bekannt sind, weiß man, daß der Anteil des gebundenen Pb^{2+}, der für die Transportveränderungen verantwortlich ist, wesentlich geringer ist, als das gesamte gebundene Blei pro Zelle [226]. Weiterhin benötigen hämoglobinfreie Erythrocytenmembranen lediglich 10^6 Pb^{2+}-Ionen pro Zelle für eine maximale Veränderung im Vergleich zu 10^7 Pb^{2+}-Ionen pro intakte Zelle; die erstere Zahl könnte die Anzahl der Membran-Bindungsstellen für Blei darstellen, unter der Voraussetzung, daß es während der Hämoglobin-Entfernung nicht zu einer Reorganisation der Membran kommt.

Im Gegensatz zu Quecksilber führt die Bleivergiftung zu einer Volumenverminderung der Zellen. Messungen der Volumenverteilung in Zellpopulationen zeigen, daß mit steigender Bleikonzentration ein zunehmender Anteil der Zellen schrumpft, während die anderen Zellen ihr normales Volumen behalten. Die geschrumpften Zellen sind osmotisch weniger fragibel und enthalten geringere Kalium-Konzentrationen als normale Zellen. Diese Daten deuten auf eine „alles-oder-nichts"-Phänomen hin. Eine gegebene Zelle, die der Wirkung von Pb^{2+}-Ionen ausgesetzt wird, verliert entweder sehr schnell Kalium oder verbleibt in normalem Zustand. Damit ließe sich der anfänglich hohe Verlust an Kalium erklären. Die verbleibenden Zellen besitzen weiterhin eine normale Kalium-Konzentration, die nur sehr langsam vermindert wird; damit wird die zweite Phase des Kalium-Verlustes erklärt. Die meisten Zellen erholen sich nach Entfernung des Bleis wieder, doch benötigt dieser Vorgang 1 bis 6 Stunden.

Bei hohen Pb^{2+}-Konzentrationen verlieren alle Zellen der Population Kalium mit hoher Geschwindigkeit, und unter diesen Bedingungen wird der dem Kalium-Verlust zu Grunde liegende Mechanismus offensichtlich; zunächst kommt es zu einem massiven Verlust von intacellulärem ATP, der durch rechtzeitige Zugabe von 2,3-Phosphoglyzerat, einem bekannten Pb^{2+}-Komplexbildner nicht verhindert werden kann [354, 370].

Die Spezifität der Blei-Ionen ist bemerkenswert. Eine 10^3fache Zunahme im K^+- oder Rb^+-Ausfluß ist von keiner wesentlichen Beeinflussung der Na^+-Ionenverteilung begleitet. Die Kalium-Permeabilität wird noch in einer anderen Weise beeinflußt; unmittelbar nach der Pb^{2+}-Zugabe tritt $^{42}K^+$- in die Zelle, entgegen den eigenen Konzentrationsgradienten, ein. Das Verhältnis von $(^{42}K^+_{innen}/^{42}K^+_{außen})$ steigt schnell bis 3 an und fällt dann auf 1 zurück. Ein aktiver Transportmechanismus ist hier nicht beteiligt, und die Energie für die vorübergehende $^{42}K^+$-Ansammlung rührt von dem gleichzeitigen Ausfluß von nicht radioaktivem K^+ aus der Zelle über einen träger-gebundenen Transportmechanismus her. Möglicherweise aktiviert Pb^{2+} normal vorhandene, aber nicht benötigte, Träger und erzeugt auf diese Weise die hoch spezifischen Veränderungen der K^+-Permeabilität.

4.2.3.3. Kupfer

Cu^{2+}-Ionen verändern die Funktion der Erythrocytenmembran ebenfalls in einer hoch spezifischen Weise. Sie schädigen den träger-abhängigen Transport von Glyzerin, ohne jedoch das Glukose-Transportsystem zu beeinflussen [603]. Dieser Effekt bedarf nicht der Beteiligung von membranständigen SH-Gruppen, sondern benötigt notwendig Histidin und möglicherweise NH_2-Gruppen. Der wesentliche Abfall des Glyzerin-Transportes mit einem geringen Anstieg der H^+-Konzentration (bis nahe pH 7.0) deuten auf das erstere hin. Die Hemmung benötigt vermutlich zwei Kupfer-Ionen am Ort des aktiven Transportes für Glyzerin. In gleicher Weise, aber weniger ausgeprägt, wird der Glyzerin-Transport durch Ni^{2+} und Au^{3+} geschädigt; auch Co^{2+} schädigt diesen Transport, aber in einer weniger spezifischen Art.

4.2.3.4. Thallium

Tl^+ hat einen Kristallradius, der zwischen dem von K^+ und Rb^+ liegt. Bei Konzentrationen unterhalb 1 mM verhält es sich wie K^+ in seiner Wirkung auf das Riesenaxon des Tintenfisches. Bei höheren Konzentrationen wird es toxisch und stimuliert dann den Kalium-Ausfluß aus der Zelle [434, 657].

Die Toxizität von Tl^+ rührt vermutlich von einer kompetitiven Hemmung des physiologischen Na^+-, K^+-Transportes her. PAPP et al. [482] haben auf dieser Basis therapeutische Diäten entwickelt. Dementsprechend erfordert die intrazelluläre Tl^+-Ansammlung metabolische Energien. Die Tl^+-Aufnahme durchläuft zwei Phasen: eine anfängliche schnelle, die durch Herzglykoside (0.1 mM) oder durch extrazelluläres K^+ gehemmt werden kann, und eine anschließende insensiblere langsame Phase [199].

4.2.3.5. Platin

cis-[PtCl$_2$(NH$_3$)$_2$] und verschiedene andere Platinverbindungen hemmen die Protein-, RNA- und DNA-Synthese und sind deshalb als onkostatische Agentien benutzt worden. Jüngste Untersuchungen [243] nehmen an, daß auch diese Verbindungen an die Plasmamembran gebunden werden und dabei die Aufnahme der Nukleotid-Vorstufen in die Zelle beeinträchtigen. Modelluntersuchungen über die Wechselwirkungen zwischen cis-[PtCl$_2$(NH$_3$)$_2$] an Erythrocyten-Ghosts [266] bestätigen diese Vermutung; dabei zeigte sich nämlich eine wesentliche Herabsetzung der Membran-Tryptophan-Fluoreszenz bei 350 nm durch den Platin-Komplex, der selbst bei 330 bis 390 nm absorbiert. Diese Daten beweisen jedoch nicht die Bindung des Platin-Komplexes spezifisch an die Membran-Tryptophanreste.

4.2.3.6. Uran

Die Toxizität von Uran ist hauptsächlich auf die UO$_2^{2+}$-Ionen, die sich nicht bei neutralem pH bilden, wegen der Bildung von Komplexen mit OH$^-$-Ionen, zurückzuführen. Deswegen wurden die meisten Untersuchungen über die Toxizität des Urans an säurestabilen Hefen durchgeführt. Diese Untersuchungen, ebenso wie andere toxische Effekte die an Tieren beobachtet wurden, wurden kürzlich von ROTHSTEIN [541] zusammenfassend dargestellt.

Die toxische Wirkung der Uranyl-Ionen entfaltet sich auf den Zelloberflächen. Dort bildet es stabile, aber reversible Komplexe mit Phosphat- und Carboxyl-Gruppen ohne die Membran zu durchdringen. Die wesentlichste Folge dieser Bindung ist eine Beeinträchtigung des Zuckertransportes in die Zellen. Nach den Ergebnissen der intensiven Studien an den Hefen, führt die Blockierung der Phosphatgruppen zu einer Blockierung des aktiven Transportes insbesondere für Glukose; dagegen führt die Komplexierung der Carboxyl-Gruppen im wesentlichen zu einer erleichterten passiven Diffusion. Es ist durchaus möglich, daß zusätzliche Transportmechanismen bei Säugetieren geschädigt werden, z. B. der Galaktose-Transport bei der intestinalen Mukosa [455]. Der wesentlichste toxische Effekt des Urans bei Säugetieren ist seine Schädigung der Nieren. Infolge eines Anstieges des pH-Wertes des Urins in den renalen Tubuli ist eine Bildung der toxischen Uranyl-Ionen möglich. Dieser schädigt die Glukose- und Aminosäure-Resorption und führt möglicherweise zur Destruktion der renalen Tubuli [486].

5. Veränderung der menschlichen Erythrocytenmembran infolge Hämoglobinmutanten

5.1. Einleitung

Wir haben schon dargestellt, daß experimentelle Daten darauf hindeuten, daß sich das Hämoglobin in nächster Nähe zur internen Oberfläche der Erythrocytenmembran befinden muß, da sich die β-Kette des Hämoglobins durch kleine bifunktionelle Reagentien an Membranproteine kuppeln läßt. Auch ohne solche chemischen Daten muß der physikochemische Einfluß dieses Proteins, das in einer solch hohen Konzentration vorhanden ist, auf die Membraninnenseite ganz erheblich sein. Außerdem muß noch berücksichtigt werden, daß das Hämoglobin-Molekül zu sehr ausgeprägten Konformations-Übergängen fähig ist, die entsprechende lokale physikochemische Konsequenzen nach sich ziehen [489]. Solche strukturellen Veränderungen treten dann auf, wenn Fe^{2+}-Hämoglobin zu Fe^{3+}-Hämoglobin oxidiert wird oder Hämoglobin, das einen Liganden trägt (z. B. O_2 oder CO), in Hämoglobin ohne Liganden übergeht. Letzteres aber ist die normale physiologische Situation bei der Oxygenation und Desoxygenation; jeder Effekt, den Hämoglobin auf die Membranstruktur haben könnte, sollte unter diesen Umständen sehr erheblich sein. Leider ist bislang der Effekt des Hämoglobins auf den Zustand der Erythrocytenmembran nicht untersucht worden, da, entsprechend der hohen O_2-Affinität des Hämoglobins, Arbeiten an Erythrocytenmembranen stets mit Zellen durchgeführt worden sind, die $Hb-O_2$ enthielten. Trotz dieses Mangels an experimentellen Untersuchungen, kann man auf Grund der Kenntnisse über die abnormen Hämoglobine annehmen, daß der Zustand des Hämoglobins die Funktion der Erythrocytenmembran beeinflussen kann. Außerdem ist Hämoglobin in noch nicht bekannter Weise an der Deformationsfähigkeit der Erythrocytenmembran in Abhängigkeit vom Zellstoffwechsel beteiligt [701].

5.2. Sichelzell-Hämoglobin (Hb S)

Morphologische Membranveränderungen während der Bildung von Sichelzellen sind schon lange bekannt. Alle diese Untersuchungen zeigen, daß in diesem Prozeß Hb S parallele Filamente bildet, die die Membran deformieren. Die Hämoglobin-Veränderungen sind, ebenso wie die Membrandeformationen, reversibel. Nicht reversible, permanente Membrandeformationen, wie sie oft bei Sichelzell-Erkrankungen gesehen werden, stellen vermutlich eine Membranschädigung während längerer Perioden der Zellsequestrierung in Zellaggregate dar, da eine sichelförmige Membran nicht notwendig Sichelzellhämoglobin in filamentärer Form enthalten muß.

Die oben beschriebenen Veränderungen könnten rein mechanischer Natur sein, doch zeigen eine Reihe von Untersuchungen, daß dieses Phänomen doch komplexer ist. So fanden BESSIS et al. [51] in Anlehnung an vorläufige Untersuchungen von PONDER [498], daß normale, ebenso wie Sichelzell-Erythrocyten, myelinförmige Protusionen an ihren Zelloberflächen bilden. Tritt die Sichelzellbildung bei niedrigem pO_2 auf, verändern sich diese Membranprotusionen ebenso wie solche, die von der Membran abgetrennt wurden zu festen runden Stäbchen. Dies läßt eine enge Assoziation von Hb S mit der Membran vermuten. Weiterhin verhalten sich Sichelzellen bei hohem pO_2 gegenüber agglutinierenden Antiseren normal; demgegenüber besitzen sie bei niedrigem pO_2 eine äußerst geringe Agglutinationsfähigkeit. Andererseits agglutinieren die Zellen, die bei niedrigem pO_2 mit Antiseren behandelt und vom Überschuß des Serums befreit wurden, wenn sie anschließend zu einem normalen pO_2 gebracht werden; das heißt, der Antikörper wurde gebunden.

Höchst interessant sind die Studien von TOSTESON u. Mitarb. über den Effekt der Sichelzellbildung auf den Ionentransport. In einem ersten Bericht [653] stellt die Arbeitsgruppe fest, daß homozygote Sichelzellen (SS-Zellen) eine erhöhte Kalium-Permeabilität in N_2 und einen Netto-K^+-Verlust zeigen. Dieser Effekt stand in keiner Beziehung zum Plasma, zur Zellpopulation oder zum Zellalter und konnte durch Bindung von O_2 oder CO an das Hämoglobin wieder rückgängig gemacht werden. Die Autoren schlagen einen spezifischen Membrandefekt zur Erklärung vor, da sie keine selektive Na^+- oder K^+-Affinität in konzentrierten SS-Lösungen in O_2 oder N_2-Atmosphäre nachweisen konnten.

Dann konnte bewiesen werden [654], daß bei der Sichelzellbildung auch die Na^+-Permeation gesteigert wird. Cs^+ verhält sich in Bezug auf den aktiven Transport wie K^+, kann aber auch durch einfache Diffusion permeieren. TOSTESON schlägt daher vor, daß die Sichelzellbildung den träger-gebundenen Transport von Na^+ und K^+ und in geringerem Ausmaß auch für Cs^+ beschleunigt. Gleichzeitig werden Diffusionswege für alle diese Kationen geöffnet.

5.3. Hämolyse infolge „instabiler" Hämoglobine

Nicht nur das Sichelzell-Hämoglobin, sondern auch viele andere genetische Hämoglobin-Varianten sind infolge der parallelen Abnormitäten an der Erythrocytenmembran mit hämolytischen Krankheitsbildern verbunden (s. Tab. VI. 8.). All diese Varianten sind durch einen Aminosäure-Austausch in dem Globin-Anteil des Hämoglobins, normalerweise in der β-Kette charakterisiert; sie zeigen immer eine besondere Hitzelabilität des Hämoglobins, unterschiedliche Ausmaße an osmotischer Fragilität und in vitro eine Autohämolyse der Erythrocyten. Bezeichnenderweise sind von den 11 Aminosäureresten, die der prosthetischen Gruppe am nächsten sind [93] 7 oder 8 in den instabilen Hämoglobinen ausgetauscht; jüngere Untersuchungen über die Ausdehnung der Häm-Bindungsstelle, lassen sogar vermuten, daß die Korrelation bei 100% liegt.

Tabelle VI. 8. *Veränderte mechanische Resistenz von Erythrocytenmembranen infolge genetischer Hämoglobinvarianten*[a]

Hämoglobin	Globin-Kette[b]	Aminosäure-Austausch
Köln	β-98	Val → Met
Ube-1		
Genua	β-28	Leu → Pro
Sydney	β-67	Val → Ala
Hammersmith	β-42	Phe → Ser
Gun Hill	β-91–97	5 Aminosäurereste fehlen
Wien	β-130	Tyr → Asp
Santa Ana	β-88	Leu → Pro
Sabine	β-91	Leu → Pro
Riverdale-Bronx	β-24	Gly → Arg
Philly	β-35	Tyr → Pro

[a] Eine vollständige Aufstellung geben CARRELL und LEHMANN [93]. – [b] In fast allen bekannten Fällen ist die β-Kette betroffen; es wurden aber auch über Fälle von Abnormalitäten in der α-Kette berichtet.

Einer der interessantesten Aspekte bei dieser Krankheitsgruppe ist der Umstand, daß eine solch große Mannigfaltigkeit genetischer Defekte gleichartige zelluläre Defekte hervorrufen. Alle Aminosäure-Austausche sind derart, daß sie die Assoziation von Häm und Globin schwächen; das Globin ist aber nur dann in einem stabilen Zustand, wenn es mit der prosthetischen Gruppe eine feste Verbindung eingeht. So ist es wahrscheinlich, daß diese abgeschwächte Häm-Globin-Assoziation für die Labilität des betroffenen Globins verantwortlich ist.

Es scheint uns wesentlich, daß alle diese Erkrankungen die β-Kette betreffen, da diese, wie in Kap. III. Abschn. 2.3.4. ausgeführt wurde, in unmittelbarer Nähe der Erythrocytenmembran lokalisiert ist. Es ist die wahrscheinlichste Erklärung für den pathologischen Prozeß, daß die instabilen Hämoglobine in der Lage sind, (Hb—S—S-Membran)-Bindungen einzugehen, die zu einer Labilisierung der Membran führen. Dies ist nach den Untersuchungen von JACOB u. Mitarb. [293] zum mindesten für das Hb-Köln sehr wahrscheinlich.

5.4. Hb Köln

JACOBS Arbeitsgruppe war unter den ersten, die zeigen konnte, daß SH-Inhibitoren die normale Kationen-Permeabilität der Erythrocytenmembran zerstören und zur Sphärocytose und Hämolyse führen [293]. Sie schlugen vor, daß dies auf der Bildung von S—S-Brücken mit der SH-Gruppe der β-Kette in der Stellung 93 zurückzuführen ist. In dieser Beziehung sind Untersuchungen, die demonstrieren, daß der Ersatz des Valins bei β-98 die Affinität des Häms zu dem Häm-gebundenen Histidin bei β-92 vermindert und die Reaktivität der SH-Gruppe bei β-93 steigert, äußerst bedeutsam [292]. Diese Ergebnisse sind nicht überraschend, wenn man die räumliche Nähe von β-98, β-92 und β-93 (s. Abb. VI. 5.) betrachtet, und weiterhin berücksichtigt, daß β-93 für die Hämoglobin-Struktur bedeutungsvoll ist [489] und ein Häm-Verlust das Globin-Protein labilisiert. Da zwei β-93 SH-Gruppen beim Hb-Köln leicht oxidiert werden können und das Verhältnis des Häm-Austausches $(\beta:\alpha=4)$ beträgt, schlagen die Autoren vor, daß sich um so leichter S—S-Brücken zwischen dem Globin-β-93-SH und Membran-SH-Gruppen bilden können, je kleiner die intrazelluläre Konzentration von reduziertem Glutathion (GSH) ist.

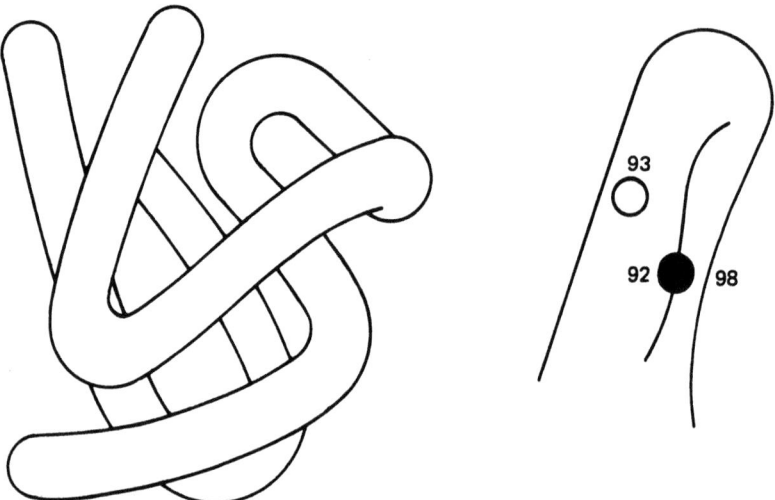

Abb. VI. 5. Faltung der Peptidkette der β-Kette des Humanhämoglobins. Das eingesetzte Bild zeigt den Bereich der Aminosäurekette, in dem die Aminosäuresubstitution beim Hb Köln (β-98: Valin ⟶ Methionin) erfolgt. Aus anderen Untersuchungen [608] läßt sich indirekt schließen, daß dieser Teil der β-Kette in der unmittelbaren Nachbarschaft bestimmter Membranproteine auf der Innenseite der Zelloberfläche lokalisiert ist, und daß es an diesem Ort zu der bei der Krankheit auftretenden Membranveränderung kommt [292].

6. Intrazelluläre Parasiten

6.1. Einleitung

Ein wesentliches, dramatisches und häufiges Ereignis in der Membranbiologie ist das Eindringen von einer Zelle in eine andere: z. B. ein Spermium in eine Eizelle, eine Parasit in eine Wirtszelle oder eine Zelle in eine andere Zelle. Die dabei beteiligten Mechanismen sind aber noch wenig untersucht.

Die Durchdringung der Plasmamembran einer Wirtszelle durch einen Parasiten mit einem obligatorischen intrazellulären Zyklus ist für das Überleben des Parasiten von entscheidender Bedeutung. Kenntnisse über die beteiligten molekularen Prozesse würden mit Sicherheit die Behandlung dieser Krankheit wesentlich verbessern. Die medizinische Bedeutung dieses Problems ist außerordentlich groß; dies zeigt allein die Tatsache, daß es auf der Welt insgesamt nicht weniger als 30 Millionen Malaria-Kranke gibt.

6.2. Passiver Eintritt

Viren binden normalerweise an spezifische Oberflächenrezeptoren, bevor sie in die tierische Zelle eintreten [11, 112, 268, 407, 492, 656, 736, 738]. Das Eindringen mag die Phagozytose oder andere Mechanismen, vermutlich Pinozytose, die keine zelluläre Energie benötigen, in Anspruch nehmen [112, 268]. Einige größere Viren enthalten Enzyme (z. B. Neuraminidase), die in der Lage sind, auf der Zelloberfläche zu wirken; aber diese Enzyme sind offensichtlich nicht für den Eintritt des Virus in die Zelle nötig. Die Möglichkeit, daß virale Proteasen oder Lipasen bei der Membran-Penetration beteiligt sind, wurde bisher noch nicht genau untersucht, obwohl ZHDANOV und BUKRINSKAYA [738] für das Sendai-Virus ein die Zellwand zerstörendes Enzym fordern. Es ist auch vorgeschlagen worden, daß zelluläre, lysosomale Enzyme bei dem Eintritt des Virus beteiligt sind [11, 656]. Biologische Prozesse, die einen passiven Kontakt zwischen Zellen und kleinen Partikeln oder zwischen verschiedenen Zellen voraussetzen, hängen von Veränderungen der physikalischen Kräfte, die die Wechselwirkung von geladenen Partikeln bestimmen, ab [375, 490, 687]. Viren, Parasiten und Zellen tragen eine negative Ladung. Im allgemeinen führt deshalb die elektrostatische Oberflächenladung zu einer Abstoßung zwischen solchen Partikeln, während verschiedene Kräfte, vor allem entropische Mechanismen und van-der-WAALSsche Kräfte, einen Kontakt zwischen den Partikeln begünstigen. Weiterhin lassen jüngste Studien [83, 203, 204, 723] über die Beziehung zwischen Membranoberflächenpotential, Struktur und Funktion vermuten, daß Veränderungen des Membran-Oberflächenpotentials notwendig mit einer Reorientierung polarer Gruppen in dem Membran-Kern verbunden sind. GINGELs Arbeit [203] demonstriert, daß das verminderte Oberflächenpotential bei Zellkontakten im Einklang mit dieser Hypothese steht; noch wesentlicher ist der Nachweis an Modellsystemen, daß Veränderungen des Oberflächenpotentials eine Reorientierung apolarer Membranbereiche nach sich ziehen; so ergeben IR-Untersuchungen an Phospholipid-Modellmembranen [420] eine klare Abhängigkeit der Orientierung der Kohlenwasserstoff-Ketten von dem Oberflächenpotential.

Mycobakterien, wie Tuberkel- und Lepra-Bazillen, die ihre pathogenetische Wirkung intrazellulär beginnen, werden von der Zelle durch Phagozytose aufgenommen [268, 571]; auch die Glattform von Brucella, als fakultativ intrazellulärer Parasit, wird phagozytiert [268]. Der obligat intrazelluläre Protozoe Leishmani donovani wird normalerweise von Makrophagen phagozytiert, in denen es eine morphologische Veränderung vor seiner Proliferation durchmacht [6, 7, 350, 351, 420]. Nur einige Parasiten werden während oder nach der Aufnahme in die Zelle, inaktiviert; ihre morphologische Transformation benötigt die Integrität des Makrophagen [7].

6.3. Penetration von Plasmodium in Erythrocyten

Malaria-Parasiten müssen Erythrocyten durch andere Mechanismen als durch Phagocytose penetrieren; sie besitzen häufig eine bemerkenswerte Wirtsspezifität. So dringt der Vogelparasit P. lophurcae auch in die Erythrocyten anderer Spezies, einschließlich der Maus [406], ein, nicht aber in Zellen mit einem niedrigen Na^+-Gehalt. Im allgemeinen penetrieren und proliferieren die Spezies der Genus Plasmodium in Zellen mit einem hohen intrazellulären K^+-Gehalt.

LADDA et al. [347] haben den Eintritt der Merozoiten von P. berghii und P. gallinaceum elektronenoptisch in Dünnschnitten verfolgt. Die Merozoiten treffen mit dem Ziel-Erythrocyten willkürlich zusammen; aber nur wenn ihre elektronendichte konische Spitze („Konoid") auf die Erythrocyten trifft, beginnt der Eintritt. Das „Konoid" drückt die Erythrocytenmembran ein, und diese Einkerbung vertieft sich mit dem weiteren Eindringen des Parasiten in die Zelle. Die Erythrocytenmembran dehnt sich zunehmend aus, und bildet eine Höhlung um den Eindringling; die beiden Plasmamembranen liegen dabei eng aneinander. Gelegentlich tritt eine vollständige Endocytose ein, d. h. der Parasit verbleibt in einer membran-umgebenen Vakuole, in der die amöboide Differenzierung stattfindet.

Die spezialisierte Funktion des „Konoids" ist unbekannt; nimmt man die Sekretion einer Protease an, so müßte diese ein sehr spezifisches Enzym darstellen, da vorherige Behandlung von Erythrocyten mit Trypsin, Chymotrypsin und Neuraminidase die Parasiten-Penetration nicht beeinflußt [574]. Solche Experimente schließen auch die Annahme spezifischer Rezeptoren aus.

6.4. Der Eintritt von Toxoplasma in die Zelle

Die Merozoiten von Toxoplasma (T. gondii, E. bovis und E. miyare) ähneln den Merozoiten der Plasmodien. Auch sie haben spezialisierte „Konoide", die, wenn sie in Kontakt mit ihrer Ziel-Zelle treten, eine Vakuolisierung ihrer Plasmamembran hervorrufen [296]. Weiterhin aber haben NORRBY und LYCKE [458] beobachtet, daß der Eintritt von T. gondii in kultivierte HeLa-Zellen ansteigt, wenn intakte Parasiten mit Extrakten von zerstörten Organismen vermischt werden. Sie finden ebenfalls eine gesteigerte Penetration bei Zugabe von Lysozym, Hyaluronidase, β-Glukuronidase und β-Galaktosidase; so kann auch hier die reale Natur des membran-aktiven Faktors nicht spezifiziert werden [389]. In vivo sammeln sich Makrophagen um die Parasiten an, um so ein abwehrendes Synzytium zu bilden.

6.5. Zusätzliche Membraneffekte

6.5.1. Transport

Die Zell-Penetration ist eine Phase, bei der die Erythrocytenmembran primär beteiligt ist; aber andere, möglicherweise sekundäre Membrandefekte sind ebenso von Bedeutung, zum mindesten bei der Malaria. So ist bei parasitierten und nicht infizierten Erythrocyten in verschiedenen experimentellen Malaria-Erkrankungen eine abnorme osmotische Fragibilität nachgewiesen worden [185], obwohl keine Antikörper gegen Malaria-Parasiten auf der Oberfläche der nicht infizierten Zellen nachgewiesen werden konnten [201]; außerdem übersteigt das Ausmaß der Hämolyse bei der Malaria das von der Zahl der infizierten Zellen her Erwartete [740]. Schließlich wurde die Beobachtung von OVERMAN [475] von reversiblen Veränderungen der Kationen-Permeabilität der Erythrocyten von Rhesusaffen, die mit P. knowlesii infiziert waren, von DUNN [150] bestätigt und ausgedehnt. Dieser fand, daß der Na^+-Gehalt der Erythrocyten erkrankter Affen doppelt so hoch ist, wie der normale Wert; dies hängt vermutlich mit der beobachteten Veränderung des aktiven und passiven Na^+-Austausches zusammen. Der intrazelluläre Na^+-Gehalt ist gleichzeitig in Muskel- und Leberzellen erhöht; dagegen ist der intrazelluläre K^+-Gehalt bei Erythrocyten vermindert, in Muskelzellen unverändert und in Leberzellen erhöht [61].

Die aufgeführten Phänomene lassen vermuten, daß die Malaria-Parasiten die Produktion und/oder Freisetzung von membranaktiven Agentien verursachen; man hat bisher aber noch keine Information darüber, was das für Stoffe sein könnten, und in welcher Beziehung sie zur Penetration und Zerstörung von Erythrocyten durch die Parasiten stehen. Schon aus diesem Grunde ist es nötig, nachzuweisen, ob Malaria-Parasiten die Bestandteile der Erythrocytenmembran enzymatisch verändern. Der Aminosäure-Transport und -einbau in die Erythrocyten von normalen und mit P. knowlesi infizierten Rhesusaffen unterscheidet sich voneinander signifikant. MCCORMICK [405] der die Verteilung von ^{14}C-markiertem Leucin, Isoleucin, Cystein, Methoinin und Histidin zwischen normalen Plasmazellen und Zellen von erkrankten Tieren verfolgt hat, findet, daß die stationäre Aminosäurekonzentration in Zellen infizierter Tiere im allgemeinen höher liegt. Das Verhältnis für die einzelnen Aminosäuren von (infizierten Tieren/normalen Tieren) beträgt bei Isoleucin 150, für Methionin 30, für Leucin und Histidin 16 und für Cystein 4. Im allgemeinen erfolgt der Einbau von Aminosäuren in Proteine nach einer vorherigen Akkumulation von Aminosäuren. Da bei diesen Versuchen normale Zellen nicht von infizierten Zellen getrennt wurden, kann man mögliche Effekte von Parasiten auf den Aminosäure-Transport nicht ausschließen. P. lophurae verhält sich analog, aber bei verschiedenen Aminosäuren [575]. In diesem Falle akkumulieren Alanin und Serin am stärksten, Threonin in geringerem Ausmaß, während Methionin, Histidin und Leucin in gleichem Ausmaß wie in normalen Zellen vorkommen. RAMARAO und SIRSI [511] finden einen Anstieg von nahezu allen Aminosäuren während des Höhepunktes der Parasitämie; sie schreiben dies aber einer erhöhten Hydrolyse des Globins zu.

6.5.2. Lipidgehalt infizierter Erythrocyten

Es ist wohl bekannt, daß das intrazelluläre Wachstum von Malaria-Parasiten den zellulären Lipidgehalt erhöht [360]. Der Gesamt-Cholesteringehalt beträgt ungefähr das Doppelte des normalen Wertes und der Phospholipid-Gehalt steigt auf das Vierfache an. Zellen die von Parasiten befallen sind, enthalten einen signifikant höheren Anteil von Phosphatidyläthanolamin aber geringe Anteile von Cholin-Lipiden. Diese Befunde können nicht durch die Retikulocytose erklärt werden. Der Lipidanteil der Parasiten (P. berghii in Ratten) beträgt nur 5.8% des gesamten Lipidgehaltes und 2.3% des Phospholipidgehaltes. Die Parasiten enthalten 40% freier Fettsäuren im Vergleich zu Spuren im Erythrocyten; außerdem sind die hauptsächlichen Phospholipide der Parasiten Cholin-Lipide, die bei den infizierten Zellen einen Abfall verzeichnen. Die Lipidveränderungen können deshalb nicht dem Anteil der parasitären Lipide zugeschrieben werden, sondern müssen Veränderungen der Wirtszell-Membran darstellen [516]. Diese Befunde stehen im Einklang mit Untersuchungen von GUTIERREZ [228] und CENEDELLA [96], die eine gesteigerte Inkorporation von freien Fettsäuren und Glukose in die

Phosphatide (besonders die Phosphatidyläthanolamine) in mit Malaria-Parasiten infizierten Erythrocyten nachgewiesen haben. Ihre Beobachtung eines gesteigerten Lysophosphatidyläthanolamin-Gehalts läßt eine gesteigerte Phospholipase-A-Aktivität und/oder Abnahme der Membran-Acyltransferase-Aktivität vermuten. Dies könnte in bezug zur Zellyse stehen.

6.6. Schlußbemerkung

Eine Gruppe von Krankheiten, die durch intrazelluläre Parasiten hervorgerufen werden, und die eine der größten Gefahren für die Gesundheit der Menschheit darstellen, betrifft die Plasmamembran in wenigstens dreierlei Hinsicht:
1. Die zelluläre Erkennung.
2. Die Penetration einer Zelle in eine andere.
3. Die Membranfusion.

Die Mechanismen, die all diesen Prozessen zugrunde liegen, müssen noch weiter erforscht werden.

7. Membranveränderungen infolge von Strahlungen

7.1. Einleitung

Es ist weitgehend unbekannt, welche der wesentlichen biologischen Wirkungen der ionisierenden Strahlen ihren Ursprung primär in einer Schädigung der Biomembran haben, obwohl bekannt sind, daß solche Strahlungen diese Strukturen verändern.

LEA [361] hat die möglichen Mechanismen, durch welche Strahlungen biologische Materialien beeinflussen können, zusammengestellt; dabei betrachtet er sowohl die Ionisierung von empfindlichen Anteilen der Membranen, d. h. „direkte Treffer" als auch den Effekt der Radiolyse des Wassers. Er nimmt an, daß die räumliche und energetische Verteilung der Ionisation in kondensierten Systemen, wie sie Membranen darstellen, die gleiche ist wie in Gasen. Ungefähr 33 eV werden vermutlich benötigt, um zunächst ein Ionenpaar zu bilden. Diese Ionenpaare würden in statistischer Verteilung auftreten und infolge sekundärer Ionisierungen

100 eV abgeben. Kondensierte Systeme verhalten sich jedoch nicht wie Gase; zudem werden größere Schädigungen durch „direkte Treffer" während der Bestrahlung hervorgerufen, was anzeigt, daß noch zusätzliche Faktoren im Spiel sind. Obwohl „direkte Treffer" während der Bestrahlung von getrockneten Viren und die Inaktivierung von Membranenzymen [319] nachgewiesen worden sind, so ist doch im

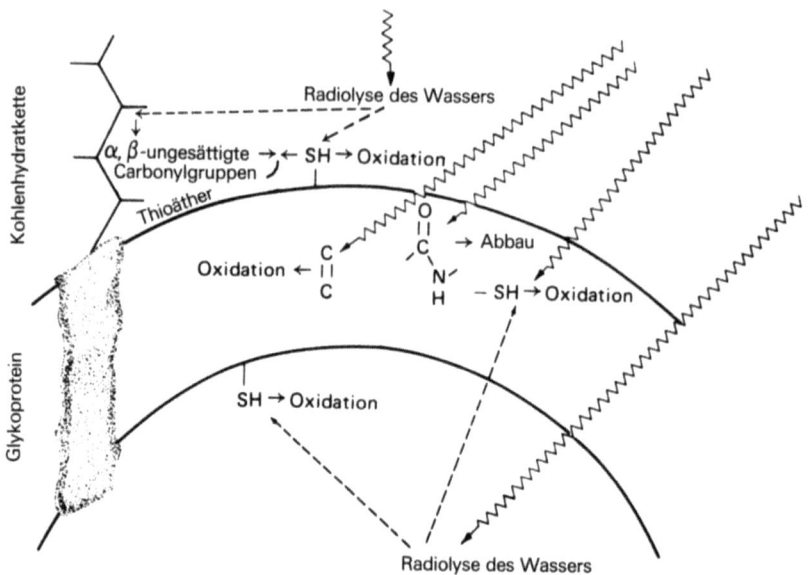

Abb. VI.6. Strahlungsempfindliche Orte auf und in der Plasmamembran. Die möglichen Effekte direkter Treffer durch ionisierende Strahlen sind durch ∧∧∧∧∧∧→ markiert; diejenigen Veränderungen, die auf Grund der Radikalbildung infolge der Radiolyse des Wassers auftreten sind durch -------→ angezeigt. Membranen als ein System, das in einem kondensierten Zustand vorliegt, sind besonders empfindlich für direkte Treffer. Peptide, —C=C-Bindungen und SH-Bindungen sind für diese Treffer besonders empfindlich. Die sich aus der Radiolyse des Wassers bildenden freien Radikale oxidieren Membran-Kohlenhydrate, SH-Gruppen und —C=C-Bindungen. Die Zerstörung der —C=C-Bindungen führt zu α,β-ungesättigten Carbonylgruppen, die ihrerseits mit Oberflächen-SH-Gruppen Thioäther bilden.

lebenden Material Wasser die Hauptkomponente; seine oxidierenden Radikale können die Membranproteine und -lipide drastisch verändern. Die Abb. VI.6. schematisiert die möglichen Strahlungseffekte auf Membranen.

7.2. Strahlenchemie des Wassers

Der Effekt ionisierender Strahlungen auf das Wasser ist der folgende [30]:

$$H_2O \xrightarrow{h \cdot v} H^\bullet + OH^\bullet$$

wobei $H^\bullet$ und $OH^\bullet$ freie Radikale darstellen. Diese Reaktion schreitet in der folgenden Reaktionskette fort:

a) $H_2O \xrightarrow{h \cdot v} H_2O^+ + e^-$
b) $H_2O^+ + H_2O \longrightarrow H_{aq}^+ + OH^\bullet$
c) $H_2O + e^- \longrightarrow H_2O^-$
d) $H_2O + e^- \longrightarrow e_{aq}^-$
e) $2H_2O + e_{aq}^- \xrightarrow{\text{alkalischer pH}} H^\bullet + OH^- + H_2O$
f) $H_3O^+ + e_{aq}^- \xrightarrow{\text{saurer pH}} H^\bullet + H_2O$

Die Geschwindigkeit der Bildung freier Radikale und ihre Lebenszeit hängt von der H^+-Konzentration ab; diese fördert bei hohem pH die Reaktion (e) und bei niedrigem pH (f). $H^\bullet$ reagiert heftig mit SH-Gruppen, S—S-Brücken und Imidazol-Gruppen; $OH^\bullet$ ist ein äußerst effektives Oxidationsmittel und reagiert mit SH-, —C=C-, Tryptophan-, Phenylalanin- und Imidazol-Gruppen [580].

Die Radiolyse des Wassers ergibt ebenso H_2 und H_2O_2 und bei hohem pO_2 die oxidierenden Radikale $HO_2^\bullet$ und O_2^-, die eine sehr hohe Reaktivität gegen SH-Gruppen und ungesättigte Kohlenwasserstoff-Verbindungen, wie z. B. ungesättigte Phosphatide und Vitamin A, aufweisen.

Sauerstoff steigert die strahlungs-induzierte Ausbeute von $H^\bullet$ und $OH^\bullet$ und begünstigt die Bildung von Peroxiden und/oder reaktiver O_2^--Radikale. Die Sauerstoffhemmung der Reaktivierung von SH-Gruppen nach Reaktion des O_2 mit organischen freien Radikalen in vitro geht in der folgenden Weise vor sich:

$$R^\bullet + O_2 \xrightarrow{\text{Fixation}} RO_2^\bullet$$
$$R^\bullet + R\text{—SH} \xrightarrow[\text{SH-Gruppen}]{\text{Reparation durch}} RH + RS^\bullet$$

7.3. Die Wirkung ionisierender Strahlungen auf Proteine

Die Masse der Proteine der meisten Biomembranen beträgt mehr als 60% und viele Strahlungseffekte bezüglich der Membranfunktion haben ihre Ursache vermutlich in einer Strahlenschädigung der Membranproteine. In der Tat werden eine große Zahl hydratisierter Enzyme über die Radiolyse des Wassers inaktiviert [75, 472]; Substrate und Koenzyme besitzen im allgemeinen eine protektive Wirkung auf die entsprechenden Enzyme. Besonders empfindlich gegenüber radioaktiven Bestrahlungen in vitro sind Enzyme, die reaktive SH-Gruppen besitzen; ein gewisser Schutz gegen die Strahlungsschäden in vivo kann durch die Gabe von geeigneten SH-Reagentien erreicht werden [619]. Ionisierende Strahlungen spalten S—S-Bindungen in Proteinen und/oder führen zur Reaktion der Disulfid-Spaltprodukte, nämlich Cystein, mit anderen Proteinen oder anderen erreichbaren Fettsäuren. Die gesteigerte Empfindlichkeit von Albumin und Ribonuklease [414] gegenüber der tryptischen Hydrolyse nach Bestrahlungen könnte auf die gesteigerte Erreichbarkeit von empfindlichen Peptidbindungen infolge der strahlungsabhängigen Spaltung der Disulfid-Brücken beruhen. Obwohl solche Bindungen in Erythrocytenmembranen nur sehr wenig vorkommen [539], werden auch diese nach Bestrahlung für die proteolytische Wirkung von Enzymen empfindlicher. Proteine, die kondensierte Systeme darstellen, sind ebenfalls das Objekt „direkter Treffer", wie im folgenden schematisiert für Polypeptide mit und ohne SH-Gruppen dargestellt ist:

Die Ionisierung wird durch Emmission eines Elektrons initiiert; die Wanderung der resultierenden „Elektronenlücken" führt zu einer gewissen Stabilisierung des entsprechenden Radikals [334].

Die Wirkung ionisierender Strahlungen ist bei verschiedenen Proteinen mit bekannter Primärstruktur, Sekundärstruktur und Tertiärstruktur studiert worden, insbesondere aber an der Ribonuklease des Pankreas. Dieses Enzym wird infolge der Schädigung mehrerer Aminosäure-Reste inaktiviert und zwar sowohl in Lösung, als auch in festem Zustand; der feste Zustand ist das geeignetste Modell für Membranproteine. Die Inaktivierung wird durch O_2 beschleunigt. Die Strahlungsempfindlichkeit hydratisierter Enzyme ist höchstwahrscheinlich die Folge einer Perturbation funktionell wichtiger Aminosäure-Reste durch $OH^.$ und e^-_{aq} [334]. Die Wirkung ionisierender Strahlungen auf die kooperativen oligomeren Proteine ist von größter Bedeutung für das kooperative Membrangitter; so sollten kooperative Systeme, insbesondere solche, die Hormon- und allosterische Rezeptoren enthalten, wesentlich strahlungsempfindlicher sein, da sie Orte enthalten, die durch radioaktive Strahlungen besonders stark betroffen werden könnten [137].

7.4. Die Wirkung ionisierender Strahlungen auf Lipide

Lipide sind vitale Membranbestandteile, und mehrfach ungesättigte Kohlenwasserstoffketten werden durch radioaktive Strahlungen direkt oxidiert, oder, falls sie dem zugänglich sind, durch freie Radikale, die aus der Wasser-Hydrolyse resultieren; dieser Prozeß wird durch anorganisches Eisen oder durch proteingebundenes Eisen katalysiert [346, 475, 495, 717, 718, 739]. Dieser letztere Prozeß findet vornehmlich dann statt, wenn man subzelluläre Fragmente nach der Bestrahlung in eine sauerstoffreiche Lösung bringt [718]. Bestrahlt man Rattenleber-Partikel mit 50 kR von 15 MeV, findet man anfänglich nur eine geringe Oxidation der Lipide; bei der Inkubation dieser Präparationen bei hohem pO_2 steigt die Oxidationsrate in der folgenden Reihenfolge: Kerne < Mitochondrien < Lysosomen < „Mikrosomen". Dies trifft ebenso für Proteine und Nukleinsäuren zu. Lipide sind in vitro weniger strahlungssensibel als in vivo. Die strahlungs-induzierte Oxidation ist ebenfalls geringer, wenn Antioxidantien, wie z. B. Tocopherol, anwesend sind [497].

Malonaldehyd, das hauptsächliche Endprodukt der Lipidoxidation und andere oxidative Zwischenstufen gehen in die lösliche Phase über. Da sich diese Oxidationsprodukte vom Abbau nichtgesättigter

Membranphosphatide, die normalerweise die Konformation der Membranproteine beeinflussen [212], herleiten, müssen bei ihrer Bildung wesentliche Veränderungen der Membranstruktur auftreten. Vermutlich werden eine Reihe von Membraneffekten ionisierender Strahlen in dieser Weise entstehen. Einige membrangebundene Enzyme, die wesentlich an Transportfunktionen beteiligt sind, enthalten aber auch reaktive SH-Gruppen, die sehr stark strahlungsempfindlich sind.

Möglicherweise können die Membranphosphatide mit Hilfe membrangebundener Enzyme nach der Bestrahlung wieder rekonstituiert werden [154, 526]; ein solcher Austausch ist in vielen Fällen, z. B. in Erythrocyten, wesentlich aktiver als die „de novo"-Synthese von Phospholipiden. Natürlich kann auch die „de novo"-Synthese zu einer Wiederherstellung beitragen. Die angenommene Rekonstitution durch membrangebundene Enzyme könnte in der folgenden Weise funktionieren:

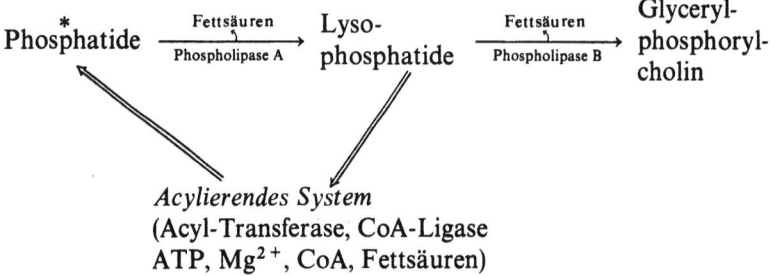

* kennzeichnet das geschädigte Phospholipid.

Die Strahlungsempfindlichkeit des oben angeführten Stoffwechselzyklus ist bislang noch nicht studiert worden. Die Enzyme jedoch, die für die „de novo"-Synthese von Fettsäuren und Cholesterin verantwortlich sind, bleiben auch nach supraletaler Bestrahlung des ganzen Tieres funktionsfähig.

Die Oxidation der Membranlipide kann durch Labilisierung der Membranstruktur mittels Reagentien, wie SCN^-, Guanidin, HCl, Harnstoff, ClO_4^-, J^-, Br^-, NO_3^- drastisch beschleunigt werden [242, 247, 248]. Diese Agentien vermindern die Ordnung des membran-assoziierten Wassers und modifizieren dadurch die Organisation der Membranproteine und -lipide. Als Konsequenz dessen, können molekularer Sauerstoff und oxidierende freie Radikale zu strahlungsempfindlichen Gruppen Zugang finden, die vorher geschützt waren.

7.5. Künstliche Lipid-Membranen

In einem wichtigen, in die Zukunft weisenden Versuch, haben KAY und BEAN [316] die Strahlungseffekte löslicher Radioisotope auf künstliche Lipidmembranen verfolgt. Wie an anderer Stelle diskutiert wurde (s. Kap. V. Abschn. 2.), werden solche künstlichen Lipidfilme zwischen zwei wäßrigen Kompartimenten gebildet, so daß ihre Permeabilitätseigenschaften und ihr elektrisches Verhalten gemessen werden kann. KAY und BEAN machten ihre Membranen durch Zugabe eines rohen Proteinextraktes (EIM = Erregbarkeit induzierendes Material) auf die eine Seite der Lipidmembran erregbar und studieren die Wirkung verschiedener Radioisotope, die in das zweite wäßrige Kompartiment eingeführt werden. Erstaunlicherweise produzieren diese Substanzen signifikante Veränderungen im Membranpotential, obwohl sie niemals in Mengen zugegeben worden sind, die die Ionenkonzentration wesentlich verändern würde (s. Tab. VI.9.).

Tabelle VI.9. *Membranpotentiale infolge interner Bestrahlung mit Radioisotopen. Die künstlichen Membranen werden aus einer Chloroform-Methanol-Lösung (2:1, v/v), die 2% Gehirn-Lipide, 2% Cholesterin oder Cholesterinester und 2% Tocopherol enthält, in einer Lösung von 0.1 M NaCl, 0.005 M Histidin, pH 7 gebildet. Nachdem sich die Membran gebildet und stabilisiert hat, werden auf die eine Seite 10 bis 100 μl des trägerfreien Isotopes zugefügt. Membranen ohne Cholesterinderivate oder Tocopherol bilden kein Membranpotential. Es entsteht auch dann kein Membranpotential, wenn die Radioisotope (in höherer Konzentration) innerhalb von dünnwandigen Glas- oder Plastik-Mikrokapseln in die Nähe der Modell-Lipidmembran gebracht werden*

Radioisotop	Konzentration (μC/ml)	Membranpotential mV
Kontrolle	–	0
$^{24}Na^+$	20	10 ± 4
	40	25 ± 19
$^{45}Ca^{++}$	20	15 ± 9
$H^{32}PO_4^{2-}$	20	15 ± 6
	100	70
$^{131}I^-$	10	10 ± 7

7.6. Radiolyse von Zuckern

Die Bestrahlung verschiedener Zucker führt zur Bildung von hochtoxischen α,β-ungesättigten Carbonylgruppen des folgenden Typs:

$$R-CH=CH-\overset{\overset{O}{\|}}{C}-R'$$

$$R-CH_2-\overset{\overset{O}{\|}}{C}-\overset{\overset{O}{\|}}{C}-R'$$

$$R-CH=\overset{\overset{HO}{|}}{C}-\overset{\overset{O}{\|}}{C}-R'$$

Der toxische Effekt dieser Verbindungen liegt in ihrer irreversiblen 1,4-Additionsreaktion mit SH-Gruppen, die zu stabilen Thioäthern führt; einige betreffen auch Protein-NH_2-Gruppen [556]. Bei Membranen, bei denen Zuckerreste in hoher lokaler Konzentration als Glykoproteine auftreten, können solche Radiolyse-Produkte von höchster Bedeutung sein. Von entscheidender Wichtigkeit ist jedoch ihre hohe Reaktivität; sie ist ungefähr 10× so hoch wie die von gesättigten Aldehyden mit SH-Gruppen.

7.7. „Schwache" Bindungen

Da Membranen kondensierte Lipoproteinaggregate darstellen, muß ihre Empfindlichkeit gegen Bestrahlungen im Lichte der „Schwache Bindungen"-Hypothese gesehen werden [22]. Diese Hypothese schlägt vor, daß strahlungsempfindliche Makromoleküle ein bestimmtes Muster von Bindungen mit wenigstens einer S—S-Brücke und verschiedenen intramolekularen Wasserstoff-Brückenbindungen besitzt; im Falle von Membranen treten zudem —C=C-Bindungen, Zucker und intermolekulare Lipid-Wasserstoff-Brückenbindungen auf, die eine zusätzliche Strahlungsempfindlichkeit bewirken. Die Zerstörung aller dieser Bindungen würde eine dauernde Membrandestruktion bewirken, während das Aufbrechen nur einiger dieser Bindungen zu einer reversiblen Schädigung führen würde.

Bei der Strahlungsschädigung solcher Gruppen von schwachen Bindungen, die vermutlich in der Membran sehr häufig vorkommen, sollten die beteiligten Chromophobe die statistischen Effekte lokalisieren, die das Eindringen ionisierender Partikel in das Volumen oder das Gitter, das die kritische Bindung enthält, hervorruft. Experimente mit Festkörpern zeigen, daß eine solche Lokalisation auftritt und sind damit für Membranprobleme von Bedeutung.

7.8. Strahlungswirkungen auf Membranpermeabilität und Transport

Bestrahlte Erythrocyten [310, 363, 369, 437, 568, 572, 646] und andere Zellen, können nach der Bestrahlung ihren normalen Na^+- und K^+-Gradienten nicht mehr aufrecht erhalten. Diese Folge der Bestrahlung, die sogar zur Hämolyse führen kann, ist um so höher, je höher der pO_2 des Mediums ist.

Bei 4°C verlieren die Erythrocyten K^+ und nehmen Na^+ in linearer Abhängigkeit zur Bestrahlungsdauer auf; bei lang anhaltender Bestrahlung lyst die Zelle. Der Strahlungseffekt kann entsprechend des Temperatureinflusses [437] in wenigstens zwei Phasen eingeteilt werden; ein Anstieg der Temperatur von 4°C auf 37°C hat keinen Effekt auf die strahlungs-induzierte Hämolyse, aber es vermindert die Transportanomalie. Bei den meisten Untersuchungen wurden Strahlungsdosen von 10 bis 50 kR angewandt, um die intracelluläre Kationenveränderung festzustellen; durch Bestimmung des Ionen-Flusses läßt sich aber bereits bei Bestrahlung von 2 kR ein gesteigerter Na^+-Einstrom in den Erythrocyten nachweisen; bei 0°C gelingt ein solcher Nachweis schon bei einer Röntgenbestrahlung von 0.1 kR. Bei Inkubation solcher bestrahlter Erythrocyten bei 37°C ist dieser Effekt reversibel; der Glukose-Stoffwechsel der Zelle, der ATP-Spiegel und die SH-Gruppen-Regeneration scheinen nicht beteiligt zu sein. Bestrahlung steigert auch die Permeabilität für Rb^+ und Cs^+, nicht jedoch die von Ca^{2+}, Sr^{2+}, Phosphat, Chromat, $Cholin^+$, Malonamid und Harnstoff. Unklarheit besteht noch darüber, ob Bestrahlungen den Glukosetransport in Erythrocyten beeinflussen. Es ist wiederholt angenommen worden, daß die strahlungsabhängige Schädigung der Membranpermeationsprozesse ihre Ursache in einer Hemmung des aktiven Transports haben [567, 623]; diese Ansicht steht im Einklang mit der Hemmung der Membran-ATPasen nach massiver Bestrahlung. Der aktive Transport von Na^+ und K^+ ist aber in bestrahlten Zellen durchaus aktiv, während sich die normalen Kationengradienten wegen der exzessiven passiven Kationen-Permeabilität verändern [437, 567]. Weiterhin ist die Geschwindigkeit und das Ausmaß des strahlungs-induzierten K^+-Austritts sehr hoch im Vergleich mit dem, der durch die Hemmung des aktiven Transportes durch Herzglykoside hervorgerufen wird; auch kann dieser strahlungs-induzierte K^+-Austritt durch solche Reagentien nicht beeinflußt werden. Der Umstand, daß die Strahlungsschädigung für den Kationentransport bei 4°C größer zu sein scheint als bei 37°C [437], kann am besten durch eine Wiederherstellung der Funktion bei höheren Temperaturen erklärt werden. Vermutlich sind Membran-Thiol-Gruppen beteiligt, da eine Vorinkubation von menschlichen Erythrocyten mit SH-Inhibitoren die Hemmung der nicht spezifischen und Na^+-K^+-abhängigen ATPasen durch Bestrahlung mit 64 bis 200 kR blockiert, obwohl andere Phosphatasen weiterhin geschädigt werden. Entsprechend führt eine Vorinkubation mit Disulfid-Brücken reduzierenden Stoffen zu einer Hemmung der ionenspezifischen und der unspezifischen ATPasen der Membran [438], vermutlich über eine Spaltung der kritischen S—S-Brücken.

Bei hohen Bestrahlungsdosen wird nicht nur die Ionenverteilung über die Plasmamembran, sondern auch die über subzelluläre Organellen-Membranen gestört. So wird der K^+- und/oder Ca^{2+}-Fluß über Kern- und Mitochondrienmembranen schon nach kurzer Bestrahlung geschädigt [184, 290, 716], obwohl im Falle der Mitochondrien die ATP-Bildung nicht gestört wird.

Die Strahlungsempfindlichkeit des Membrantransportes bei EHRLICHs Asziteskarzinom-Zellen ähnelt denen der Erythrocyten [19, 183], doch ist hier zusätzlich der aktive Aminosäure-Transport betroffen; die passive Permeation von Lysin, Serin, Phenylalanin etc. verändert sich jedoch nur nach sehr massiver Bestrahlung. Röntgenstrahlen beeinträchtigen den Glycin-Transport durch Schädigung des aktiven Transportes, vor allem in verdünnten, oxigenierten Suspensionen [19, 233]; Zelltod, Veränderungen der Populationsdichte, eine gesteigerte passive Permeabilität oder Zell-Alterung haben keinen Einfluß auf diesen Vorgang [233]. Um diesen beobachteten Pleiotropismus der Strahlungsschädigung des Membrantransportes zu erklären, hat ARCHER [19] eine „makromolekulare Koppelung" des aktiven Ionen- und Aminosäure-Transportes vorgeschlagen; er nimmt an, daß der „Koppelungsfaktor" die höchste Strahlungsempfindlichkeit aufweist. Diese und andere Aspekte der Membran-Strahlungsschädigung kann aber auch eine Konsequenz der Membran-Kooperativität sein.

7.9. Die Wirkung ionisierender Strahlungen auf die Nervenleitung

Die Strahlungsempfindlichkeit von Axonen ist immer noch ein Gebiet verschiedener, einander entgegengesetzter Auffassungen. Ursprünglich dachte man, daß periphere Nerven sehr strahlungsunempfindlich sind. BACHHOFER [28, 29] entwickelte jedoch eine Methode, die es erlaubte, das Aktionspotential während der Bestrahlung zu messen. Als frühe Effekte der Röntgenbestrahlung von Riesen-Nerven des Regenwurms und peripheren Rattennerven, fanden sie eine gesteigerte Amplitude, eine erhöhte Fortleitungsgeschwindigkeit des Aktionspotentials sowie eine verminderte Reizschwelle. Froschnerven jedoch, die 5.3 MeV von α-Partikeln ausgesetzt waren, zeigen keine Veränderung des Aktionspotentials [49]. Während einige Autoren diese frühen Befunde unterstützen, behaupten SEYMOUR und DAWSON [564], daß die Bestrahlung primär die elektrische Reizschwelle herabsetzt. GAFFEY [197] hat diese Versuche wiederholt und den Ischiasnerven des Frosches einer Röntgenbestrahlung von 200 kV und einer Protonenbestrahlung von 47.5 MeV unterworfen. Er findet dabei keinen Effekt auf das maximale Aktionspotential nach 100 kR Röntgenbestrahlung oder 200 kR Protonenbestrahlung. Bei mäßigen Bestrahlungsdosen kann der Nerv eine längere Zeit überleben. Bestrahlungen von 300 kR Röntgenstrahlen und 600 kR Protonenbestrahlung verursachen jedoch einen sofortigen Fortleitungsblock. Eine der empfindlichsten Maße für die Strahlungsschädigung ist die relative Refraktärzeit und die Aktionspotentiale kurz nach der Bestrahlung mit 1 bis 2 kR Röntgenstrahlung. Das maximale Aktionspotential wird nach einer Bestrahlung von 10 bis 20 kR Röntgenstrahlung verlängert, doch bleibt seine Amplitude, unterhalb einer Bestrahlungsdosis von 100 kR Röntgenstrahlung und 200 kR Protonenstrahlung, unbeeinflußt. GAFFEY schließt daraus, daß die Bestrahlung primär den stationären Zustand der axonalen Plasmamembran verändert.

7.10. Strahlungseffekte auf Membran-SH-Gruppen

Bekannterweise enthalten einige Membranproteine, die am aktiven Transport beteiligt sind, einige für ihre Funktion essentielle SH-Gruppen. Die kovalente Bindung von z. B. p-Chloromercuribenzoat (PCMB) oder p-Chlorobenzolsulfonat (PCMBS), die kovalent an diese SH-Gruppen binden, führen zu einem abnormen K^+-Ausstrom [293, 624]. SUTHERLAND et. al. [623, 624] sind der Ansicht, daß 15% der reaktiven SH-Gruppen sowohl mit dem aktiven Transport verbunden sind, als auch eine hohe Strahlungsempfindlichkeit aufweisen. Eine Reihe der zitierten Autoren haben gefunden, daß die Bestrahlung viele Membran-SH-Gruppen in Disulfidbrücken umwandelt, die aber wieder in SH-Gruppen durch Inkubation der intakten Zellen in Gegenwart von Glukose nach der Bestrahlung zurückgeführt werden können; auch der Zusatz von Thiolen, wie z. B. Mercaptoäthylguanidin, führt zu dieser Spaltung. Das letztgenannte Reagens ist aber weniger selektiv als die Spaltungsmechanismen der Zelle; eine Rückbildung der SH-Gruppen kann auch unter Bedingungen demonstriert werden, unter denen eine Disulfid-Spaltung unwahrscheinlich ist. Während der Glukose-Transport durch SH-Reagentien, z. B. PCMBS, wesentlich geschädigt werden kann, ist seine Empfindlichkeit gegenüber Strahlungsschäden umstritten.

Die gleichzeitige Behandlung von Erythrocyten mit SH-Blockern und ionisierenden Strahlen schädigt den Ionentransport in einer additiven Weise; diese Schädigung ist indes nicht größer als eine gleichzeitige Bestrahlung in Gegenwart von anderen, die Membran perturbierender Agentien, wie z. B. Natriumdodecylsulfat und Lysolezithin [436]. Dies läßt vermuten, daß ein großer Teil der strahlungsinduzierten Schädigung von einer allgemeinen Strukturveränderung der Membran herrührt.

Wenn auch nicht alle Strahlungsschädigungen des Kationen-Transportes den Membran-SH-Gruppen zugeschrieben werden können, so wird doch die Bedeutung dieser Gruppen im aktiven Transport durch den schnellen K^+-Verlust nach Behandlung der Membranen mit SH-Blockern wie PCMB und N-Äthylmaleimid [293, 623] bestätigt. Ebenso verursacht 1,4′-Naphtochinon, obwohl es ein Lipid-Oxidationsmittel ist, ein K^+-Verlust und die Zell-Lyse; dabei werden 3′-Thioäther mit entscheidenden SH-Gruppen der Membranproteine gebildet, sogar unter Bedingungen, bei denen keine Lipid-Oxidation auftritt [418]. Der Effekt verschiedener SH-reaktiver Reagentien auf den Kationen- und Zucker-Transport demonstriert die Verschiedenheit der SH-Gruppen in der Membran von menschlichen Erythrocyten [520, 569]. So reagiert PCMB mit wenigstens drei verschiedenen von SH-Gruppen, von denen zwei einen K^+-Verlust, einen Na^+-Einstrom und die Zell-Lyse verursachen. Dagegen wird 1-Bromo-2-hydroxypropan nur an zwei verschiedene SH-Gruppen, von denen eine mit der Permeabilitätsbarriere zusammenhängt, gebunden, wie durch Wiederherstellung durch Zugabe von Glutathion-SH, das die Zellmembran nicht durchdringt, nachgewiesen werden konnte. Diese SH-Gruppen sind vermutlich die gleichen, die durch ionisierende Strahlen oxidiert werden, da die Behandlung von Erythrocyten mit PCMB vor der Bestrahlung die Bestrahlungswirkung blockiert; umgekehrt vermindert vorherige Bestrahlung der Erythrocyten die Bindung von PCMB. Die Tatsache, daß permeable SH-Reagentien in vitro die Transportmechanismen des Erythrocyten gegen ionisierende Strahlung unempfindlich machen, während nicht permeable SH-Reagentien (z. B. Glutathion) dies nicht tun, läßt vermuten, daß die strahlungsempfindlichen Orte auf der cytoplasmatischen Seite der Membran zu finden sind; auch dies ist ein weiterer Beweis für die Asymmetrie der Plasmamembran.

7.11. Der Einfluß von H_2O_2

Das durch Bestrahlung gebildete H_2O_2 hat drastische Auswirkungen auf Membranlipide und SH-Gruppen enthaltende Membranproteine. So fördert H_2O_2 die strahlungsinduzierte Lyse von Erythrocyten Vitamin-E-defizienter Tiere; dieser Prozeß ist von der Oxidation der Membranlipide abhängig. Zudem kann die Reaktion mit Membran-SH-Gruppen durch SH-Blocker Hämolyse erzeugen.

7.12. Pleiotropische Membranveränderungen durch ionisierende Strahlungen

Eine Reihe von Phänomenen deutet darauf hin, daß durch ionisierende Strahlungen die gesamte Membranorganisation geschädigt wird. Röntgenbestrahlungen steigern die Empfindlichkeit intakter Erythrocytenmembranen gegenüber Proteasen [439]. Gewaschene Erythrocyten sind gegenüber der Wirkung von Phospholipasen des Russel-Viper-Giftes resistent und zeigen keine Lyse. Trypsindbehandlung (1 mg/ml, 1 Stunde bei 37 °C) steigert die Empfindlichkeit gegenüber diesem Enzym auf das dreifache; nach Bestrahlung mit 60 kR steigt die Empfindlichkeit gegenüber Trypsin auf das 4000fache an. Pronase (0,2 mg/ml) steigert die Empfindlichkeit ungefähr 2000fach; Carboxypeptidase ist ohne Effekt. Wie schon gesagt wurde, steigert Röntgenbestrahlung die Empfindlichkeit von Albumin und Ribonuklease gegenüber tryptischen Enzymen, vermutlich durch Spaltung von Disulfid-Brücken. Sublytische Dosen von Strahlungen in Kombination mit sublytischen Konzentrationen von Natriumdodecylsulfat oder Benzalkoniumchlorid, steigern ebenfalls die Empfindlichkeit von Erythrocyten gegenüber Russel-Viper-Gift. Dies erlaubt einen außerordentlich sensitiven Nachweis von Membran-Strahlenschäden. Weiterhin führt die Inkubation von Erythrocyten mit Naja-Naja-Phospholipase A bei 37 °C normalerweise nicht zur Hämolyse [439]; eine Lyse tritt dagegen bei Zugabe von 0.2 mg Russel-Viper-Gift und einer Bestrahlung von 8 kR Röntgenstrahlen oder Zugabe von 1 mg Enzym/ml mit einer Bestrahlung von 0.25 bis 0.5 kR auf. Die Inkubation von Erythrocyten in hypotonischen Glukoselösungen bei 37 °C verursacht eine Hämolyse in Abhängigkeit von der Geschwindigkeit der erleichterten Glukose-Diffusion in die Zelle und der Membran-Fragibilität. Unter diesen Bedingungen tritt eine Membranschädigung durch Strahlungen bereits bei 0.5 kR Röntgenstrahlung auf. Schließlich sei noch erwähnt, daß 600 bis 1000 R einer 220 kV Röntgenstrahlung die elektrophoretische Mobilität von EHRLICHs Asziteskarzinom-Zellen vermindert [567], woraus zu schließen ist, daß eine Veränderung an den Glykoproteinen der Oberfläche stattgefunden hat.

7.13. Schlußbemerkung

Vermutlich haben strahlungsinduzierte Membranveränderungen ihre Ursache in einer Schädigung von Proteinen und ungesättigten Lipiden. An der Wiederherstellung der Funktionen durch Inkubation bei 37 °C könnte der Phospholipid-Zyklus und eine Regeneration der SH-Gruppen bzw. in einigen Fällen der Disulfid-Brücken beteiligt sein. Da Veränderungen bestimmter Membranlipide auch die Struktur und Funktion von Membranproteinen beeinflussen, kann eine Strahlungsschädigung von Lipiden letztlich auch seinen Ausdruck in einer veränderten Proteinfunktion finden. Zusammenfassend kann man sagen, daß Biomembranen strahlungsempfindlich sind: es können Defekte in Membran-Transportvorgängen auftreten und möglicherweise auch bisher nicht getestete Funktionen als frühe Konsequenz der biologischen Strahlung betroffen sein; diese können eine wichtige Rolle in der Strahlungstoxizität und Strahlentherapie spielen.

8. Transportdefekte

8.1. Einleitung

Eine Reihe von Defekten im Membrantransport sind erkannt worden, und einige von ihnen, z. B. diejenigen infolge von Strahlenschäden oder Metallvergiftungen, sind in anderen Kapiteln besprochen worden. Im folgenden soll auf eine Reihe von anderen Bedingungen, die zu Transportschäden führen, gesprochen werden; sie sind von wesentlicher medizinischer Bedeutung.

8.2. Genetik

8.2.1. Defekte im Aminosäuretransport

Vier autosomal rezessiv erhebliche Bedingungen, die zu einem gestörten Aminosäuretransport führen, sind beim Menschen gut charakterisiert worden. Bei allen ist die Aminosäure-Resorption im Darm gering und entsprechend ist auch die Resorption aus den glomerulären Filtraten geschädigt. Dies sind:
    1. Cystinurie [422]. Diese kann einzeln auftreten oder auch im Zusammenhang mit anderen Störungen des Aminosäurestoffwechsels [127].
    2. Abnorme Aufnahme und Resorption von Cystein, Lysin, Arginin und Ornithin [127].
    3. Iminoprolinurie. Diese betrifft den Transport von Prolin, Hydroxyprolin und Glycin [211, 559].
    4. HARTNUPs Krankheit. Diese betrifft nahezu alle neutralen Aminosäuren, deren Transport geschädigt ist [423, 449].

8.2.2. Geschädigte renale Wasserresorption; hereditärer Diabetes insipidus

Diese Krankheit hat ihre Ursache in einer Unempfindlichkeit gegen Vasopressin [473, 608], das normalerweise die Wasserresorption im distalen Nephron beschleunigt. Der Defekt ist beim Menschen an das X-Chromosom gebunden; das Ausmaß seiner Manifestation bei Frauen ist verschieden.

8.2.3. Defekter Glukosetransport; renale Glukosurie

Dies scheint ein autosomaler dominanter Defekt zu sein, der vermutlich auf einer gestörten Glukose-Resorption im proximalen renalen Tubulus-Anteil beruht; dies zeigt auch eine verminderte T_{max} für Glukose. Die einleuchtendste Erklärung ist entweder eine veränderte Glukose-Permeabilität der luminalen Zellen von proximalen Tubuli oder ein geschädigter Trägermechanismus dieser Zellen [159, 343].

8.2.4. Verminderte renale H^+-Resorption; renale Acidurie

Diese erbliche Krankheit wird dominant vererbt. Der Defekt ist an der Membran lokalisiert, nämlich in der Unfähigkeit der Tubuluszellen, einen normalen pH-Gradienten aufzubauen. Vermutlich hat dies seine Ursache in einer abnormen Permeabilität der luminalen Membranen für H^+-Ionen [200, 561].

8.2.5. Hypophosphatämie mit hereditärer Vitamin D – resistenter Rachitis

Diese Erkrankung, deren Vererbung an das X-Chromosom dominant gebunden ist, hat als wesentlichsten Defekt ein abnorm niedriges T_{max} für Phosphat; dies führt zu einer nicht adäquaten Phosphat-Resorption aus den glomerulären Filtraten und entsprechend zu einer Hypophosphatämie. Die Erkrankung tritt im allgemeinen zusammen mit einer abnorm niedrigen Ca^{2+}-Resorption aus dem Dünndarm auf [715].

8.2.6. Cystische Fibrose

Dies ist eine sehr häufige Erkrankung, die nur unter homocygoten Verhältnissen zur Ausbildung gelangt. Sie dokumentiert sich in einer geschädigten sekretorischen Funktion seröser und muköser Drüsen, einschließlich des Pankreas, der exokrinen Schweißdrüsen und der Speicheldrüsen. Der Defekt kann auch nicht sezernierende Zellen betreffen, z. B. Erythrocyten [32].

Im letzteren Fall konnte eine klare Schädigung des Natrium-Transportes der Erythrocyten von Kindern mit cystischer Fibrose ebenso nachgewiesen werden, wie in den Zellen ihrer Eltern. Die Zellen der Patienten besitzen eine niedrigere Ouabain-sensitive ATPase Aktivität. Ein verminderter Na^+-Transport konnte auch in den Schweißdrüsen der Patienten nachgewiesen werden [557]. Entsprechend hat MARDSEN [400] vorgeschlagen, daß die Krankheit mit ihrer abnormen epithelialen Glykoprotein-Sekretion und ihrer Na^+-Transportdefekte ausschließlich durch den defekten Na^+-Transport erklärt werden kann.

8.2.7. Fanconi-Syndrom

Diese Erkrankung ist nicht immer erblich und ihre Genetik ist deswegen unklar. Möglicherweise handelt es sich um verschiedene Krankheitsbilder. Der Defekt betrifft den Transportmechanismus für die Resorption von Glukose, Aminosäuren, Phosphat und Bicarbonat in den proximalen Tubuli [362].

8.2.8. Hereditäre Sphärocytose

Dieser erythrocytäre Defekt ist klinisch durch eine Hyperpermeabilität für Na^+-Ionen charakterisiert; dies führt zu einer gesteigerten Leistung der Na^+-Pumpe und einer entsprechend höheren glykolytischen ATP-Produktion. Der primäre Defekt betrifft aber wahrscheinlich die Membranstruktur; höchstwahrschlich sind dabei Membranproteine beteiligt.

Zusammen mit den morphologischen und Permeabilitäts-Veränderungen findet sich ein Lipidverlust und eine reversible Verminderung des Cholesterins. Der letztgenannte Effekt ist höchstwahrscheinlich für die abnorme Zellmorphologie und die verminderte Zelloberfläche verantwortlich [126, 291, 519].

8.3. Die Wirkung bakterieller Toxine

Einige bakterielle Toxine verursachen schwere Defekte an verschiedenen Membran-Transportmechanismen. Dabei sind vermutlich jene am bedeutsamsten, die Gewebe betreffen, die einen räumlich ausgedehnten Kontakt mit der externen Umgebung des Individuums haben. Dies trifft vor allem für bakterielle Toxine zu; als besonderes Beispiel sei die Wirkung des Cholera-Toxins genannt.

8.3.1. Cholera

Die Cholera ist mit Sicherheit eine der schwersten Plagen der Menschheit; plötzlich und rasch um sich greifend vernichtet sie ganze Gemeinschaften mit einer Mortalität von 50 bis 75%. Der Tod tritt durch Dehydratation infolge des enormen Flüssigkeitsverlustes aus dem gastrointestinalen Trakt ein. Die Mortalität der Erkankung kann auf 1% durch eine adäquate Infusionstherapie gesenkt werden; doch ist dies selten in den betroffenen Gebieten möglich.

Die Choleraerkrankung wird durch ein Choleragen verursacht, das durch den Mikroorganismus sezerniert wird. Das Choleragen ist ein Protein mit einem Molekulargewicht von ungefähr 61 000 Dalton [177], das seine physiologische Aktivität in Konzentrationen von ca. 0.1 μg pro kg Körpergewicht entfaltet. Dieser Typ des Toxins ist nicht nur für Vibrio cholera charakteristisch; auch einige Stämme von E. coli produzieren ähnliche Substanzen [105]. Diese sind möglicherweise verantwortlich für viele gewöhnliche und manchmal letale Diarrhoen.

Choleragen verändert die Funktion der Plasmamembran; bei den intestinalen Zellen verursacht es eine exzessive Flüssigkeitssekretion ohne die Membranmorphologie oder die passive Permeabilität zu verändern. Es induziert die Flüssigkeitssekretion und hemmt den normalen, nicht Glukose-abhängigen Natrium-Transport [171], der im Darm einen hohen Flüssigkeitsverlust zur Folge hat. Seine Wirkung ist nicht nur auf intestinale Zellen beschränkt; weniger als 10^{-9} g genügen, um aus Adipozyten die Lipide freizusetzen, eine Wirkung die durch geringe Dosen von Insulin oder Prostaglandin E gehemmt werden kann [666]. Schließlich konnte gezeigt werden, daß Choleratoxin die Adenylcyklase intestinaler Zellen stimuliert [322] und so zu einem gesteigerten Spiegel von cAMP führt.

Daraus ergeben sich verschiedene Möglichkeiten zur Erklärung der biochemischen Pathogenese der Cholera:

1. Choleratoxin kann eine hormon-ähnliche Wirkung haben.

2. Es kann zu einer unabhängigen Stimulierung der Adenylcyklase führen.

3. Es hat selbst eine adenylcyklase-ähnliche Funktion.

8.3.2. Botulismus

Der Botulismus, verursacht durch das ungewöhnlich aktive Exotoxin des Clostridium botulinum, schädigt die Transmission von Neuroimpulsen zwischen synaptischen Membranen innerhalb des gesamten Nervensystems. Das Exotoxin wird als Proteinkomplex mit einem Molekulargewicht von ca. 900 000 Dalton freigesetzt; dieses schließt das aktive Neurotoxin mit einem Molekulargewicht von ungefähr 150 000 ein. Dieses Neurotoxin kann weiter in Untereinheiten von 70 000 Molekulargewicht gespalten werden und wird dabei aktiviert [349]. Bis vor kurzem glaubte man, daß das Botulinus-Toxin über die Blockierung der Acetylcholin-Freisetzung an den präsynaptischen Membranen wirkt. SIMPSON und MARIMOTO [584] vermuten jedoch, daß der Funktionsmechanismus ein anderer ist, und zeigten, daß das Toxin kein Acetylcholinesterase-Hemmer ist. Das Exotoxin induziert bei Muskelzellmembranen die Entwicklung zahlloser Acetylcholin-Rezeptoren; diese verschwinden nach der Heilung wieder [584].

8.3.3. Tetanus

Tetanus ähnelt dem Botulismus insofern, als es ebenfalls ein Exotoxin eines verwandten Bakteriums, Clostridium tetani, darstellt und auch als neuroaktives Gift auftritt; seine Reaktivität ist indes mehr auf das Cerebrospinalsystem beschränkt. Es ist ein Protein mit einem Molekulargewicht von ca. 67000 Dalton, mit einer hohen Bindungsaffinität für Ganglien. Das Tetanustoxin scheint spezifisch auf inhibitorische Synapsen zu wirken; möglicherweise blockiert es die Freisetzung von Glycin, dem Neurotransmitter der präsynaptischen Membran für diesen Synapsentyp [166, 307].

Literatur

1. ABELEV, G. I.: Progr. Tumor Res. (Basel) **7**, 104 (1965)
2. ABERCROMBIE, M., AMBROSE, E. J.: Exp. Cell Res. **15**, 332 (1958)
3. ABERCROMBIE, M., AMBROSE, E. J.: Cancer Res. **22**, 525 (1962)
4. ABERCROMBIE, M., HEAYSMAN, J. E.: Exp. Cell Res. **6**, 293 (1954)
5. ABERCROMBIE, M., HEAYSMAN, J. E., KARTHAUSER, H. M.: Exp. Cell Res. **13**, 276 (1957)
6. ADLER, S.: Adv. Parasitol. **2**, 35 (1964)
7. AKIYAMA, H. J., HAUGHT, R. D.: Am. J. Trop. Med. Hyg. **20**, 539 (1971)
8. AKIYAMA, H. J., TAYLOR, J. C.: Am. J. Trop. Med. Hyg. **19**, 747 (1970)
9. ALEXANDER, P.: Progr. Exp. Tumor Res. **10**, 23 (1968)
10. ALEXANDER, P., HALL, J. G.: Adc. Cancer Res. **13**, 1 (1966)
11. ALLISON, A. C., MALLUCCI, L.: J. Exp. Med. **121**, 463 (1965)
12. ALLMAN, D. W., BACHMAN, E., ORNE-JOHNSON, N., TAN, W. C., GREEN, D. F.: Arch. Biochem. Biophys. **125**, 981 (1968).
13. AMBROSE, E. J., JAMES, A. M., LOWICK, J. H. B.: Nature **177**, 576 (1956)
14. ANDERSON, N. G.: Natl. Cancer Inst. Monograph **21**, 9 (1966)
15. ANDERSON, N. G.: Quart. Rev. Biophys. **1**, 217 (1968)
16. ANDERSON, W. A., BROWN, E.: Biochim. Biophys. Acta **57**, 674 (1964)
17. AOKI, T., BOYSE, E. A., OLD, L. J.: J. Natl. Cancer Inst. **41**, 93 (1968)
18. AOKI, T., HAEMMERLING, U., DEHARVEN, E., BOYSE, E. A., OLD, L. J.: J. Exp. Med. **130**, 979 (1969)
19. ARCHER, H. G.: Radiat. Res. **35**, 109 (1968)
20. AUB, J., SANFORD, B. H., COTE, M. N.: Poc. Natl. Acad. Sci. (US) **54**, 396 (1965)
21. AUB, J., TIEFLAU, C., LANKESTER, A.: Proc. Natl. Acad. Sci. (US) **50**, 613 (1963)
22. AUGENSTINE, L. G., CARTER, J. G., NELSON, D. R., YOCKEY, H. P.: Radiat. Res. Suppl. **2**, 19 (1960)
23. AUTILIO, L. A., NORTON, W. T., TERRY, R. D.: J. Neurochem. **11**, 17 (1964)
24. AVRUCH, J., FAIRBANKS, G.: Proc. Natl. Acad. Sci (US) (im Druck) (1972)
25. AVRUCH, J., WALLACH, D. F. H.: Biochim. Biophys. Acta **233**, 334 (1971)
26. AVRUCH, J., WALLACH, D. F. H.: Biochim. Biophys. Acta **241**, 255 (1971)

27. BABA, W. I., SMITH, J. A., TOWNSHEND, M. M.: Quart. J. Exp. Phys. **222**, 416 (1967)
28. BACHOFER, C. S.: Radiat. Res. **7**, 301 (1957)
29. BACHOFER, C. S., GANTERREAUX, M. E.: J. Gen. Physiol. **42**, 723 (1959)
30. BACO, Z. M., ALEXANDER, P.: In: Fundamentals in Radiobiology. S. 263, 2nd edition. New York: Pergamon Press 1966.
31. BAILEY, D. W., KOHN, J. H.: Genet. Res. **6**, 330 (1965)
32. BALFE, J. W., COLE, C., WELT, L. G.: Science **162**, 689 (1968)
33. BANGHAM, A. D.: In: BUTLER, J. A. V., NOBLE, D. (Edts.), Progress in Biophysics and Molecular Biology. New York: Pergamon Press 1968
34. BANGHAM, A. D., PETHICIA, B. A., SEAMAN, G. V. F.: Biochem. J. **69**, 12 (1958)
35. BAR, R. S., DEAMER, W., CORNWELL, D. G.: Science **153**, 1010 (1966)

36. BARBANTI-BRODANO, G., OYAGANI, S., KATZ, M., KOPROWSKI, H.: Proc. Soc. Exp. Biol. Med. **134**, 230 (1970)
37. BARFORT, P., ARQUILLA, E. R., VOGELHUT, P. O.: Science **160**, 111 (1968)
38. BARRATT, N. D., GREEN, D. K., CHAPMAN, D.: Biochim. Biophys. Acta **152**, 20 (1968)
39. BARSKI, G. E., BELEHRADEK, J.: Exp. Cell Res. **37**, 464 (1965)
40. BEAMS, H. W., KESSEL, R. G.: Internat. Rev. Cytol. **23**, 209 (1968)
41. BEAR, R. S.: In: MOKRASCH, L. C., BEAR, R. S., SCHMITT, F. O., Myelin, Neurosciences research program bulletin **9**, 507 (1971)
42. BENDER, W. W., GARAN, H., BERG, H. C.: J. Mol. Biol. **58**, 783 (1971)
43. BENEDETTI, E. L., EMMELOT, P. J.: J. Cell Sci. **2**, 449 (1967)
43a. BEN-HASSAT, H., INBAR, M., SACHS, L.: J. Membrane Biol. **6**, 183 (1971)
44. BENJAMIN, R., BURGER, M. M.: Proc. Natl. Acad. Sci. (US) **67**, 929 (1970)
45. BENNETT, H. S.: In: LIMA-DE-FARIA, A. (Edt.), Handbook of molecular Cytology, S. 1294. Amsterdam: North Holland 1969
46. BENNET, W., GALL, A., SUTHARD, J., SIDMAN, R.: Biol. Reprod. **5**, 30 (1971)
47. BERG, H. C.: Biochim. Biophys. A. **183**, 65 (1969)
48. BERG, H. C., DIAMOND, J. M., MARFEY, P. S.: Science **150**, 68 (1965)
49. BERGSTRÖM, R. M., BLÄFIELD, R. F., BRENNER, M. W.: Acta Physiol. Scand. **50**, Suppl. **24**, 175 (1960)
50. BERTHET, F., DEDUVE, C.: Biochem. J. **50**, 174 (1951)
51. BESSIS, M., BRICKA, M., BRENTON-GORIUS, J., TABIUS, J.: Blood **9**, 39 (1954)
52. BHAKDI, S., KNÜFERMANN, H., SCHMIDT-ULLRICH, R., FISCHER, H., WALLACH, D. F. H.: in: PEETERS, H. (Edit.) XXI. Colloquim: Protides of the biological fluids. Oxford: Pergamon Press 1973 (im Druck)
53. BIRNBAUMER, L., POHL, S. L., RODBELL, M. J.: J. Biol. Chem. **244**, 3468 (1969)
54. BJARING, B., KLEIN, G.: J. Natl. Cancer Inst. **41**, 1411 (1968)
55. BLACK, H. P.: Ann. Rev. Microbiol. **22**, 391 (1968)
56. BLAKE, C. F., KOENIG, D. F., NORTH, A. C. T., PHILLIPS, D. C., SARMA, V. C.: Nature **206**, 757 (1965)
57. BLAUROCK, A. E.: In: CHAPMAN, D. (Edt.), Recent physical studies on the structure of biomembranes. Chem. Phys. Lipids **8**, 285 (1972)
58. BLOW, D. M.: Biochem. J. **112**, 261 (1969)
59. BLUMENFELD, O. O.: Biochim. Biophys. Res. Commun. **30**, 200 (1968)
60. BLUMENTHAL, R., CHANGEUX, J.-P., LEFEVER, R.: J. Membrane Biol. **2**, 351 (1971)
61. BOEHM, R. M., DUNN, M. J.: Proc. Soc. Exptl. Biol. Med. **133**, 370 (1970)
62. BOLIS, L., PETHICIA, B. A. (Edts.): Membrane models and the formation of biological membranes. New York: John Wiley & Sons 1968
63. BONDAREFF, W., HYDEN, H. J.: Ultrastruct. Res. **26**, 399 (1969)
64. BOOKCHIN, R. M., GALLOP, P. M.: Biochim. Biophys. Res. Commun. **32**, 86 (1968)
65. BOONE, C., BLACKMAN, K., BRANDSCHAFT, P.: Nature **231**, 265 (1971)
66. BOONE, C. W., FORD, L. E., BOND, H. E., STUART, D. C., LORENZ, D.: J. Cell Biol. **41**, 378 (1969)
67. BOREK, C., SACHS, L.: Proc. Natl. Acad. Sci. (US) **56**, 1705 (1966)
68. BOSMANN, H. B., HAGOPIAN, A., EYLAR, E. H.: Arch. Biochem. Biophys. **128**, 51 (1968)
69. BOTHWELL, T. P., SCHWANN, H. P., WIERCINSKI, F. J.: Fed. Proc. **13**, 15 (1954)
70. BORGET, J.: Biochim. Biophys. Acta **150**, 104 (1968)
71. BOYSE, E. A., OLD, L. J.: Ann. Rev. Genetics **3**, 269 (1969)
72. BOYSE, E. A., OLD, L. J., STOCKERT, E.: In: EMMELOT, P., BENTVELZEN, P. (Edts.), Proceedings of the conference on RNA, Amsterdam: North-Holland Publishing Co. 1971

73. BOYSE, E. A., OLD, L. J., STOCKERT, E.: Proc. Natl. Acad. Sci. (US) **60**, 886 (1968)
74. BOYSE, E. A., OLD, L. J., STOCKERT, E., SHIGENO, N.: Cancer Res. **28**, 1280 (1968)
75. BRAAMS, R.: In: SIMILI, G. (Edt.), Radiation Research S. 371. Amsterdam: North-Holland Publishing Co. 1967
76. BRACKETT, B. G., BARABANSKA, W., SAWICKI, W., KOPROWSKI, H.: Proc. Natl. Acad. Sci. (US) **68**, 353 (1971)
77. BRACKE, M. K.: Adv. Virus Res. **7**, 193 (1960)
78. BRANTON, D.: Phil. Trans. Roy. Soc. B. **261**, 133 (1971)
79. BRANTON, D., PARK, R. C. (Edts.): Papers on biological membrane structure. Boston: Little Brown Co. 1968
80. BREGULE, V., KLEIN, G., HARRIS, H.: J. Cell Sci. **8**, 673 (1971)
81. BRETSCHER, M. S.: J. Mol. Biol. **59**, 351 (1971)
82. BRETSCHER, M. S.: Nature. New Biology **231**, 229 (1971)
83. BREWER, J. E., BELL, G. L.: J. Cell Sci. **4**, 17 (1969)
84. BROWN, D. D.: J. Mol. Biol. **12**, 491 (1965)
85. BROWN, F., DANIELLI, J. F.: In: BOURNE, G. H. (Edt.), Cytology and cell physiology. 3. Aufl., New York: Academic Press S. 239. 1964
86. BRUNETTE, D. M., TILL, J. E.: J. Membrane Biol. **5**, 215 (1971)
87. BURGER, M. M.: Proc. Natl. Acad. Sci. (US) **62**, 994 (1970)
88. BURGER, M. M., NOONAN, K. D.: Nature **228**, 512 (1970)
89. BURNET, M. F.: The clonal selection theory of acquired immunity. Nashville: Vanderbilt University Press 1959
90. BURNET, F. M.: Nature **226**, 124 (1970)
91. BUTCHER, R. W., SUTHERLAND, E.: J. Biol. Chem. **237**, 1244 (1962)
92. BYRT, P., ADA, G. L.: Immunology **17**, 503 (1969)

93. CARRELL, R. W., LEHMANN, H.: Seminars in Hematology **6**, 116 (1969)
94. CASPAR, D. L. D., KIRSCHNER, D. A.: Nature. New Biology **231**, 46 (1971)
95. DELCASTILLO, J., RODRIQUEZ, A., ROMERO, C. A., SANCHEZ, V.: Science **153**, 185 (1966)
96. CENEDELLA, R.: Am. J. Trop. Med. Hyg. **17**, 680 (1968)
97. CHANGEUX, J.-P., BLUMENTHAL, R., JASAI, M., PODLESKI, T.: In: PORTER, R., O'CONOR, M., Molecular properties of drug receptors. S. 197. London: J. &. A. Churchill 1970
98. CHANGEUX, J.-P., THIERY, J.: In: JÄRNEFELT, J., Regulatory functions of biological membranes. S. 115. Amsterdam: Elsevier 1968
99. CHANGEUX, J.-P., TUNG, Y., KITTEL, C.: Proc. Natl. Acad. Sci. (US) **57**, 335 (1967)
100. CHAPMAN, D. (Edt.): Recent physical studies on the structure of biomembranes. Chem. Phys. Lipids **8**, 259—404 (1972)
101. CHAPMAN, D., KAMAT, V. B.: In: JÄRNEFELT, J., Regulatory functions of biological membranes. S. 99. Amsterdam: Elsevier 1968
102. CHAPMAN, D., KAMAT, V. B., DEGIER, J., PENKETT, S. A.: J. Mol. Biol. **31**, 101 (1968)
103. CHAPMAN, D., KAMAT, V. B., LEVENE, R. J.: Science **160**, 314 (1968)
104. CHAPMAN, D., URBINA, J.: FEBS Letters **12**, 169 (1971)
105. CHEN, L. C., RHODE, J. E., SHARP, G. W..: Lancet **1971 I**, 939
106. CHERRY, R. J., CHAPMAN, D.: J. Theor. Biol. **24**, 137 (1969)
107. CHOULES, G. L., BJÖRKLUND, R. F.: Biochemistry **9**, 4759 (1970)
108. CIANI, S., EISENMANN, G., SZABO, G.: J. Membrane Biol. **1**, 1 (1969)
109. CLARK, G. P., STOKER, M. G. P., LUDLOW, H., THONTON, M.: Nature **227**, 298 (1970)

110. CLINE, M.J., LIVINGSTON, D.C.: Nature, New Biology, **232**, 155 (1971)
111. COFRÉ, G., CRABBÉ, J. L.: J. Physiol. **188**, 177 (1967)
112. COHEN, A.: In: SMITH, W. (Edt.): Mechanism of viral infection. S. 151. New York: Academic Press 1963
113. COHEN, L. B., KEYNES, R. D., HILLE, B. H.: Nature **218**, 438 (1968)
114. COLE, K. S.: Cold Spring Harbor Symp. Quant. Biol. **8**, 110 (1940)
115. COLEMAN, R., MITCHELL, R. H., FINEAN, J. B., HAWTHORNE, J. N.: Biochim. Biophys. Acta **135**, 573 (1967)
116. COLEMAN, R., FINEAN, J. B.: Biochim. Biophys. Acta **125**, 197 (1966)
117. COMAN, D. R.: Cancer Res. **4**, 625 (1944)
118. COMAN, D. R.: Cancer Res. **13**, 397 (1953)
119. COMAN, D. R.: Cancer Res. **14**, 519 (1954)
120. COMAN, D. R.: Cancer Res. **20**, 1202 (1960)
121. COMAN, D. R.: Cancer Res **21**, 1436 (1961)
122. COMAN, D. R., ANDERSON, T. F. A.: Cancer Res. **15**, 541 (1955)
123. CONDREA, E., ROSENBERG, P.: Biochim. Biophys. Acta **150**, 168 (1968)
124. COOK, G. M. W., JACOBSON, W.: Biochem. J. **107**, 549 (1968)
125. COOPER, E. L.: Transplantation Proc. **III**, 214 (1971)
126. COOPER, R. A., JANDL, J. H.: Clin. Res. **15**, 274 (1967)
127. CRAWHALL, J. C., WATTS, R. W.: Amer. J. Med. **45**, 736 (1968)
128. CRESSWELL, P., SANDERSON, A. R.: Biochem. J. **117**, 43 (1970)
129. CROCE, C. M., SAWICKI, W., KRITCHEVSKY, D., KOPROWSKI, H.: Exp. Cell Res. **67**, 427 (1971)
130. CUATRECASAS, P.: Proc. Natl. Acad. Sci. (US) **63**, 450 (1969)
131. CUATRECASAS, P.: Proc. Natl. Acad. Sci. (US) **68**, 1264 (1971)
132. CULP, L.A., GRIMES, W.J., BLACK, P.H.: J. Cell Biol. **50**, 628 (1971)
133. CUMMINS, J., HYDEN, H.: Biochim. Biophys. Acta **60**, 271 (1962)
134. CURRIE, G., BAGSHAWE, K.: Brit. J. Cancer **22**, 588 (1968)
135. CURTIS, A. S. G.: The Cell surface. New York: Academic Press 1967
136. CURTIS, H. J., COLE, K. S.: J. Gen. Physiol. **21**, 757 (1938)

137. DAMJANOVCH, T., SANNER, T., PHIL, A.: Biochim. Biophys. Acta **136**, 593 (1967)
138. DANIELLI, J.F., DAVSON, H.: J. Cell. Comp. Physiol. **5**, 495 (1935)
139. DANIELLI, J. P., HARVEY, E. N.: J. Cell. Comp. Physiol. **5**, 483 (1935)
140. DAVIE, J. M., PAUL, W. E.: J. Exp. Med. **134**, 495 (1971)
141. DAVIE, J. M., ROSENTHAL, A. S., PAUL, W. E.: J. Exp. Med. **134**, 517 (1971)
142. DAVIS, D. B., WARREN, L. (Edts.): The specifity of cell surfaces. Englewood Cliffs: Prentice Hall 1967
143. DAVSON, H., DANIELLI, J.F.: The permeability of natural membranes. S. 193. Cambridge: Cambridge University Press 1952
144. VANDEENEN, L. L. M., DEGIER, E.: In: BISHOP, C., SURGENOR, D. M. (Edts.), The red blood cell. S. 243. New York: Academic Press 1964
145. DEFENDI, V.: Proc. Soc. Exp. Biol. Med. **113**, 12 (1963)
146. DINGLE, J. T., FELL, H. B. (Edts.): Lysosomes in biology and pathology. Vol. 2. Amsterdam: North Holland Publishing Co. 1969
147. DODD, G. H., BARRATT, M. D., RAYNER, L.: FEBS Letters **8**, 286 (1970)
148. DODGE, J. T., MITCHELL, C., HANAHAN, D. J.: Arch. Biochem. Biophys. **100**, 119 (1963)
149. DUNHAM, D. B., HOFFMAN, J. F.: Proc. Natl. Acad. Sci. (US) **66**, 936 (1970)
150. DUNN, M. J.: J. Clin. Invest., **48**, 674 (1969)
151. DUSKIN, D., KATCHALSKI, E., SACHS, L.: Proc. Natl. Acad. Sci. (US) **67**, 185 (1970)

152. EDELMAN, G. M., MILETTE, C. F.: Proc. Natl. Acad. Sci. (US) **68**, 2436 (1971)
153. EHRLICH, P.: In: PAUL EHRLICH, Gesammelte Arbeiten. Band II. S. 188. Berlin-Göttingen-Heidelberg: Springer 1957
154. EIBL, H., HILL, E. E., LANDS, W. E. M.: Europ. J. Biochem. **9**, 250 (1969)
155. EL-AASER, A. A., FITZSIMMONS, J. T. R., HINTON, H. R., REID, E., KLUCIS, E., ALEXANDER, P.: Biochim. Biophys. Acta **127**, 553 (1968)
156. ELIAS, H.: Am. J. Anat. **85**, 379 (1949)
157. ELLIOTT, A. B.: Experimentia **23**, 220 (1967)
158. ELLORY, J. C., TUCKER, E.: Nature **222**, 477 (1969)
159. ELSAS, L. J., ROSENBERG, L. E.: J. Clin. Invest. **48**, 1845 (1969)
160. EMMELOT, P., BENEDETTI, E. L.: In: Carcinogenesis: A broad critique. S. 471. Baltimore: Williams & Wilkins 1967
161. EMMELOT, P., BOS, C. J.: Biochim. Biophys. Acta **150**, 354 (1968)
162. EMMELOT, P., VISSER, A., BENEDETTI, E. L.: Biochim. Biophys. Acta **150**, 364 (1968)
163. ENGELMAN, D. M.: Nature **223**, 1279 (1969)
164. ENGELMAN, D. M.: In: CHAPMAN, D. (Edt.), Recent physical studies on the structure of biomembranes. Chem. Phys. Lipids **8**, 298 (1972)

165. FAIRBANKS, G., STECK, T. L., WALLACH, D. F. H.: Biochemistry **10**, 2606 (1971)
166. FELINEC, A. A., Shank, R. P.: J. Neurochem. **18**, 2229 (1971)
167. FERBER, E., RESCH, K.: Biochim. Biophys. Acta **296**, 335 (1973)
168. FERBER, E., RESCH, K., WALLACH, D. F. H., IMM, W.: Biochim. Biophys. Acta **266**, 494 (1972)
169. FERNANDEZ-MORAN, H., FINEAN, J. B. J.: Biochem. Biophys. Cytol. **3**, 725 (1957)
170. FIDALGO, B. V., KATAYAMA, Y., NAJAR, V. A.: Biochemistry **6**, 3378 (1967)
171. FIELD, M., FROMM, D., WALLACE, C. K., GREENOUGH, W. B.: J. Clin. Invest. **48**, 24 (1964)
172. FINEAN, J. B.: Exp. Cell. Res. **5**, 202 (1953)
173. FINEAN, J. B.: Progr. Biophys. Molec. Biol. **16**, 145 (1966)
174. FINEAN, J. B.: In: D. CHAPMAN (Edt.), Recent Physical studies of biomembranes, Chem. Phys. Lipids **8**, 279 (1972)
175. FINEAN, J. B., MILLINGTON, P. J.: Biochem. Biophys. Cytol. **3**, 89 (1957)
176. FINEAN, J. B., ROBERTSON, J. D.: Brit. Med. Bull. **14**, 267 (1958)
177. FINKELSTEIN, R. A., LOSTALLO, L.: J. Exp. Med. **130**, 185 (1969)
178. FINN, A. L., HANDLER, J. S., ORLOFF, J.: Am. J. Physiol. **210**, 1279 (1966)
179. FISHMAN, A. P.: Circulation **26**, 982 (1962)
180. FLEET, G. W. J., KNOWLES, J. R., PORTER, R. R.: Nature **224**, 511 (1969)
181. FLEISCHER, B., FLEISCHER, S., OZAWA, H.: J. Cell. Biol. **43**, 59 (1969)
182. FLEISCHER, S., FLEISCHER, B., STOECKENIUS, W.: J. Cell. Biol. **32**, 193 (1967)
183. FLEMMING, K., LANGENDORFF, M.: Strahlentherapie **128**, 109 (1965)
184. FLEMMING, K., MEHRISHI, J. N., NAPIER, J. A. F.: Int. J. Radiat. Biol. **14**, 175 (1968)
185. FOGEL, B. J., SHIELDS, C. D., VON DOENHOFF, J.: Am. J. Trop. Hyg. Med. **15**, 269 (1966)
186. FORRESTER, J. A., AMBROSE, E. J., MACPERSHON, J. A.: Nature **196**, 1068 (1962)
187. FORRESTER, J. A., SALAMANN, M. H.: Nature **215**, 279 (1967)
188. FORRESTER, J. A., STOKER, M. G. P.: Nature **201**, 945 (1964)
189. FOSTER, D. O., PARDEE, A. B.: J. Biol. Chem. **224**, 2675 (1969)
190. FOX, C. F., LAW, J. H., TSUKAGOSHI, N., WILSON, G.: Proc. Natl. Acad. Sci. (US) **67**, 598 (1970)
191. FOX, T. O., SHEPPARD, J. R., BURGER, M. M.: Proc. Natl. Acad. Sci. (US) **68**, 244 (1971)
192. FRANKE, W. W., DEUMLING, B., ERMAN, B., JARASCH, E. D., KLEINIG, H. J.: J. Cell. Biol. **46**, 379 (1970)

193. FRASER, A. S., SHORT, B. F.: Austral. J. Biol. Sci. **2**, 200 (1958)
194. FROMMHERTZ, P.: FEBS Letters **11**, 205 (1970)
195. FRYE, D. L., EDDIDIN, M.: J. Cell. Sci. **7**, 319 (1970)
196. FURSHPAN, E. I., POTTER, D. D.: In: Current topics in developmental biology. S. 95. New York: Academic Press 1968
197. GAFFEY, T. C.: Adv. Biol. Med. Physics **13**, 351 (1971)
198. GARRAGHAN, P. J., GLYNN, J. M.: J. Physiol. **192**, 217 (1967)
199. GEHRING, P. J., HAMMOND, P. B.: J. Pharm. Exp. Therap. **145**, 215 (1964)
200. GENTZ, J., LINDBLAD, B., LINSTEDT, S., ZETTERSTROM, R.: J. Lab. Clin. Med. **74**, 185 (1969)
201. GEORGE, N. J., STOKES, E. F., WICKER, D. J., CONRAD, M. E.: Milit. Med. Supple. **31**, 1217 (1966)
202. GEREN, B. B.: Exp. Cell. Res. **7**, 558 (1954)
203. GINGELL, D.: J. Theoret. Biol. **17**, 451 (1967)
204. GINGELL, D.: J. Theoret. Biol. **19**, 340 (1968)
205. GIRARDI, A. J., DEFENDI, V.: Virology **42**, 688 (1970)
206. GLASER, M., SIMPKINS, H., SINGER, S. J., SCHFTZ, M., CHANS, S. J.: Proc. Natl. Acad. Sci. (US) **65**, 721 (1970)
207. GLASER, M., SINGER, S. J.: Biochemistry **10**, 1780 (1971)
208. GOLD, P., FREEDMAN, S. O.: J. Exptl. Med. **122**, 467 (1965)
209. GOLD, P., FREEDMAN, S. O.: J. Exptl. Med. **121**, 439 (1965)
210. GOLD, P., GOLD, M., FREEDMAN, S. O.: Cancer Res. **28**, 1331 (1966)
211. GOODMAN, S. I., MACINTYRE, C. A., O'BRIEN, D. J.: J. Pediat. **71**, 246 (1967)
212. GORDON, A. S., WALLACH, D. F. H., STRAUS, J. H.: Biochim. Biophys. Acta **183**, 405 (1969)
213. GORDON, D. J., HOLZWARTH, G.: Proc. Natl. Acad. Sci. (US) **68**, 2365 (1971)
214. GORDON, S.: J. Cell. Biol. **47**, 75a (1970)
215. GORTER, E., GRENDEL, F.: J. Exptl. Med. **41**, 439 (1925)
216. GRABAR, P.: Adv. Biol. Med. Phys. **3**, 191 (1953)
217. GRAHAM, J. M.: persönliche Mitteilung
218. GRAHAM, J. M., HIGGINS, J. A., GREEN, C.: Biochim. Biophys. Acta **150**, 303 (1968)
219. GRAHAM, J. M., WALLACH, D. F. H.: Biochim. Biophys. Acta **193**, 225 (1969)
220. GRAHAM, J. M., WALLACH, D. F. H.: Biochim. Biophys. Acta **241**, 180 (1971)
221. GRAFF, R. J., NATHENSON, S. G.: Transplantation Proc. **III**, 249 (1971)
222. GREEN, D. H., SALTON, M. R. J.: Biochim. Biophys. Acta **211**, 139 (1970)
223. GREEN, F. A.: J. Biol. Chem. **243**, 5519 (1968)
224. GREEN, F. A.: Nature **219**, 86 (1968)
225. GRIFFITH, O. H., MCCONNELL, H. M.: Proc. Natl. Acad. Sci. (US) **55**, 9 (1966)
226. GRIGARZICK, H., PASSOW, H.: Pflüg. Arch. ges. Physiol. **267**, 73 (1958)
227. GRIMES, W.: Biochemistry, **9**, 5083 (1970)
228. GUTIRREZ, J.: Am. J. Trop. Hyg. Med. **15**, 818 (1966)
229. HABEL, K.: Proc. Soc. Exp. Biol. Med. **106**, 772 (1961)
230. HABEL, K.: Virology **25** (1961)
231. HAEMMERLING, U.: In: WALLACH, D. F. H., FISCHER, H. (Edts.), The dynamic structure of cell membranes. S. 51. Berlin–Heidelberg–New York: Springer 1972
232. HAMMERLING, U., EGGERS, H. J.: Europ. J. Biochem. **17**, 95 (1970)
233. HAGEMAN, R. F., EVANS, T. C.: Radiat. Res. **33**, 371 (1968)
234. HAGENAU, F.: In: BITTAR, E. E., BITTAR, N.: The biological basis of medicine. S. 433. New York: Academic Press 1969

235. HAKOMORI, S. I.: In: WALLACH, D. F. H., FISCHER, H. (Edts.), The dynamic structure of cell membranes. S. 65. Berlin–Heidelberg–New York: Springer 1972
236. HAKOMORI, S. I., KOSCIELAK, J., BLOCH, K. J., JEANLOZ, R. W.: J. Immunol. **98**, 31 (1967)
237. HAKOMORI, S., MURAKAMI, W.: Proc. Natl. Acad. Sci. **59**, 254 (1968)
238. HAKOMORI, S. I., TEATHER, C., ANDREWS, H.: Biochim. Biophys. Res. Commun. **33**, 563 (1968)
239. HALPERN, B., PEJSACHOWICZ, B., FEBVRE, H. L., BARSKI, G.: Nature **209**, 157 (1966)
240. HAMMOND, E.: Exp. Cell. Res. **59**, 359 (1970)
241. HANDLER, G. W., BUTCHER, R. W., SUTHERLAND, E. W., ORLOFF, J. J.: J. Clin. Invest. **33**, 1297 (1965)
242. HANSTEIN, W. G., HATEFI, Y.: Arch. Biochem. Biophys. **138**, 87 (1970)
243. HARDER, H. C., ROSENBERG, B.: Int. J. Cancer **6**, 207 (1970)
244. HARRIS, R. J. C.: Specific tumor antigens. New York: Medical Examination Publications (1967)
245. HARVEY, E. N., DANIELLI, J. F.: Biol. Rev. Cambridge Phil. Soc. **13**, 319 (1938)
246. HASSELBACH, W., HEIMBERG, K. W.: J. Membrane Biol. **2**, 341 (1970)
247. HATEFI, Y., HANSTEIN, W. G.: Proc. Natl. Acad. Sci. (US) **62**, 1129 (1969)
248. HATEFI, Y., HANSTEIN, W. G.: Arch. Biochem. Biophys. **138**, 73 (1970)
249. HATENAKA, M., AUGL, C., GILDEN, R. V.: J. Biol. Sci. **245**, 714 (1970)
250. HATENAKA, M., HUEBNER, R. J., GILDEN, R. V.: J. Natl. Cancer Inst. **43**, 1091 (1969)
251. HATENAKA, M., TODARO, G. J., GILDENI, R. V.: Int. J. Cancer **5**, 224 (1970)
252. HAUSEN, P., STEIN, H., PEETERS, H.: Europ. J. Biochem. **9**, 542 (1969)
253. HAXBY, J. A., KINSKY, C. B., KINSKY, S. C.: Proc. Natl. Acad. Sci. (US) **61**, 301 (1968)
254. HÄYARY, P., DEFENDI, V.: Virology **41**, 22 (1970)
255. HAYWOOD, G. R., MCKHANN, C. F.: Fed. Proc. **29**, 371 (1970)
256. HELLSTRÖM, K. E., MÖLLER, G.: Progr. Allergy **9**, 158 (1965)
257. HENDLER, R. W.: Physiol. Rev. **51**, 66 (1971)
258. HERSHKO, A., MAMONT, P., SHIELDS, R., TOMPKINS, G. M.: Nature. New Biology **232**, 206 (1971)
259. HIGGINS, J. A., GREEN, C.: Biochem. J. **99**, 631 (1966)
260. HILL, B. R.: Cancer Res. **16**, 460 (1956)
261. HILL, T. L., CHEN, Y.-D.: Proc. Natl. Acad. Sci. (US) **68**, 2488 (1971)
262. HILL, H. K., KUSKIS, A., BEVERIDGE, J. M. R.: J. Amer. Oil Chem. Soc. **41**, 393 (1964)
263. HIMMELSPACH, K., WESTPHAL, O., TEICHMAN, B.: Europ. J. Immunol. **1**, 106 (1971)
264. HIMMELSPACH, K., KNÜFERMANN, H., WALLACH, D. F. H.: (in Vorbereitung)
265. HIRATA, A. A., TERASAKI, P. I.: Science **168**, 1095 (1970)
266. HOERER, O. L., NICOLAU, C.: FEBS Letters **14**, 262 (1971)
267. HOFFMAN, J. F.: Am. J. Med. **41**, 660 (1966)
268. HOLLAND, J. J., MCLAREN, L. C.: J. Exp. Med. **109**, 487 (1959)
269. HOLMBERG, B.: Cancer Res. **21**, 1386 (1961)
270. HOLMQUIST, W. R., SCHROEDER, W. A.: Biochemistry **5**, 2489 (1966)
271. HOPE, A. B.: Ion transport and membranes. London: Butterworth & Co. 1971
272. HOUCHIN, D. N., MUNN, J. I., PARNELL, B. L.: Blood **13**, 1185 (1958)
273. HOWELL, J. I., LUCY, J. A.: FEBS Letters **4**, 147 (1969)
274. HOYER, L., TRABULD, N. J.: J. Clin. Invest. **49**, 87 (1970)
275. HUBBELL, W. L., MCCONNELL, H. M.: Proc. Natl. Acad. Sci. (US) **63**, 16 (1969)
276. HUBBELL, W. L., MCCONNELL, H. M.: Proc. Natl. Acad. Sci. (US) **64**, 20 (1969)

277. HUBBELL, W. L., MCCONNELL, H. M.: Proc. Natl. Acad. Sci. (US) **61**, 12 (1969)
278. HUGHES, D. E., CUNNINGHAM, V. R.: Biochem. Soc. Symp. (Cambridge, England) **23**, 8 (1963)
279. HUGHES, D. E., NYBORG, W. L.: Science **138**, 108 (1962)
280. HULCHER, F. H.: Arch. Biochem. Biophys. **100**, 237 (1963)
281. HÜLSER, D. F., PETERS, J. H.: Exp. Cell. Res. **74**, 319 (1972)
282. HULTQUIST, D. E., REED, D. W., PASSON, P. G., ANDREWS, W. E.: Biochim. Biophys. Acta **229**, 33 (1971)
283. HUMPHREY, J. H., DOURMASHKIN, R.: Adv. Immunol. **11**, 75 (1969)
284. HUNTER, M. J., COMMERFORD, S. L.: Biochim. Biophys. Acta **47**, 580 (1961)
285. HUXLEY, J.: Biological aspects of concer. New York: Harcourt, Brace & Co. 1953

286. INBAR, M., SACHS, L.: Nature **223**, 710 (1969)
287. INBAR, M., SACHS, L.: Proc. Natl. Acad. Sci. (US) **63**, 1418 (1969)
288. INBAR, M., BEN-HASSAT, H., SACHS, L.: Proc. Natl. Acad. Sci. (US) **68**, 2748 (1971)
288a. INBAR, M., BEN-HASSAT, H., SACHS, L.: J. Membrane Biol. **6**, 195 (1971)
289. INOUE, K., KINSKY, S. C.: Biochemistry **9**, 4767 (1970)

290. JACKSON, K. L., CHRISTENSEN, G. M.: Radiat. Res. **27**, 434 (1966)
291. JACOB, H. S.: Am. J. Med. **41**, 734 (1966)
292. JACOB, H. S., BRAIN, M. C., DACIE, J. W.: J. Clin. Invest. **46**, 1073 (1967)
293. JACOB, H. S., JANDL, J. H.: J. Clin. Invest. **41**, 779 (1962)
294. JACOBS, M. H.: Erg. Biol. **7**, 1 (1931)
295. JACOBS, M. H., GLASSMANN, H. N.: Biol. Bull. **73**, 387 (1937)
296. JADIN, J. M., CREEMERS, J.: Acta Trop. (Basel) **25**, 267 (1968)
297. JAERNEFELT, J. (Edt.): Regulatory functions of biological membranes. Amsterdam: Elsevier Publishing Co. 1958
298. JAMAKOSMANOVIC, A., LOEWENSTEIN, W. R.: Nature **218**, 775 (1968)
299. JANDL, J. H., INMAN, J. K., SIMMONS, R. L., ALLEN, D. W.: J. Clin. Invest. **38**, 161 (1959)
300. JANDL, J. H., KATZ, J. H.: J. Clin. Invest. **42**, 314 (1963)
301. JANDL, J. H., SIMMONS, R. L.: Brit. J. Haematol. **3**, 19 (1957)
302. JANTZEN, E., ANDREAS, H.: Chem. Ber. **92**, 1427 (1959)
303. JANTZEN, E., ANDREAS, H.: Chem. Ber. **94**, 628 (1961)
304. JENKINSON, T. J., KAMAT, V. B., CHAPMAN, D.: Biochim. Biophys. Acta **183**, 427 (1969)
305. JERNE, N. K.: Europ. J. Immunol. **1**, 1 (1971)
306. JI, T. H., URRY, D. W.: Biochim. Biophys. Res. Commun. **34**, 404 (1969)
307. JOHNSON, G. A. R., GROAT, W. C., CURTIS, D. R.: J. Neurochem. **16**, 797 (1969)

308. KAHAN, B. D., REISFELD, R. A.: Science **164**, 514 (1969)
309. KAKIQUCHI, S., RALL, T. W.: Mol. Pharmacol. **4**, 367 (1968)
310. KANKURA, T., NAKAMURA, W., ETO, H., NAKAO, M.: Int. Radiat. Biol. **15**, 125 (1969)
311. KANNO, Y., MASUI, Y.: Nature **218**, 775 (1968)
312. KASAI, M., CHANGEUX, J.-P., MONNERIE, L.: Biochim. Biophys. Res. Commun **36**, 420 (1969)
313. KASAI, M., PODLESKI, R., CHANGEUX, J.-P.: FEBS Letters **7**, 13 (1970)
314. KAULEN, H. D., HENNING, E., STOFFEL, W.: Hoppe-Seyler Ztschr. Physiol. Chem. **351**, 1555 (1970)
315. KAUZMAN, W.: Adv. Prot. Chem. **14**, 1 (1959)

316. KAY, R. E., BEAN, R. C.: Adv. Biol. Med. Phys. **13**, 235 (1970)
317. KENDREW, J. D., WATSON, H. C., STRANDBERG, B. E., DICKERSON, R. E., PHILLIPS, D. C., SHORE, V. C.: Nature **190**, 666 (1961)
318. KERR, S. E.: J. Biol. Chem. **117**, 227 (1937)
319. KEPNER, G. R., MACY, R. I.: Biochim. Biophys. Acta **163**, 188 (1968)
320. KERN, H.: J. Chromatogr. **32**, 790 (1968)
321. KIEFER, H., LINDSTROM, J., LENNOX, E. S., SINGER, S. J.: Proc. Natl. Acad. Sci. (US) **67**, 1688 (1970)
322. KIMBERG, D. V., FIELD, M., JOHNSON, J., HENDERSON, A., GERSHON, E.: J. Clin. Invest. **50**, 2128 (1971)
323. KLEIN, G.: In: DAVIS, B. D., WARREN, L. (Edts.), The specifity of cell surfaces. S. 165, New Jersey: Prentice Hall, Inc. 1967
324. KLEIN, G.: Cancer Res. **28**, 625 (1968)
325. KLEIN, E., KLEIN, G., NADAKARNI, J. S., NADAKARNI, J., WIGZELL, H., CLIFFORD, P.: Cancer Res. **28**, 1300 (1968)
326. KLEIN, G., BREGULA, V., WIENER, F., HARRIS, H.: J. Cell Sci. **8**, 659 (1971)
327. KLEIN, G., WEINHOUSE, S. (Edts.): Advances in Cancer Research. Vol. **13**. New York: Academic Press 1970
328. KLEINIG, H. K.: J. Cell Biol. **46**, 396 (1970)
329. KLENCK, H. D.: In: WALLACH, D. F. H., FISCHER, H. (Edts.), The dynamic structure of cell membranes. S. 97. Berlin-Heidelberg-New York: Springer 1972
330. KNÜFERMANN, H., BHAKDI, S., SCHMIDT-ULLRICH, R., FISCHER, H., WALLACH, D. F. H.: Z. Immunforsch. **145**, 56 (1973)
331. KNÜFERMANN, H., FISCHER, H., WALLACH, D. F. H.: FEBS Letters **16**, 167 (1971)
332. KNÜFERMANN, H., SCHMIDT-ULLRICH, R., FERBER, E., FISCHER, H., WALLACH, D. F. H.: In: GERLACH, E., MOSER, K., WILMANS, W., DEUTSCH, E. (Edts.), Erythrocytes, Thrombocytes and Leucocytes, S. 12, Stuttgart: Thieme Verlag 1973
333. KNÜFERMANN, H., WALLACH, D. F. H.: (in Vorbereitung)
333a. KNÜFERMANN, H., HIMMELSPACH, K., SCHMIDT-ULLRICH, R., WALLACH, D. F. H.: In: PEETERS, H. (Edt.) XXI Colloquim: Protides of the biological fluids. Oxford: Pergamon Press 1973 (im Druck)
334. KOCH, P., MONIG, H.: Nature **203**, 859 (1964)
335. KOHN, A., FUCHS, P.: Current topics in microbiology and immunology **52**, 95 (1970)
336. KOPROWSKI, H.: Fed. Proc. **30**, 914 (1971)
337. KOPROWSKI, H., JENSEN, F. C., STEPLEWSKI, Z.: Proc. Natl. Acad. Sci. (US) **58**, 127 (1967)
338. KORN, E. D.: Fed. Proc. **28**, 6 (1969)
339. KORN, E. D.: Science **153**, 1491 (1966)
340. KORN, E. D.: In: COLE, A. (Edt.), Theoretical and experimental biophysics. S. 2. New York: Marcel Dekker 1969
341. KOWAL, J., FIEDLER, R.: Arch. Biochem. Biophys. **128**, 406 (1968)
342. KOZAWA, S.: Biochem. Z. **60**, 231 (1914)
343. KRANE, S.: In: STANBURY, J. B., WYNGAARDEN, J. B., FREDRICKSON, D. S. (Edts.), The metabolic basis of inherited disease. 1221. New York: McGraw-Hill 1966
344. KRAMER, R., SCHLATTER, Ch., ZAHLER, P.: Biochim. Biophys. Acta **282**, 146 (1972)
345. DE KRETSER, D. M., CATT, K. J., PAULSON, C. A.: Endocrinology **88**, 332 (1971)
346. KUZIN, A. M.: Radiation Biochemistry. Israel Program for Scientific Translations, Ltd. 1964

347. LADDA, J., AIAKAWA, M., SPRINZ, H. J.: Parasit. **55**, 633 (1969)

348. LALAZARI, P., BERNARD, G.: In: Histocompatibility testing. S. 268. Kopenhagen: Munksgaard 1965
349. LAMANNE, C., SAKAGUCHI, G.: Bact. Rev. **35**, 242 (1971)
350. LAMY, L., WONDE, T., LAMY, H.: Compt. Rend. Acad. Sci. (D) **263**, 671 (1966)
351. LAMY, L., WONDE, T., LAMY-ROUX, H.: Compt. Rend. Acad. Sci. (D) **264**, 1889 (1967)
352. LANDSTEINER, K.: The specifity of serological reactions. New York: Dover Publications 1962
353. LANSING, A. I., BELKHODE, M. L., LYNCH, W. E., LIEBERMAN, I.: J. biol. Chem. **242**, 1772 (1967)
354. LARIS, P. C., EWERS, A., NOVIGER, G.: J. Cell. Comp. Physiol. **59**, 1945 (1962)
355. LAUF, P. K.: J. Membrane Biol. **3**, 1 (1970)
356. LAUF, P. K., PARMELEE, M. L., SNYDER, J. J.: Abstracts of 14th Am. Meet. of the Biophysical Society (1970), S. 14 a
357. LAUF, P. K., PARMELEE, M. L., SNYDER, J. J., TOSTESON, D. C.: J. Membrane Biol. **4**, 52 (1971)
358. LAUF, P. K., TOSTESON, D. C.: J. Membrane Biol. **1**, 177 (1969)
359. LAW, L. W., TING, R. C.. J. Natl. Cancer Inst. **44**, 615 (1970)
360. LAWRENCE, C. W., CENEDELLA, R. C.: Exp. Parasito. **26**, 181 (1969)
361. LEA, D.: Action of radiation on living cells. New York: McMillan & Co. 1947
362. LEAF, A.: In: STANBURY, J. B., WYNGAARDEN, J. B., FREDERICKSON, D. S., The metabolic basis of inherited disease. 2nd Edition. S. 1205. New York: MacGraw-Hill 1966
363. LEHMAN, F., WELS, P.: Arch. Ges. Physiol. **213**, 628 (1926)
364. LEHNINGER, A.: Naturwissenschaften **53**, 57 (1966)
365. LEIGHTON, F., POOLE, B., BEAUFAY, H., BAUDHUIN, P., COFFREY, J. W., FOWLER, S., DE DUVE, C. J.: J. Cell Biol. **37**, 482 (1968)
366. LENARD, J., SINGER, S. J.: Proc. Natl. Acad. Sci. (US) **56**, 1828 (1966)
367. LEVINE, D. Y., BECKER, C., EAGLE, H.: Proc. Natl. Acad. Sci. (US) **53**, 350 (1965)
368. LIBERTINI, L. J., WAGGONER, A. S., JOST, G. C., GRIFFITH, O. H.: Proc. Natl. Acad. Sci. (US) **64**, 13 (1969)
369. LIECHTI, A., WILBRANDT, W.: Strahlentherapie **70**, 541 (1941)
370. LINDEMAN, B., PASSOW, H.: Pflüg. Arch. Ges. Physiol. **271** 369 (1960)
371. LINDEMANN, J., KLEIN, P. A.: J. Exp. Med. **126**, 93 (1967)
372. LIPSCOMB, W. N.: Adv. Chem. Res. **3**, 81 (1970)
373. LLOYD, K. O., KABAT, E. A., LICERIO, E.: Biochemistry **7**, 2976 (1968)
374. LOEWENSTEIN, W. R.: Ann. N. Y. Acad. Sci. **137**, 441 (1966)
375. LOEWENSTEIN, W. R.: Canadian Cancer Conf. **8**, 162 (1969)
376. LOEWENSTEIN, W. R., KANNO, Y.: J. Cell Biol. **33**, 225 (1967)
377. LOEWENSTEIN, W. R., SOCOLAR, S. J., KANNO, Y., DAVIDSON, N.: Science **149**, 295 (1965)
378. LOEWENSTEIN, W. R., PENN, R. D.: J. Cell Biol. **33**, 235 (1967)
379. DE LONG, G. R., SIDMAN, R. L.: Develop. Biol. **22**, 584 (1970)
380. LOWICK, J. H. B., PURDOM, L., JAMES, A. M., AMBROSE, E. J.: J. Roy. Micr. Soc. **80**, 47 (1961)
381. LUCAS, Z. J.: Transplantation Proc. **III**, 240 (1971)
382. LUCY, J. A.: J. Theoret. Biol. **7**, 360 (1964)
383. LUCY, J. A.: Brit. Med. Bull. **24**, 127 (1968)
384. LUCY, J. A.: Nature **227**, 815 (1970)
385. LUGINBÜHL, D.: Der Mikrococcus der Variole. Arbeiten aus dem Berner Pathologischen Institut. S. 159. Würzburg 1873

386. LUNKVIST, U., PERLMANN, P.: SCIENCE **152**, 780 (1966)
387. LUNKVIST, U., PERLMANN, P.: Immunology **13**, 179 (1967)
388. LUZATTI, V., TARDIEU, A., TAUPIN, D.: In: CHAPMAN, D. (Edt.), Recent physical studies on the structure of biomembranes. Chem. Phys. Lipids **8**, 292 (1972)
389. LYCKE, E., LUND, E., STANNEGARD, O.: Brit. J. Exptl. Pathol. **46**, 189 (1965)

390. MACH, O., LACKO, L.: Anal. Biochem. **22**, 393 (1968)
391. MADDY, A. H.: Biochim. Biophys. Acta **88**, 390 (1964)
392. MADDY, A. H.: Biochim. Biophys. Acta **117**, 193 (1966)
393. MADDY, A. H., MALCOLM, B. R.: Science **150**, 1616 (1965)
394. MAKITA, A., WALLACH, D. F. H.: (unveröffentliche Beobachtung)
395. MALHOTRA, K. S., VAN HARREVELD, A.: Anat. Rev. **152**, 283 (1965)
396. MANN, D. L., NATHENSON, S. G.: Proc. Natl. Acad. Sci. (US) **64**, 138 (1969)
397. MANN, D. L., ROGENTINE, G. N., FAHEY, L., NATENSON, S. G.: J. Immunol. **103**, 282 (1969)
398. MALMGREN, H., SYLVEN, B., REVEXZ, L.: Brit. J. Cancer **9**, 473 (1955)
399. MARFEY, P.: In: JAMIESON, G. A., GREENWALT, T. J., Red Cell Membrane. S. 112. Philadelphia: J. B. Lippincott Co. 1969
400. MARSDEN, J. C.: Nature **223**, 214 (1969)
401. MARTINEZ-POLOMBO, A., BRAILOVSKY, C., BERNHARD, W.: Cancer Res. **29**, 925 (1969)
402. MAY, L., KRAMBLE, A. B., ACOSTA, I. P.: J. Membrane Biol. **2**, 192 (1970)
403. MAZIA, D., RUBY, A.: Proc. Natl. Acad. Sci. (US) **61**, 1005 (1968)
404. MCCONELL, H. M., HAMILTON, C. C.: Proc. Natl. Acad. Sci. (US) **60**, 776 (1968)
405. MCCORMICK, F. G.: Exp. Parasitol. **27**, 143 (1970)
406. MCGHEE, R. B.: A. J. Hyg. **52**, 42 (1950)
407. MCLAREN, L. C., SCALETTI, J. V., JAMES, C. G.: In: MANSON, L. A., Biological properties of the mammalian surface membrane. S. 123. Philadelphia: Wistar Institute Press 1968
408. MCNAIR-SCOTT, T. B., SANFORD, K. K., WESTFALL, B. B.: Proc. Amer. Assn. Cancer Res. **3**, 41 (1959)
409. MCNUTT, J. S., HERSHBERG, B. H., WEINSTEIN, R. S.: J. Cell Biol. **47**, 135 (1970)
410. MCNUTT, J. S., HERSHBERG, B. H., WEINSTEIN, R. S.: J. Cell Biol. **51**, 805 (1970)
411. MCNUTT, J. S. WEINSTEIN, R. S.: J. Cell Biol. **47**, 666 (1970)
412. MCPERSHON, I.: Adv. Cancer Res. **13**, 169 (1970)
413. MCPERSHON, I., STOKER, M.: Virology **16**, 147 (1962)
414. MEE, L. K., ADELSTEIN, S. J.: Radiat. Res. **32**, 93 (1967)
415. MEEZAN, E., WU, H., BLACK. P. H., ROBBINS, P.: Biochemistry **8**, 2518 (1969)
416. METCALFE, J. C.: In: WALLACH, D. F. H., FISCHER, H. (Edts.), The dynamic structure of cell membranes, S. 201. Berlin-Heidelberg-New York: Springer 1972
417. METCALFE, J. C.: In: CUTHBERT, A. W. (Edt.), Calcium and cellular function. S. 219. London: MacMillan 1970
418. MEZICK, J. A., SETTELMIRE, T. C., BRIERLY, G. P., BAREFIELD, K. P., JENSON, W. N., CORNWELL, D. G.: Biochim. Biophys. Acta **219**, 361 (1970)
419. MIHAILOVIC, L. J., HYDEN, H.: Brain Res. **16**, 243 (1969)
420. MILLER, H. C., TWOHY, D. W.: J. Protozool. **14**, 781 (1969)
421. MILLER, J. V., CUATRESCASAS, P., THOMPSON, E. B.: Proc. Natl. Acad. Sci. (US) **68**, 1014 (1971)
422. MILNE, M. D., ASATOOR, A. M., EDWARDS, K. D., LOUGHRIDGE, L. W., Gut **2**, 323 (1961)

423. MILNE, M. D., CRAWFORD, M. A., GIRAO. C. B., LOUGHRIDGE, L. W.: Quart. J. Med. **29**, 407 (1960)
424. MITCHELL, D. C., HANAHAN, D. J.: Biochemistry **5**, 51 (1966)
425. MITCHISON, N. A.: Cold Spring Harbor Symp. Quant. Biol. **32**, 431 (1969)
426. MITCHISON, N. A.: Transplantation Proc. **II**, 92 (1970)
427. MOKRASCH, L. C.: In: FRIEND, R. (Edt.), Methods and techniques of neurosciences. New York: Dekker 1970
428. MONOD, J., WYMAN, J., CHANGEUX, J. P.: J. Molec. Biol. **12**, 88 (1965)
429. MOORE, H.: Phil. Trans. Roy. Soc. B. **261**, 121 (1971)
430. MOUGDAL, N. R., MOYLE, W. R., GREEP, R. O.: J. Biol. Chem. **246**, 4983 (1971)
431. MUELLER, P., Rudin, D. O.: J. Theoret. Biol. **18**, 222 (1968)
432. MÜLLER-EBERHARDT, H.: Ann. Rev. Biochem. **38**, 389 (1969)
433. MÜLLER-EBERHARDT: In: AMOS, B. (Edt.), Progr. Immunol. **1**, 553 (1971); New York: Academic Press 1971
434. MULLINS, L. J., MOORE, R. D.: J. Genl. Physiol. **43**, 759 (1960)
435. MURAMATSU, T., NATENSON, S. G.: Biochemistry **9**, 4875 (1970)
436. MYERS, D. K.: Adv. Biol. Med. Phys. **13**, 219 (1970)
437. MYERS, D. K., BIDE, R. W.: Radiat. Res. **27**, 250 (1966)
438. MYERS, D. K., CHURCH, M. L.: Nature **213**, 663 (1967)
439. MYERS, D. K., SLADE, D. E.: Radiat. Res. **30**, 186 (1967)

440. NACHMANSOHN, D. (Edt.): Membrane Proteins. J. Genl. Physiol. 1s (1969)
441. NADAKARNI, J. S., SVEHAG, S.-E., NADAKARNI, J., KLEIN, G.: Immunology **20**, 667 (1971)
442. NADARASCHI, T., MOORE, J. W.: J. Genl. Physiol. **51**, 93s (1968)
443. NAEGELI, C., CRAMER, C.: Pflanzenphysiologische Untersuchungen. Heft 1. (1855); Zürich: F. Schutes Verlag
444. NAKAS, M., HIGASHINO, S., LOEWENSTEIN, W. R.: Science **151**, 89 (1966)
445. NANNEY, D. L.: Ann. Rev. Genet. **2**, 121 (1968)
446. NAOR, D., SALTZINAU, D.: Nature **214**, 687 (1967)
447. NAPOLITANO, L., LE BARON, F., SCALETTI, J.: J. Cell Biol. **34**, 817 (1967)
448. NATENSON, S. G., SHIMAD, A., YAMANE, K., MARAMATSU, T., CULLEN, C., MANN, D. L., FAHEY, J. L., GRAFF, R.: Fed. Proc. **29**, 2026 (1970)
449. NAVAB, F., ASAROOR, A. M.: Gut **11**, 373 (1970)
450. NELSON, G. J.: Biochim. Biophys. Acta **144**, 221 (1967)
451. NELSON, G. J.: J. Lipid. Res. **8**, 374 (1967)
452. NETER, O., WESTPHAL, O., LÜDERITZ, O., GORZINSKY, E. A., EICHENBERGER, E.: J. Immunol. **76**, 377 (1956)
453. NEUHOFF, V., WORNER, L., FRÖHLICH, F.: Hoppe-Seyler Z. Physiol. Chem. **350**, 1175 (1969)
454. NEVILLE, D. M.: J. Biophys. Biochem. Cytol. **8**, 413 (1960)
455. NEWEY, H., SANFORD, P. A., SMYTH, D. H.: J. Physiol. **186**, 493 (1966)
456. NEWMAN, H. A. J., GORDESKY, S. E., HOPPEL, S. E., COOPER, C.: Biochem. J. **107**, 381 (1968)
457. NICOLSON, G., SINGER, S. J.: Proc. Natl. Acad. Sci. (US) **68**, 942 (1971)
458. NORRBY, R., LYCKE, E.: J. Bact. **93**, 53 (1907)

459. O'BRIEN, J.S., SAMPSON, E.L.: J. Lipid. Res. **6**, 537 (1965)
460. OGAWA, F., MCCONNELL, H. M.: Proc. Natl. Acad. Sci (US) **58**, 19 (1967)
461. OHTA, N., PARDEE, A. B., MCAUSLAN, B. R., Burger, M. M.: Biochim. Biophys, Acta **158**, 98 (1968)

462. OKADA, Y.: Exp. Cell Res. **26**, 98 (1962)
463. OKADA, Y.: In: ARBER, W. (Edt.), Current topics in microbiology and immunology. S. 102. Berlin-Heidelberg-New York: Springer 1969
464. OKADA, Y., MURAYAMA, F.: Exp. Cell Res. **44**, 527 (1966)
465. OKADA, Y., MURAYAMA, F., JAMADA, K.: Virology **28**, 115 (1966)
466. OKADA, Y., TADOKORO, J.: Exp. Cell Res. **26**, 108 (1962)
467. OKADA, Y., TADOKORO, J.: Exp. Cell. Res. **32**, 417 (1963)
468. OLD, L. J., BOYSE, E. A.: Ann. Rev. Med. **15**, 167 (1964)
469. OLD, L. J., STOCKERT, E., BOYSE, E. A., KOM, J.: J. Exp. Med. **127**, 523 (1968)
470. O'NEILL, C. O.: J. Cell Sci. **3**, 405 (1968)
471. ORAM, J. D., ELLWOOD, D. C., APPLEYARD, G., STANLEY, J. L.: Nature. New Biology **233**, 51 (1971)
472. ORD, M. G., STOCKEN, L. A.: In: ERRERA, M., FORSSBER, A., Mechanism in radiobiology. S. 259. New York: Academic Press 1961
473. ORLOFF, J., BURG, M. D.: In: STANBURY, J. B., WYNGAARDEN, J. B., FREDRICKSON, D. S. (Edts.), The metabolic basis of inherited disease. 2nd Ed. S. 1247. New York: McGraw-Hill 1966
474. ORLOFF, J., HANDLER, J. S.: Am. J. Med. **42**, 757 (1967)
475. OVERMAN, R. R.: Am. J. Physiol. **152**, 113 (1948)
476. OVERTON, E.: Vierteljahrschrift. Naturforsch. Ges., Zürich **44**, 88 (1899)
477. OZANNE, B., SAMBROOK, J.: Nature. New Biology **232**, 156 (1971)
478. OZER, J. H., WALLACH, D. F. H.: Transplantation **5**, 652 (1967)

479. PACKER, D., DEAMER, D. W., HEATH, R. L.: Adv. Gerontol. Res. **2**, 77 (1967)
480. PALADE, G. E.: Anat. Rec. **114**, 427 (1952)
481. PALADE, G. E.: J. Histochem. Cytochem. **1**, 188 (1953)
482. PAPP, J. N., GAY, P. C., DODSON, V. N., POLLARD, H. M.: Annals Internal. Med. **71**, 119 (1969)
483. PARDEE, A. B., WATABANE, K.: J. Bacteriol. **96**, 1048 (1968)
484. PARPART, A. K., BALLENTINE, R.: In: BARRON, E. S. G. (Edt.), Modern trends in physiology and biochemistry. S. 135. New York: Academic Press 1952
485. PASSOW, H.: In: MANILOFF, J., COLEMAN, J. R., MILLER, M. W. (Edts.), Effects of metals on cells, subcellular elements and macromolecules. S. 291. Springfield: Charles C. Thomas 1971
486. PASSOW, H., ROTHSTEIN, A., CLARKSON, T. W.: Pharmacol. Rev. **13**, 185 (1961)
487. PENN, R. D.: J. Cell Biol. **29**, 171 (1966)
488. PERLMAN, P., HOLM, G.: Adv. Immunol. **11**, 117 (1969)
489. PERUTZ, M. F., KENDREW, J. D., WATSON, H. C.: J. Molec. Biol. **13**, 669 (1965)
490. PETHICA, B. A.: Exp. Cell Res., Suppl. **8**, 123 (1968)
491. PFLEGER, R. C., ANDERSON, N. G., SNYDER, F.: Biochemistry **7**, 2826 (1968)
492. PHILIPSON, L., LONBERG-HOLM, K., PETERSON, U.: J. Virol. **2**, 1064 (1968)
493. PHILLIPS, D. R., MORRISON, M.: Biochim. Biophys. Res. Commun. **40**, 284 (1970)
494. PHILLIPS, D. R., MORRISON, M.: Biochemistry **10**, 1766 (1971)
495. PHILPOT, J. St. L.: Radiat. Res. Suppl. **3**, 55 (1963)
496. POHL, S. L., BIRNBAUMER, L., RODBELL, M.: Science **164**, 566 (1969)
497. POLITZER, I. R., GRIFFITH, G. W., LASETEER, J. L.: Chemicobiol. Interact. **3**, 73 (1971)
498. PONDER, E.: Compt. Rend. Soc. Biol. **145**, 1665 (1951)
499. POOLE, A. R., HOWELL, J. I., LUCY, J. A.: Nature **227**, 810 (1970)
500. PORTER, K. R.: J. Exp. Med. **97**, 727 (1953)
501. PORTER, K. R., CLAUDE, A., FULHAM, E. F.: J. Exp. Med. **81**, 233 (1945)

502. PORTER, R., O'CONNOR, M. (Edts.), Molecular properties of drug receptors. London: Churchill 1970
503. POSTE, G.: Adv. Virus Res. **16**, 303 (1970)
504. POTTER, D. D., FURSHPAN, E. I., LENNOX, E. J.: Proc. Natl. Acad. Sci. (US) **55**, 328 (1966)
505. POULIK, M. D., BRON, C.: In: JAMIESON, G. A., GREENWALT, T. J., Red cell membrane. S. 131. Philadelphia: Lippincott 1970
506. POWELL, A. E., LEON, N. A.: Exp. Cell Res. **62**, 315 1970)
507. POWER, J. C., PETICOLAS, W. L.: Biopolymers **9**, 195 (1970)
508. PRINGSHEIM, E.: Circulation **26**, 987 (1854)
509. PURDOM, L., AMBROSE, E. J., KLEIN, G. E.: Nature **181**, 1586 (1958)
510. PURDUE, J. F., SNEIDER, J.: Biochim. Biophys. Acta **196**, 125 (1970)

511. RAMA-RAO, R., SIRSI, M. J.: Indian Inst. Sci. **40**, 23 (1958)
512. RAND, R. P.: J. Genl. Physiol. **52**, 1735 (1968)
513. RAND, R. P., BURTON, A. C.: Biophys. J. **4**, 191 (1964)
514. RAND, R. P., BURTON, A. C.: Biophys. J. **4**, 291 (1964)
515. RAND, R. P., LUZATTI, V.: Biophys. J. **8**, 125 (1968)
516. RAO, K. N., SUBRAHMANYAM, D., PAKRASH, S.: Exp. Parasitol. **22**, 22 (1970)
517. RATCLIFFE, N. A., WILLIAMS, A. E., SMITH, H.: J. Nat. Cancer Inst. **46**, 243 (1971)
518. RAY, T. K., SKIPSKI, V. P., BARCLAY, V. P., ESSNER, E., ARCHIBALD, F. M.: J. Biol. Chem. **244**, 5528 (1969)
519. REED, C. F., SWISCHE, S. N.: J. Clin. Invest. **45**, 77 (1966)
520. REGA, A. F., ROTHSTEIN, A., WEED, R. I.: J. Cell Physiol. **70**, 45 (1967)
521. REGA, A. F., WEED, R. I., REED, C. F., BERG, G. G., ROTHSTEIN, A.: Biochim. Biophys. Acta **147**, 297 (1967)
522. REISFELD, R. A., KAHAN, B. D.: Adv. Immunol. **12**, 117 (1970)
523. REISFELD, R. A., KAHAN, B. D.: Fed. Proc. **29**, 2034 (1970)
524. REPALOCHI, M. H., WOODWICK, C. P., NEWMAN, D. L., TAYLOR, K. W.: Phys. Med. Biol. **16**, 221 (1971)
525. RESCH, K., IMM, W., FERBER, E., FISCHER, H., WALLACH, D. F. H.: Naturwissensch. **58**, 220 (1971)
526. ROBERTSON, A., LANDS, W. E. M.: J. Lipid Res. **5**, 88 (1964)
527. ROBERTSON, H. T., BLACK, P. H.: Proc. Soc. Exp. Biol. Med. **130**, 363 (1969)
528. ROBERTSON, J. D.: Biochem. Soc. Symp. **16**, 3 (1959)
529. ROBINSON, C.: Tetrahedron **13**, 219 (1961)
530. ROBINSON, G. A., BUTCHER, R. W.: In: Cyclic AMP. New York: Academic Press 1971
531. ROBINSON, G. A., NAHAS, G. G., TRINER, L., SUTHERLAND, E. (Edts.), Cyclic AMP and Cell function. Ann. N. Y. Acad. Sci. **185**, 5 (1971)
532. RODBELL, M.: J. Biol. Chem. **239**, 375 (1964)
533. RODBELL, M., BIRNBAUMER, L., POHL, S. L., SUNBY, F.: Proc. Natl. Acad. Sci. (US) **68**, 909 (1971)
534. ROELOFSON, B., DE GIER, J., VAN DEENEN, L. L. M.: J. Cell. Comp. Physiol. **63**, 233 (1964)
535. ROIZMAN, B., SPRING, S. B.: In: TRETIN, J. F. (Edt.), Cross reacting antigens. S. 122. Baltimore: Williams and Wilkins 1967
536. ROMEO, D., HINCKLEY, A., ROTHFIELD, L.: J. Molec. Biol. **53**, 291 (1970)
537. ROSENBERG, M. D.: J. Cell Biol. **17**, 289 (1963)
538. ROSENBERG, P., CONDREA, E.: Biochem. Pharmacol. **17**, 2033 (1968)

539. ROSENBERG, S. A., GUIDOTTI, G.: In: JAMIESON, G. A., GREENWALT, T. J., Red cell membrane. S. 93. Philadelphia: Lippincott 1969
540. ROTHFIELD, L., FINKELSTEIN, A.: Ann. Rev. Biochem. 37, 463 (1968)
541. ROTHSTEIN, A.: In: MANILOFF, J., COLEMAN, J. R., MILLER, M. W. (Edts.), Effects of metals on cells, subcellular elements and macromolecules. S. 365. Springfield: C. C. Thomas 1971
542. RYSCHOW, D.: Pflüg. Arch. ges. Physiol. 116, 229 (1907)
543. SACHS, L., MEDINA, D.: Nature 189, 457 (1961)
544. SANDERSON, A. R., CRESSWELL, P., WELSH, K. I.: Transplantation Proc. III, 220 (1971)
545. SANFORD, B.: Transplantation 5, 1273 (1967)
546. SATO, G. H., YASAMURA, Y.: Trans. N. Y. Acad. Sci. 28, 1063 (1966)
547. SCHLESINGER, R. M., GOTTESFELD, M.: Transplantation Proc. III, 1151 (1971)
548. SCHMIDT-ULLRICH, R., KNÜFERMANN, H., FISCHER, H., WALLACH, D. F. H.: In: GERLACH, E., MOSER, K., WILMANNS, W., DEUTSCH, E. (Edts.), Erythoxytes, Thrombocytes and Leucocytes. Stuttgart: Thieme Verlag 1972
548a. SCHMIDT-ULLRICH, R., KNÜFERMANN, H., FERBER, E., FISCHER, H., WALLACH, D. F. H.: Biochim. Biophys. Acta 307, 353 (1973)
549. SCHMITT, F. O.: Cold Spring Harbor Sympos. Vol. 4. S. 7. New York: Long Island Biol. Assoc. L. I. 1936
550. SCHMITT, F. O.: In: WALLACH, D. F. H., FISCHER, H. (Edts.), The dynamic structure of cell membranes. S. 5. Berlin-Heidelberg-New York: Springer 1972
551. SCHMITT, F. O., BEAR, R. S., PALMER, K. J.: J. Cell. Comp. Physiol. 18, 31 (1941)
552. SCHMITT, F. O., BEAR, R. S., PONDER, E.: J. Cell. Comp. Physiol. 9, 89 (1936)
553. SCHMITT, W. J.: Z. Zellforsch. 23, 261 (1936)
554. SCHMITT, W. J.: Die Doppelbrechung von Karyoplasma, Zytoplasma und Metaplasma. Berlin: Gebrüder Bornträger 1937
555. SCHNEIDER, A. S., SCHNEIDER, M. J., ROSENHECK, K.: Proc. Natl. Acad. Sci. (US) 66, 613 (1969)
556. SCHUBERT, J., SANDERS, E. B.: Nature, New Biology 233, 199 (1971)
557. SCHULZ, I.: J. Clin. Invest. 48, 1470 (1969)
558. SCHUMAKER, V. N., ROSENBLOOM, J.: Biochemistry 6, 1149 (1967)
559. SCRIVER, C. R.: J. Clin. Invest. 47, 823 (1968)
560. SELA, B.-A., LIS, H., SHARON, N., SACHS, L.: J. Membrane Biol. 3, 267 (1970)
561. SELDIN, D. S., WILSON, J. D.: In: STANBURY, J. B., WYNGAARDEN, J. B., FREDRICKSON, D. S., The metabolic basis of inherited disease. S. 1231. New York: McGraw-Hill 1966
562. SELLIN, D., WALLACH, D. F. H., FISCHER, H.: Abstract in 3. Tagung der Gesellschaft für Immunologie, Marburg 1971
563. SELLIN, D., WALLACH, D. F. H., FISCHER, H.: Europ. J. Immunol. 1, 453 (1971)
564. SEYMOUR, R., DAWSON, K. B.: Intern. J. Radiat. Biol. 12, 1 (1967)
565. SHA'AFI, R. I., LIEB, W. R.: J. Gen. Physiol. 50, 1751 (1967)
566. SHAPIRO, A. L., VINUELA, E., MAIZEL, J.: Biochem. Biophys. Res. Commun. 28, 815 (1967)
567. SHAPIRO, B., KOLLMANN, G.: Radiat. Res. 34, 335 (1968)
568. SHAPIRO, B., KOLLMANN, G., ASHEN, J.: Radiat. Res. 27, 139 (1966)
569. SHAPIRO, B., KOLLMANN, G., MARTIN, D.: J. Cell Physiol. 75, 281 (1970)
570. SHARP, G. W., LEAF, A.: Physiol. Rev. 46, 593 (1965)
571. SHEPPARD, C. W.: Proc. Soc. Exptl. Biol. Med. 90, 3922 (1955)
572. SHEPPARD, C. W., STEWARD, M.: J. Cell. Comp. Physiol. 2, 188 (1952)
573. SHERIDAN, J. D.: J. Cell Biol. 47, 189 (1970)

574. SHERMAN, I.: Parasit. **52**, 17 (1966)
575. SHERMAN, I., VIKAR, R. A., RUBLE, J. A.: Comp. Biochem. Physiol. **23**, 43 (1967)
576. SHIMADA, A., NATHENSON, S. G.: Biochemistry **8**, 4048 (1969)
577. SHIMADA, A., YAMANE, K., NATHENSON, S. G.: Proc. Natl. Acad. Sci. (US) **65**, 691 (1970)
578. SHIMIDIZU, H., CREVELING, C. D., DALEYS, C. R.: Mol. Pharmacol. **6**, 184 (1970)
579. SHOMAN, J., INBAR, M., SACHS, L.: Nature **227**, 1244 (1970)
580. SIMILI, G.: Radiation Research. Amsterdam: North Holland Publ. Co. 1967
581. DA SILVA, P. P., DOUGLAS, S. D., BRANTON, D.: Nature **232**, 194 (1971)
582. SIMMONS, T., MANSON, L. A.: Transplantation Proc. **III**, 253 (1971)
583. SIMON-REUSS, I., COOK, G. M. W., SEAMAN, G. V. F., HEARD, D. H.: Cancer Res. **24**, 2038 (1964)
584. SIMPSON, L. L., MARIMOTO, H.: J. Bact. **97**, 571 (1969)
585. SINGER, S. J.: Adv. Protein. Cem. **17**, 1 (1962)
586. SISKIND, G. W., BENACERRAF, B.: Adv. Immunol. **10**, 1 (1969)
587. SJÖGREN, H. O.: Progr. Exp. Tumor Res. **6**, 289 (1965)
588. SJÖGREN, H. O., HELLSTRÖM, K. E., KLEIN, G.: Cancer Res. **21**, 329 (1961)
589. SJOESTRAND, F. S.: J. Appl. Physiol. **19**, 1188 (1948)
590. SJOESTRAND, F. S.: Nature **171**, 30 (1953)
591. SJOESTRAND, F. S.: Ultrastruct. Res. **9**, 561 (1963)
592. SJOESTRAND, F. S.: In: TRIA, E., SCANU, A. M. (Edts.), Structural and functional aspects of lipoproteins in living systems. S. 79. New York: Academic Press 1969
593. SNELL, F., WOLKEN, J., IVERSON, G., LAM, J. (Edts.): Physical principles of biological membranes. New York: Gordon and Breach 1970
594. SNELL, G. D.: Transplantation Proc. **III**, 1113 (1971)
595. SONNENBERG, M.: Biochim. Biophys. Res. Commun. **36**, 450 (1969)
596. SONNENBERG, M.: Proc. Natl. Acad. Sci. (US) **68**, 1051 (1971)
597. SPETH, V., WALLACH, D. F. H., WEIDEKAMM, E., KNÜFERMANN, H.: Biochim. Biophys. Acta **255**, 386 (1972)
598. STECK, T. L., WALLACH, D. F. H.: In: BUSCH, H. (Edt.), Methods in cancer research. Vol. V. S. 92. New York: Academic Press 1970
599. STECK, T. L., FAIRBANKS, G., WALLACH, D. F. H.: Biochemistry **10**, 2617 (1971)
600. STECK, T. L., STRAUS, J. H., WALLACH, D. F. H.: Biochim. Biophys. Acta **203**, 385 (1970)
601. STECK, T. L., FOX, C. F.: In: FOX, C. F., KEITH, A. D. (Edts.), Membrane molecular Biology. S. 27. Stamford: Sinauer Ass. Inc. Publ. 1972
602. STEIM, J. M., REINERT, J. C., TOURTELOTTE, M. E., MCELHANEY, M. E., RADER, R. L.: Proc. Nat. Acad. Sci. (US) **63**, 109 (1969)
603. STEIN, W. D.: In: The movement of molecules across cell membranes. New York: Academic Press 1967
604. STEPLEWSKY, Z., KOPROWSKI, H.: In: BUSCH, H. (Edt.), Methods in cancer research. Vol. V. S. 155. New York: Academic Press 1970
605. STEVENS, B. J., ANDRE, J.: In: LIMA-DE FERIA, A. (Edt.), Handbook of molecular cytology. S. 837. Amsterdam: North Holland Publishing Co. 1969
606. STEVENS, L., TOWNEND, R., TIMASHEFT, S., FASMAN, G. D., POTTER, J.: Biochemistry **7**, 1717 (1968)
607. STEVENICK, J. VAN, WEED, R. I., ROTHSTEIN, A.: J. Gen. Physiol. **48**, 617 (1965)
608. STEWARD, A. D., STEWARD, J.: Am. J. Physiol. **217**, 1191 (1969)
609. STOECKENIUS, W.: J. Biophys. Biochem. Cytol. **16**, 3 (1959)
610. STOECKENIUS, W., ENGELMAN, D. M.: J. Cell Biol. **42**, 613 (1969)

611. STOKER, M.: In: Current topics in developmental biology. Vol. 2. S. 108. New York: Academic Press 1967
612. STOKER, M.: J. Cell Sci. **2**, 293 (1967)
613. STOKER, M.: Virology **24**, 165 1964)
614. STOKER, M., SHEARER, M., O'NEILL, C.: J. Cell Sci. **1**, 297 (1966)
615. STONE, T. J., BUCKMAN, T., NORDIO, B. L., MCCONNELL, H. M.: Proc. Natl. Acad. Sci. (US) **54**, 1010 (1965)
616. STONE, W. H., IRWIN, M. R.: Adv. Immunol. **3**, 315 (1963)
617. STRAUS, J. H., GORDON, A. S., WALLACH, D. F. H.: Europ. J. Biochem. **11**, 201 (1969)
618. STREET, J. M., REDDY, W. J.: Analyt. Biochem. **21**, 416 (1967)
619. STREFFER, C., Strahlenbiochemie. Berlin-Heidelberg-New York: Springer 1969
620. STRYER, L.: Science **162**, 526 (1968)
621. SUBAK-SHARPE, H.: Exp. Cell Res. **38**, 106 (1965)
622. SUTHERLAND, E. W., RALL, T. W., MENON, T.: J. Biol. Chem. **237**, 1220 (1962)
623. SUTHERLAND, R. M., PHIL, A.: Radiat. Res. **34**, 300 (1968)
624. SUTHERLAND, R. M., STANNARD, J. N., WEED, R. I.: Intern. J. Radiat. Biol. **12**, 551 (1967)
625. SYLVEN, B., BOIS, I.: Cancer Res. **20**, 831 (1960)
626. SYLVEN, B.: In: BRENNAN, M. J., SIMPSON, W. L.: Biological interactions of normal and neoplastic growth. S. 635. Boston: Little, Brown & Co. 1962
627. SYLVEN, B., MALMGREN, H.: Exp. Cell Res. **8**, 575 (1955)
628. SYLVEN, B., MALMGREN, H.: Acta Radiol. Suppl. **154**, 1 (1957)
629. SYLVEN, B., OTTOSON, R., REVESZ, L.: Brit. J. Cancer. **13**, 551 (1959)

630. TAKEUCHI, M., TERAYAMA, H.: Exp. Cell Res. **40**, 32 (1965)
631. TASAKI, I., CARNAY, L., SANDLIN, R.: Science **163**, 683 (1969)
632. TASAKI, I., CARNAY, L., WATANABE, A.: Proc. Natl. Acad. Sci. (US) **64**, 1362 (1969)
633. TASAKI, I., TAKENAKA, T.: Proc. Natl. Acad. Sci. (US) **52**, 84 (1964)
634. TASAKI, I., WATANABE, A., SANDLIN, R., CARNAY, L.: Proc. Natl. Acad. Sci. (US) **61**, 883 (1968)
635. TASAKI, I., WATANABE, A., TAKENAKA, T.: Proc. Natl. Acad. Sci. (US) **48**, 1177 (1962)
636. TAKENAKA, T., YAMAGASHI, S.: J. Gen. Physiol. **53**, 81 (1969)
637. TAYLOR, R. B., DUFFHUS, P. H., RAFF, M. C., DE PETRIS, S.: Nature. New Biology **233**, 225 (1971)
638. TEMIN, H. M., RUBIN, H.: Virology **6**, 669 (1958)
639. TEVETHIA, S. S., DIAMONDOPOULOS, G.-T., RAPP, F., ENDERS, J. F.: J. Immunol. **101**, 1192 (1968)
640. THOMAS, D. B., WINZLER, R. J.: J. Biol. Chem. **244**, 5943 (1969)
641. THOMAS, L.: In: LAWRENCE, H. S. (Edt.), Cellular and humoral aspects of the hypersensitive state. S. 529. London: Cassell 1959
642. THOMPSON, D. M., KNIPEY, J., FREIDMAN, S. O.: Proc. Natl. Acad. Sci. (US) **64**, 161 (1969)
643. TIEN, H. T., DANA, A. L.: Chem. Phys. Lipids **2**, 55 (1968)
644. TIFFANY, J. M., BLOUGH, H. A.: Science **163**, 573 (1969)
645. TING, C.-C., HEBERMAN, J.: J. Natl. Cancer Inst. **44**, 729 (1971)
646. TING, T. P., ZIRKLE, R. E.: J. Cell. Comp. Physiol. **16**, 197 (1940)
647. THOMPSON, T. E.: In: LOCKE, R. (Edt.), Cellular membranes in development. S. 83. New York: Academic Press 1964
648. TOBIAS, J. M.: J. Gen. Physiol. **43**, 575 (1960)

649. Todaro, G., Lazar, G., Green, H.: J. Cell. Comp. Physiol. **66**, 325 (1966)
650. Tompkins, G. M., Sheppard, H., Chaikoff, I. L.: J. Biol. Chem. **201**, 137 (1953)
651. Toro-Goyco, E., Rodriquez, A., del Castillo, J.: J. Biochim. Biophys. Cytol. **23**, 344 (1966)
652. Tosteson, D. C.: Fed. Proc. **22**, 19 (1963)
653. Tosteson, D. C., Carson, E., Dunham, E. T.: J. Gen. Physiol. **39**, 31 (1955)
654. Tosteson, D. C., Cook, P., Blount, R.: J. Gen. Physiol. **48**, 1125 (1965)
655. Tosteson, D. C., Hoffmann, J. F.: J. Gen. Physiol. **44**, 169 (1960)
656. Trager, W.: In: Brachet, J., Mirsky, A. (Edts.). The Cell. Vol. IV. S. 383. New York: Academic Press 1960
657. Truthaupt, R.: J. Occup. Med. **2**, 334 (1960)
658. Tsukagoshi, N., Fox, C. F.: Biochemistry **10**, 3309 (1971)
659. Tucker, E.: Biol. Rev. Cambr. Philosoph. Soc. **46**, 341 (1971)

660. Ullrich, O.: Pflüg. Arch. Ges. Physiol. **234**, 42 (1934)
661. Ulmer, D. D.: In: Maniloff, J., Coleman, J. R., Miller, M. W. (Edts.), Effects of metals on cells, subcellular elements and macromolecules. S. 19. Springfield: C. Thomas 1970
662. Urry, D. W., Spectroscopic approaches to biomolecular conformation. S. 33. Chicago: Am. Med. Assn. Press 1970
663. Urry, D. W., Krivacic, J.: Proc. Natl. Acad. Sci. (US) **65**, 854 (1970)
664. Urry, D. W., Masotti, L., Krivacic, J.: Biochim. Biophys. Res. Commun. **41**, 521 (1970)

665. Vassar, P. S.: Lab. Invest. **12**, 1072 (1963)
666. Vaughn, M., Peirce, N., Kimbrough, W. B.: Nature **226**, 658 (1970)
667. Vigliocco, A. M., Rega, A. F., Garrahan, P. J.: J. Cell Physiol. **75**, 293 (1971)
668. Vinograd, J.: Meth. in Enzymology **6**, 854 (1963)
669. Vinograd, J., Hearst, J. E.: Fortschr. Chem. Organ. Naturst. **20**, 373 (1962)
670. Vogel, M., Sachs, L.: Exp. Cell. Res. **34**, 448 (1964)
671. Vogt, M., Dulbecco, R.: Proc. Natl. Acad. Sci. (US) **46**, 365 (1960)
672. Vogt, P. K., Sarma, P. S., Huebner, R.: Virology **27**, 233 (1965)

673. Waggoner, A. S., Griffith, O. H., Christiensen, C. R.: Proc. Natl. Acad. Sci. (US) **57**, 1198 (1967)
674. Wallach, D. F. H.: Proc. Natl. Acad. Sci. (US) **61**, 868 (1968)
675. Wallach, D. F. H.: Anal. Biochem. **37**, 138 (1970)
676. Wallach, D. F. H.: In: Wallach, D. F. H, Fischer, H. (Edts.), The dynamic structure of cell membranes. S. 181. Berlin-Heidelberg-New York: Springer 1972
677. Wallach, D. F. H.: Biochim. Biophys. Acta, Rev. Biomembr. **265**, 61 (1972)
678. Wallach, D. F. H., Bertland, A. E., Lowe, O.: Proc. Natl. Acad. Sci. (US) (1972) (in press)
679. Wallach, D. F. H.: In: Davis, B., Warren, L. (Edts.), Specificity of cell surfaces. S. 129. Englewood Cliff: Prentice Hall 1967
680. Wallach, D. F. H., Ferber, E., Sellin, D., Weidekamm, E.: Biochim. Biophys. Acta **203**, 67 (1970)
681. Wallach, D. F. H., Fischer, H.: The dynamic structure of cell membranes. Berlin-Heidelberg-New York: Springer 1972
682. Wallach, D. F. H., Gordon, A. S.: In: Järnefelt, J. (Edt.), Regulatory functions of biological membranes. S. 87. Amsterdam: Elsevier 1968

683. WALLACH, D. F. H., GRAHAM, J. M.: In: AZZONE, G. F., SILIPRANDI, N. (Edts.), International Symposium on the biochemistry and biophysics of mitochondrial membranes. New York: Academic Press 1972 (im Druck)
684. WALLACH, D. F. H., GRAHAM, J. M., FERNBACH, B. R.: Arch. Biochem. Biophys. **131**, 322 (1969)
685. WALLACH, D. F. H., KAMAT, V. B.: Proc. Natl. Acad. Sci. (US) **52**, 721 (1964)
686. WALLACH, D. F. H., KAMAT, V. B.: J. Cell. Biol. **30**, 660 (1966)
687. WALLACH, D. F. H., KAMAT, V. B., GALL, M. H.: J. Cell Biol. **30**, 601 (1966)
688. WALLACH, D. F. H., KRANZ, B., FERBER, E., FISCHER, H.: FEBS Letters **21**, 29 (1972)
689. WALLACH, D. F. H., VLAHONIC, V.: Nature **216**, 182 (1967)
690. WALLACH, D. F. H., ZAHLER, H. P.: Proc. Natl. Acad. Sci. (US) **56**, 1552 (1966)
691. WARREN, L., GLICK, M. C.: J. Cell Biol. **37**, 729 (1968)
692. WARREN, L., GLICK, M. C.: In: MANSON, L. A. (Edt.), Biological properties of the mammalian surface membrane. S. 3. Philadelphia: Wistar Institute Press 1968
693. WARREN, L., GLICK, M. C., NASS, M. K.: J. Cell. Physiol. **68**, 269 (1966)
694. WARREN, L., GLICK, M. C., NASS, M. K.: In: DAVIS, B. D., WARREN, L. (Edts.), The specifity of cell surfaces. S. 109. Englewood Cliffs: Prentice Hall 1967
695. WATKINS, W. M.: In: BISHOP, C., SURGENOR, C. M. (Edts.), The red blood cell. S. 354. New York: Academic Press 1964
696. WATKINS, W. M.: Science **152**, 172 (1966)
697. WATLINGTON, T. O.: Biochim. Biophys. Acta **193**, 349 (1969)
698. WEAVER, R. A., BOYLE, W.: Biochim. Biophys. Acta **183**, 118 (1969)
699. WEBB, J. L.: In: Enzymes and metabolic inhibitors. Vol. 2. S. 734. New York: Academic Press 1966
700. WEBER, G., OSBORN, M.: J. Biol. Chem. **244**, 4406 (1969)
701. WEED, R. I., LA CELLE, P. L., MERILL, E. W.: J. Clin. Invest. **48**, 795 (1969)
702. WEIDEKAMM, E., WALLACH, D. F. H., FLÜCKINGER, R.: Analyt. Biochem. (1972) (im Druck)
703. WEIDEKAMM, E., WALLACH, D. F. H., FISCHER, H.: Biochim. Biophys. Acta **241**, 770 (1971)
704. WEINSTEIN, R. S., KOO, V. M.: Proc. Natl. Acad. Sci. (US) **125**, 353 (1968)
705. WEISS, L., MAYHEW, E.: J. Cell. Comp. Physiol. **68**, 345 (1966)
706. WEISS, P.: Proc. Natl. Acad. Sci. (US) **46**, 993 (1960)
707. WIDNELL, C., UNKELESS, J. C.: Proc. Natl. Acad. Sci. (US) **61**, 1050 (1968)
708. WIENER, F., KLEIN, G., HARRIS, H.: J. Cell Sci. **8**, 681 (1971)
709. WHITTAM, R.: Transport and diffusion in red blood cells. S. 24. London: E. Arnold 1964
710. WHITTAM, R., WHEELER, K. P.: Ann. Rev. Physiol. **32**, 21 (1970)
711. WHITTEMORE, N. B., TRABOLD, N. C., REED, C. F., WEED, R. J.: Vox Sang. **17**, 289 (1969)
712. WIDNELL, C. C., UNKELESS, J. C.: Proc. Natl. Acad. Sci. (US) **61**, 1050 (1968)
713. WIGZELL, H., ANDERSON, B.: Ann. Rev. Microbiol. **25**, 291 (1971)
714. WILKINS, M. H., BLAUROCK, A. E., ENGELMAN, D. M.: Nature. New Biology **230**, 72 (1971)
715. WILLIAMS, T. F., WINTERS, R. W., BURNET, C. H.: In: STANBURY, J. B., WYNGAARDEN, J. B., FREDRICKSON, D. S. (Edts.), The metabolic basis of inherited disease. 2nd Ed. New York: McGraw-Hill 1966
716. WILLS, E. D.: Intern. J. Radiat. Biol. **11**, 517 (1966)
717. WILLS, E. D.: Radiat. Res. **31**, 732 (1967)
718. WILLS, E. D., WILKINSON, A. E.: Int. J. Radiat. Biol. **13**, 45 (1967)

719. WINZLER, R. J.: In: JAMIESON, G. A., GREENWALT, T. J. (Edts.), Red cell membrane. S. 157. Philadelphia: J. B. Lippincott 1969
720. WINZLER, R. J.: Intern. Rev. Cytol. **29**, 77 (1970)
721. WINZLER, R. J., WALLACH, D. F. H.: Biochemical and biophysical approaches to the study of biomembranes. Berlin-Heidelberg-New York: Springer Verlag 1972 (im Druck)
722. WOTKOR, T. J., KUWERT, E., KOPROWSKI, H.: J. Immunol **101**, 122 (1968)
723. WOLPERT, L., GINGELL, D.: Symp. Soc. Exp. Biol. **22**, 169 (1968)
724. WROBLEWSKI, F.: Ann. N. Y. Acad. Sci. **75**, 322 (1958)
725. WU, R.: Cancer Res. **75**, 1217 (1959)
726. WU, H., MEEZAN, E., BLACK, P. H., ROBBINS, R. W.: Fed. Proc. **27**, 814 (1968)
727. WU, R., RACKER, E.: Fed. Proc. **17**, 339 (1958)

728. YAMANE, K., NATHENSON, S. G.: Biochemistry **9**, 1336 (1970)
729. YARIV, J. J., KALB, A. J., KATCHALSKI, E., GOLDMAN, R., THOMAS, E.: FEBS Letters **5**, 173 (1969)
730. YGERTABIDE, J., STRYER, L.: Proc. Natl. Acad. Sci. (US) **68**, 1217 (1971)
731. YOGESAWARAN, G., WHERETT, J. R., CHATTERCHEE, S., MURRAY, R. K.: J. Biol. Chem. **245**, 6718 (1971)

732. ZAHLER, H. P.: Vox Sang. **15**, 81 (1968)
733. ZAHLER, H. P., WALLACH, D. F. H.: Biochim. Biophys. Acta **135**, 371 (1967)
734. ZAHLER, H.P., WALLACH, D.F.H., LÜSCHER, E.F.: In: PEETERS, H. (Edts.), Protides of the biological fluids. Vol. 16. S. 47. Amsterdam: Elsevier 1968
735. ZAHLER, H.P., WEIBL, E.R.: In: PEETERS, H. Vol. 16. Protides of the biological fluids. Vol. 16. S. 71. Amsterdam: Elsevier 1968
736. ZAJAC, I., CROWELL, R. L.: J. Bacteriol. **89**, 1097 (1965)
737. ZARLING, J. M., TREVETHIA, S.: Virology **45**, 313 (1971)
738. ZHDANOV, V. M., BURKINSKAYA, A. G.: Virologica **6**, 105 (1967)
739. ZICHA, B., BENES, J., DIENSTBIER, Z.: Experientia **22**, 712 (1966)
740. ZUCKERMAN, A.: Exp. Parasitol. **15**, 138 (1964)
741. ZWAAL, R. F. A., VAN DEENEN, L. L. M.: Biochim. Biophys. Acta **150**, 323 (1968)

Sachverzeichnis

Acholeplasmamembranen
— Röntgenstreuung 12, 118
— IR-Spektrum 74
Acyl-CoA-Synthetase 43
Adenosinmonophosphat, zyklisch 127, 128, 210
Adenylzyklase 126–128, 210
Agglutination
— Mitose 94, 91, 162
— Schwermetalle 179, 180
— Proteasen 94, 162–165
— Neoplasie 162–165, 94
„Affinity density perturbation" 28–30
Alkalische Phosphatase 37, 38
Aldosteron 128
Aminosäure-Sequenz
— Membranstruktur 13
D-Aminosäureoxidase 52, 54
Aminosäure-Zusammensetzung, Membran 41
Antigen, Blutgruppen s. Blutgruppensubstanzen
Antigen, FORSSMAN 96, 97, 161, 174
Antigen, Histokompatibilität 88–93
— Burnet Hypothese 85, 88
— Biochemie, HLA 92, 93
— Biochemie, H-Z 92, 93
— Zellfusion 100
— Genetik 14, 88, 89
— Jerne-Hypothese 85, 88, 89
— Membran-Verteilung, HLA 91
— Membran-Verteilung H-2 90, 96
— Membran-Verteilung TL 90, 95
— Differenzierung 14, 94–96
— Modulation 96
— Peptidfragmente 92, 93
— Quantifizierung 90
— Immunglobuline 85, 86, 97, 98
— Topologie 14, 33, 90, 91, 95, 96
— Thymus 85, 86, 88, 89
— Zucker 92
Antigen, „helper" 99, 100

Antigen, Plasmamembran
— absorbiert 86
— „kryptisch" 93, 94, 97, 162–165
— Glykolipide 93, 96, 97, 161, 162
— GROSS 86
— Paramecium 96
— Toleranz 88, 89
Antigen, Schafserythrozyten 85, 102–105
— K^+-Transport 85, 103–105
Antigen, Tumor 97–98
— Burnet-Hypothese 97
— Phylogenie 98
— „selbst" und „nicht selbst" 97, 98
Antigen, virusinduzierte Tumoren 98, 99, 160–165
Antigenverlust s. Neoplasie, Antigenverlust
Äquivalente Poren
— Konzept 10, 11
— Axon 10, 11
Assymmetrie s. Seitenungleichheit
Aszitesakarzinanzellen s. EHRLICH's Asziteskarzinomzellen, Plasmamembran
ATP-ase 38, 49, 71, 73
— Ionenfluß 102–104
— Speziesvariation 103
— Oberflächenantigen 103–105
— Enzym-„marker" 38, 43
ATP-Diphosphohydrolase 40
Aufschluß s. Plasmamembran-Aufschluß
Axon
— Permeabilität 10, 11
— Phospholipasen 64
— Proteasen 64
— Röntgenstreuung 114
— Poren 10, 11
— Fluoreszenz-„probes" 83
— Tetrodotoxin 10, 11
— ionisierende Strahlung 202, 203

Bernsteinsäuredehydrogenase 51, 52
Bindungsfunktion, Membran-Modell, CHANGEUX 132–134

Blei, Toxizität 182, 183
Blutgruppensubstanzen, Mensch 86–88
— Blutgruppe A 86, 87
— Blutgruppe B 86, 87
— Kohlenhydrate 87, 88
— Glykolipide 87, 88
— Glykoproteine 87, 88
— Blutgruppe H 87, 88
— Blutgruppe Lewis 87, 88
— Blutgruppe M, N 87, 88, 104
— Rhesusfaktor 87, 88
Blutgruppensubstanzen, Rind
— J-Glykolipide 86
Botulismus 210
Burkitt-Lymphom 86

Cholera 209
Choleragen 127, 209
Cholin-Dehydrogenase 51, 52
Concanavalin A 93, 162–165
Cystinurie 207
Cystische Fibrose 208
Cytochrom a 51
Cytochrom b 51
Cytochrom c 51, 52
Cytochrom-Oxidase 52, 54

DANIELLI-Modell s. „unit membrane"
Detergentien 60
Diabetes, insipidus 207
Dichtegradienten-Zentrifugation 23, 24
Dichte-„Labelling" 20
Differentialzentrifugation 23

EHRLICH's Asziteskarzinomzellen, Plasmamembran
— Lipide 15
— Proteine 15
— Enzym-„marker" 39
— Immunologische „marker" 33
— Aminosäure-Zusammensetzung 41
Eisen, Toxizität 178
Elektrische Eigenschaften, Plasmamembran
— Kapazität 10, 116
— Widerstand 9, 10, 116
— Oberflächenladung 47, 116, 157–160, 178–179, 205–206
— Impedanz 115

Elektronenmikroskopie
— Gefrierätzung 6–8, 115
— Schwermetall-Kontrastierung 4–6, 115
— molekulare Interpretation 4–8, 115, 116
— Lipid-Doppelschichten 4–6, 115, 116
— Proteine 4–6, 13
— Myelin 4–7
Elektronenspinresonanz 78–81
s. a. Spin-„labels"
Elektrophorese
— Zell 47, 116, 157, 158, 178, 179, 205, 206
— Plasmamembranproteine 61, 62, 108, 109
Endoplasmatisches Retikulum
— Entdeckung 2
— Lipide 15, 57
— Proteine 15, 57
— Eigenschaften 56
— Isolierung 56
— Enzym-„marker" 57
Enzyme, Plasmamembran 37–42
s. a. Membranfraktionierung, Enzym-„marker"
Enzym-„labelling" 70, 71
Embryonale Antigene s. Neoplasie, Antigene, embryonal
Erythrocyt, Plasmamembran
— Zusammensetzung 41, 107
— Hämoglobin 69, 70
— Perturbation 80, 81
— Röntgenstreuung 12
— IR-Spektren 73, 119, 136
— ESR-Spektren 80, 81
— NMR-Spektren 75, 119, 136
— Poren 10
— Fluoreszenz-„probes" 82–84
— Permeabilität 10, 102, 180–184
— Lichtbrechung 114
— apolares Lipidvolumen 116
— Wachstumshormon 135
— ATP-Hydrolyse 135
— Cirkulardichroismus 135
— Plasmodium 190, 192
— Lipide 106, 107, 192
— Proteine 108, 109
Erythrocyten, Schaf HK/LK
— Oberflächenantigene 85, 103–105
— Antikörper 103–105

Erythrocyten, Schaf HK/LK
— Transport 103, 104
— Ouabain 104, 105
— Proteasen 104

Fanconi-Syndrom 208
Festkörper-Zustand 58, 69
Fluoreszenz-„probes" 82−84
— Konzept 82, 83
— ANS, Electrophorus electricus, Elektrisches Organ 84
— ANS, Plasmamembranen 82, 83
— ANS, Aktionspotential 83
Forssman-Antigen s. Antigen, Forssman
Fraktionierung s. Membran-Fraktionierung

Glutamatdehydrogenase 49, 54
Glukagon 129
Glukose-6-phosphatase 43, 49, 54, 57
β-Glukuronidase 54
Gefrierätz-Elektronenmikroskopie s. Elektronenmikroskopie, Gefrierätzung
Glykolipide 161, 162
Glykoproteine 63, 107, 108
α-Glycerophosphat-Dehydrogenase 51
Golgi-Apparat
— Entdeckung 2, 3
— Eigenschaften 54, 55
— Isolierung 54
— Zusammensetzung 54
— Enzym-„marker" 54
Gonadotropin 129
Gradientenmedien 24, 25, 40, 47
Gross-Antigen 86

Hämoglobin 184−188
— A_{Ic} 19
— Strukturänderung 125
— H-Kette 122
— Hämoglobin Köln 188
— Hämoglobin S 185−186
— Hämoglobin, instabile 186−187
— Membran-Nähe 69, 70
— Membran-SH-Gruppen 187, 188
— SH-Gruppen 187, 188
— Tertiärstruktur 11, 188
— Röntgenstreuung 5, 122
HeLa-Zellen
— Enzym-„marker" 37, 38

„Helper"-Antigen s. Antigen, „helper"
Histamin 127
Histokompatibilitätsantigene s. Antigen, Histokompatibilität
Homogenisierung s. Plasmamembran-Aufschluß
Hybridisierung, Zellfusion s. Zellfusion, Hybridisierung
— L-2-Hydroxysäure-Oxidase 53

Infrarot-Spektroskopie 72−74
— Membranlipide 73
— Membranproteine 72, 73, 119
— Stoffwechselabhängigkeit 73
— Prinzipien 72
Immunologie, Plasmamembran 167−177
  s. a. Plasmamembran-Immunologie
Immunglobuline
— M, Burkitt Lymphom 86
— Oberflächenimmunglobuline 18, 168−170
Iminoprolinurie 207
Insulin 137
Intrazellulare Membranen
— Endoplasmatisches Retikulum 2, 15, 56−57
— Golgi-Komplex 2, 3, 54−55
— Lysosomen 3, 53−54
— Mitochondrien 3, 15, 50−52, 118
— Peroxoisosomen 52, 53
Intrazelluläre Parasiten 189−193
— Membranzusammensetzung 192, 193
— Membrantransport 191, 192
— Passiver Eintritt 189, 190
— Plasmodium 190, 191
— Toxoplasma 191
Ionisierende Strahlungen 193−206
— Modellmembranen 199
— Axon-Leitung 202, 203
— Membranlipide 197, 198
— Membranpermeabilität 201, 202
— Membran-SH-Gruppen 194, 195, 203, 204
— Pleiotropische Membraneffekte 205, 206
— Membranproteine 196, 197
— Kohlenhydrate 199
— Transport 201, 202
— Wasser 193−195
— „Schwache" Bindungen 200
Ionophorese 138−141

Isopyknische Zentrifugation 24
Isozitratdehydrogenase 54

Jodierung
— Membranproteine 67, 68

Katalase 53, 54
Kernmembran 48–50
— Struktur 48
— Zusammensetzung 48, 49
— Isolierung 49
— Enzym-„marker" 49
— Lipide 49
Kohlehydrate
— Erythrocyt 41
— Membran-„marker" 35
Kontakthemmung
— Bewegung 155, 159
— Wachstum 155, 159
Kooperativität 13–17
  s. a. Membranmodelle, CHANGEUX
Koppelung, indirekte 126–128
Krebs
  s. Neoplasie
Kupfer, Toxizität 183

„Label"
— Definition 17, 18
  s. a. Plasmamembran, „label"
Leberzellen
— Lipide 15
— Membranproteine 15
— Kernmembran 49
— Lysosomen 53, 54
— Mitochondrien 54
— Peroxoisosomen 54
Leber-Galle-Grenze 36, 42–44
— Zusammensetzung 41
— Isolierung 42
— Enzym-„marker" 37–39, 43
Leitenzyme
— Plasmamembran 37–40
— Kernmembran 49
— Mitochondrien 52
— Lysosomen 54
— GOLGI-Apparat 55
— Peroxoisosomen 53
— Endoplasmatisches Retikulum 57
Leucin-Aminopeptidase 39, 43

Lipide
  s. a. Plasmamembran-Lipide
— IR-Spektren 73, 74
— NMR-Spektren 75, 76
— Röntgenstreuung 114, 12, 13
— Leberzellen 15
— EHRLICH's Asziteskarzinomzellen 15, 41
— Erythrozyten 15
— Intestinale Mikrovilli 15
— Endoplasmatisches Retikulum 15
— Mitochondrien 15, 50
— Myelin 44
— Kernmembran 49
— GOLGI-Apparat 54
— Bakterien 15
Lipid-Modellmembranen 4, 6, 12, 74, 114
  s. a. Modellmembranen, Lipide
Lipid-Protein-Wechselwirkung
— apolar 112, 113, 118–120
— ionisch 112, 113, 118–120
Liposomen 12, 173, 174, 146
Lichtbrechung s. Plasmamembran, Lichtbrechung
Lymphocyten, Oberflächenantigene
— — Differenzierung 14, 94–96
— — Verteilung 90, 91, 95–96
— — H-2 90, 96
— — HLA 91
— — Θ 90, 95
— — TL 90, 95
— — Plasmamembran-„marker" 38
Lyse s. Plasmamembran-Lyse
Lysosomen 53, 54
— Entdeckung 3
— Enzym-„marker" 43, 54
— Isolierung 53
— Eigenschaften 53

Magnetische Kernresonanz 75–81
— Anaesthetica 81
— Benzylalkohol 81
— Membranlipide 75, 76
— Membranproteine 75, 76
— Prinzip 75
Malignität s. Neoplasie
„marker"
— Definition 17, 18
  s. a. Membranfraktionierung
Metalle, Toxizität 177–184
— Eisen 178

Metalle, Toxizität
— Kupfer 183
— Blei 182, 183
— Quecksilber 180, 181
— Platin 184
— Oberflächenladung 178, 179
— Thallium 183
— Transport 180-184
— Uran 184
— Agglutination 179, 180
Mikrodissektion 30, 31
Mikrovilli
— Lipide 15
— Proteine 15
— Isolierung 45
— Elektronenmikroskopie 5
— Enzym-„marker" 37
Mitochondrien 50-52
— Entdeckung 3
— Lipide 15, 34, 50
— Proteine 15, 51
— Enzyme 51, 54
— Isolierung 51
— Enzym-„marker" 52
Modellmembranen 144-149
— Lipid-Doppelschichten 145
— Lipid-Protein-Systeme 148, 149
— Lipid-Vesikel 145-147
— Liposomen 147
— Monolayer 147
— Festkörper-System 148, 149
— Multischichten 148, 149
Monoamino-Oxidase 52
Mosaik-Struktur 13, 14, 113, 120, 121
Membran-Aufschluß s. Plasmamembranaufschluß
Membran-Fraktionierung 9, 23-30, 33-47
— „Affinity density perturbation" 28-30
— Zwei-Phasen-Trennung 27, 28
— Komponenten-Austausch 19
— Zusammensetzung, „marker" 34
— Koralente „Label", „marker" 20, 34
— Dichtegradienten-Zentrifugation 23, 24
— Dichte-„Labelling" 20
— Differentialzentrifugation 23
— Enzym-„marker" 33, 43, 49, 52-54
— Gradienten-Medien 24, 25, 40, 47
— Immunologische „marker" 33
— „Unsicherheitsprinzip" 58, 59

Membran-Fraktionierung
— Ionische „marker" 34
— Isopyknische Zentrifugation 24
— Große Fragmente 37, 40-46
— Membran-Heterogenität 35, 37
— Membran-Subeinheiten 28-30
— Mikrodissektion 30, 31
— Morphologische „marker" 32
— Osmotische Effekte 46, 47
— Kleine Fragmente 35, 37, 46
— Vesikulierung 35-37, 46
— Membran-Stabilisierung 45, 46
Membran „marker"
 s. „marker"
 s. Membranfraktionierung
Membran-Modell, CHANGEUX
— Alles-oder-Nichts-Antwort 130, 138, 140, 142
— Verstärkung 123, 134
— Neoplasie 151, 152
— Chemische Reizung 138-139
— Konformationsübergänge 16, 17, 130, 135, 136
— Kooperativität 13-17, 123, 126-144
— Elektrische Reizung 139, 140
— Ionophorese 138-141
— Instabilität 135, 142
— Gitter 124, 125
— Liganden-Bindung 123, 132-134
— Protomere 16, 17, 126, 129-137
— Zustandsfunktion 132-134
— Bindungsfunktion 132-134
— Oberflächen-Kodierung 143, 144
— Transport 140-142
Membran-Modell, indirekte Koppelung
— Adenylzyklase 126-128
— cAMP 127, 128
— Aldosteron 128
— Glukagon 129
— Gonadotropin 129
— Vasopressin 129
— Oxytocin 129
— Pleiotypische Mediatoren 128
— Phosphodiesterase 128
Membran-Modelle, strukturell
— Mizellares Modell 112, 113
— Überblick 111-113, 122
— „paucimolekulares" Modell 113-122
— SJÖSTRAND-Modell 113
— DANIELLI-Modell s. „unit membrane"

Membran-Modelle, strukturell
— WALLACH-ZAHLER-Modell 113, 120–122
— „unit membrane" s. dort
Membranporen s. Äquivalente Poren
Membranproteine s. Plasmamembran-Proteine
Membran-Solubilisierung 59–63
— Butanol 63
— 2-Chloräthanol 63
— Detergentien 60
— Ionenkonzentration 59, 60
— Pentanol 63
— Phenol 63
— Pyridin 63
Membranstruktur
— Lipide 119–122
— Proteine 119–122
— tangentiale Polarität 125
— transversale Polarität 20, 125
— Thermodynamik 121, 122
— strukturelle Homologie 120–122
Myelin
Entdeckung 2
Elektronenmikroskopie 4–7
Gefrierätzung 6, 7
Röntgenstreuung 2, 12, 114, 117, 118
Lipide 15, 44, 118
Proteine 15, 44, 118
Aminosäure-Zusammensetzung 41
Proteolipide 44
Lichtbrechung 114
Zusammensetzung 118
Myelinisierung, genetischer Defekt
— Cerebroside 109
— Lipid-Protein-Wechselwirkung 110
— Sulfatide 109

NADH-Cytochrom-c-Reduktase 49
NADH-Dehydrogenase 51, 52, 57
Neoplasie 150–167, 97–100
— Agglutination 162, 165
— Antigenverlust 165
— Antigen, embryonal 161
— Antigen, Transplantation nicht viral 97, 98, 160, 161
— Antigen, Transplantation virus induziert 98–100, 160, 161
— Burnet-Hypothese 98
— Glykolipide 161, 162
— Membran-„Undichtigkeit" 160

Neoplasie
— Membran-Morphologie 153, 154
— Kontakthemmung der Bewegung 155
— Kontakthemmung des Wachstums 155, 159
— Pleiotypische Antwort 128, 151–153
— Kooperativität 151, 152
— Sialinsäure 158, 159
— Transport, Aminosäuren 166
— Transport, Kohlenhydrate 166
— Demaskierung, Bezeptoren 162–165
— Viren, DNA 99
— Viren, RNA 100
— Zelladhäsion 154–155
— Zellelektrophorese 157, 158
— Zellkontakt 154
— Zell-Kopplung, elektrisch 155, 156
— Zell-Kopplung, morphologisch 156
Neuraminsäure s. Sialinsäure
Nexus 124, 156
NMR s. Magnetische Kernresonanz
Nukleotidase 38, 43

Oberflächen-Kodierung 143, 144
Oberflächenladung s. Plasmamembran, Oberflächenladung
Oberflächenorganisation
— cerebellare Zellen 109
— Lymphocyten 90, 91, 95, 96
— Differenzierung 109, 110
— Topologie 90, 91, 119, 117
Optische Aktivität 76, 77
— Membranproteine 76, 77, 119
— Helix-Konformation 76, 77, 119
— Interpretation 77
— Lichtstreuung 76
— Proteine, lösliche 77, 76
— Prinzip 76, 77
Oxytocin 129

Parasiten, intrazelluläre s. Intrazelluläre Parasiten
Permeabilität
   s. a. Metalle, Toxizität
— Filtereigenschaften 9, 114
— Lipophile Moleküle 9, 114
— Hydrophile Moleküle 9, 114
— Spezies-Unterschiede 102
— Erythrocyten 10, 102
— Ionisierende Strahlung 201, 202

Peroxoisosomen 52, 53
— Enzym-„marker" 53, 54
— Isolierung 52
Perturbation s. Plasmamembran-Perturbation
Phasentrennung 27, 28
Phosphatase
— saure 49, 54
— alkalische 37, 38
Phosphodiesterase 40, 128
Phospholipase C 118
Phospholipide s. Lipide
Phospholipid-Doppelschichten
— Elektronenmikroskopie 3, 114, 115
Physikalische Membraneigenschaften 10, 47, 116, 115
Phytagglutinine 93, 162 – 165
Plasmamembran
— Lichtbrechung 114, 116
— „marker" s. Membranfraktionierung
— Oberflächenladung 47, 116, 157 – 160, · 178, 179
— Membranporen 18, 19
— Oberflächenspannung 116
— Struktur s. Membranstruktur
— Solubilisierung s. Membran-Solubilisierung
— Modell s. Membranmodelle
— Fraktionierung s. Membranfraktionierung
— Glykolipide 107, 93, 96, 97
— Enzyme 37 – 40
— Entdeckung 2
— Elektronenmikroskopie 4 – 8, 13
— Gefrierätzung 6 – 8
— Poren 10
— Kooperativität 13 – 17
s. a. Membranmodell, CHANGEUX
Plasmamembran, Antigene s. Antigene, Plasmamembran
Plasmamembran-Aufschluß, physikalisch
— French press 22
— Gas-Dekompression 22
— Homogenisierung 21
— Beschallung 21
— Prinzipien 21
Plasmamembran-Aufschluß, chemisch 35
— enzymatisch 23
— ionisch 23, 41
— pH-Veränderung 23
— Detergentien 23

Plasmamembran, EHRLICH's Aszitenkarzinomzellen s. EHRLICH's Aszitenkarzinomzellen, Plasmamembran
Plasmamembran, elektrische Eigenschaften s. Elektrische Eigenschaften, Plasmamembran
Plasmamembran-Enzyme, „labelling"
— Photoaffinitäts-„label" 70
— Inhibitoren, radioaktiv 71
—. Substrate, radioaktiv 71
Plasmamembran, Erythrocyt s. Erythrocyt, Plasmamembran
Plasmamembran-Immunologie 167 – 177
— Antigene 88 – 93
— Antigen-Erkennung 168 – 170
— zellvermittelte Zytotoxizität 175 – 177
— Komplement 175 – 177
Plasmamembran-„label" 20, 65 – 71
— 4-Acetamido-4'-isothianostilben-2,2'-disulfonat 65
— bifunktionelle Reagentien 67 – 70
— Kohlenhydrate 67, 68
— Dausylchlorid 174
— Definition 17, 18
— enzymatisch 67, 68, 71
— Formyl-methionyl-sulfonphosphat 20, 66
— Photoaffinitäts-„labelling" 70
— Poly-D,L-alanyl-cystein 66
— makromolekulare SH-Reagentien 66
— permeable SH-Reagentien 66, 69, 180, 181, 204
— diazotierte Sulfanilsäure 65
Plasmamembran-Lipide 34, 44
— apolares Volumen 115 – 117
— Infrarot-Spektren 73, 74, 119
— Bindung 106
— magnetische Kernresonanz 82, 119
— 5'-Nukleotidase 39
Plasmamembran-Lyse
— Osmotische Lyse 102
— Saponin-Lyse 102
Plasmamembran-Perturbation
— Auaesthetica 81, 82
— Lipasen 64
— Proteasen 20, 63, 64
Plasmamembran-„probe" 17, 18, 78 – 84
— fluoreszierende „probes" 82 – 84
— paramagnetische „probes" 82
— Prinzip 77, 78
— Elektronenspin-Resonanz 78 – 81

Plasmamembran-„probe"
— Definition 17, 18
Plasmamembran-Proteine
— α-Helix 44, 63, 73, 77, 119, 125
— β-Struktur 73, 119
— chromatographische Trennung 60, 63
— elektrophoretische Trennung 61, 62, 108, 109
— „labelling" 20, 65–71
— Infrarot-Spektren 72–74, 119
— Optische Aktivität 76, 77, 119
— Röntgenspektren 12
— Aminosäuresequenz 15, 16
— Myelin 15
— Erythrocyt 15, 108, 109
Plasmamembran-Zusammensetzung 34, 41, 44, 108
— Aminosäuren 41
— Enzyme 43
— Lipide 34, 44
— Proteine 35, 108
Plasmodium 190, 191
Platin, Toxizität 184
Polyacrylamid-Gelelektrophorese 61, 108
 s. a. Plasmamembran-Proteine, Elektrophoretische Trennung
„probe", Definition 17, 18
 s. a. Plasmamembran-„probe"
Proteine, lösliche
— Elektronenmikroskopie 4–6, 13
— Röntgenstreuung 11, 12
— Gefrierätzung 5, 6
— Optische Aktivität 77, 76
Protomere 16, 17, 126, 129–137

Quecksilber, Toxizität 180, 181

Renale Acidurie 207
Rezeptor, kryptisch 93, 94, 97, 161, 162
Rachitis, Vit D-resistent 208
Röntgenstreuung
— Achdeplasma 12, 118
— Erythrocyten 12
— Liposomen 114
— Myelin 2, 12, 114, 117, 118
— Proteine 11, 12
— Hämoglobin 5, 122

Saure Phosphatase 49, 54
Sialinsäure
— Oberflächenantigene 94

Sialinsäure
— Neoplasie 157, 158
— Aggregation 161
— Membranfraktionierung 35
— Zell-Elektrophorese 157–158, 178, 179
— Virus-Rezeptoren 193
„Seitenungleichheit" s. a. Topologie
— ionische Manifestation 34
— labels 65–71
— Lipasen 64
— Proteasen 20, 63, 64
Solubilisierung 59–63
 s. Membran-Solubilisierung
Sphärozytose, heriditäre 209
Spin-„Label" 78–81
— Umgebung 79, 80
— Erythrocyten 80
— Wechselwirkungen 78, 79
— Perturbation 81
— Axon 80
— Orientierung 81
— Quantifizierung 81
Stabilisierung 45, 46
Strahlungen, ionisierende s. ionisierende Strahlungen
Subfraktionierung s. Membranfraktionierung, Membran-Subeinheiten
Succinatdehydrogenase 51, 52

Tetanus 211
Tetrodotoxin 11
Thallium, Toxizität 183
Topologie s. a. „Seitenungleichheit"
— Histokompatibilitätsantigene 14, 90, 96
— tangentiale 67, 68
— transversale 20, 65–71
Toxizität, Metalle s. Metalle, Toxizität
Toxoplasma 191
Transplantationsantigene s. Neoplasie, Antigen, Transplantation
Transport
— Kationen 11, 12
— Membran-Antigene 85
— HbS 186
— Spezies-Variation 102, 103
— Membran-Modell, CHANGEUX 140–142
— Ionisierende Strahlung 201, 202
Transportdefekte 206–211
— Aminosäuren 207

239

Transportdefekte
— Botulismus 210
— Neoplasie 166
— Cholera 209
— cystische Fibrose 208
— FANCONI-Syndrom 208
— Glukose 207
— Schwermetall-Toxizität 180–184
— Sphärozytose 209
— Phosphate 208
— Wasserstoffionen 207
— ionisierende Strahlungen 201, 202
— Wasser 207
— Tetanus 211
Triglycerid-Hydrolase 40
Tumor-Antigene s. Antigen, Tumor
s. Antigen, virusinduzierte Tumoren

„Unit membrane" 113–122
— Charakteristika 4, 113ff.
— Elektronenmikroskopie 4, 6, 115, 118
— Schwermetall-Kontrastierung 4–6, 118
— Lipide 4–6, 118
— Proteine 4–6, 119
„Unsicherheitsprinzip" 58, 59
Uran, Toxizität 184
Uratoxidase 54

Vasopressin 129
Vesikulierung 35–37, 46
Viren
— myxo 100
— rabies 101
— sendai 101
— Pocken 100

Virus-induzierte Tumoren
— DNA 98
— Friend 97
— Polyoma 97
— RNA 98
— ROUS 99
— SV_{40} 98

Wachstumshormon 135, 136
WALLACH-ZAHLER-Modell 113, 120–122

Zell-Aufschluß s. Plasmamembran-Aufschluß
Zell-Elektrophorese
— Schwermetalle 178, 179
— Neoplasie 157, 158
— Oberflächenladung 47, 116, 205, 206
Zellfusion 100–102
— Antigen-Umverteilung 101
— Heterokaryon 101
— Lysolezithin 100
— Makrophagen 101
— Neoplasie 156
— Melanozyten 101
— Rezeptoren 101
— Virus 100, 104
Zentrifugation 23–27
— isopyknische 24
— differential 23
— Gradienten 24–27
— Analyse
Zustandsfunktion, Membran-Modell, CHANGEUX 132–134
Zweiphasen-Trennung 27, 28
Zytoplasmatische Membranen s. Intrazelluläre Membranen s. Kernmembran

Springer-Verlag Berlin · Heidelberg · New York
München · Johannesburg · London · New Delhi · Paris
Rio de Janeiro · Sydney · Tokyo · Wien

Molecular Biology, Biochemistry and Biophysics
Editors: A. Kleinzeller, G. F. Springer, H. G. Wittmann

Volume 9
R. Grubb: The Genetic Markers of Human Immunoglobulins
8 figs. XII, 152 pages. 1970. Cloth DM 42,–; US $18.90
ISBN 3-540-05211-9

Volume 10
R. J. Lukens: Chemistry of Fungicidal Action
8 figs. XIII, 136 pages. 1971. Cloth DM 42,–; US $18.90
ISBN 3-540-05405-7

Volume 11
P. Reeves: The Bacteriocins
9 figs. XI, 142 pages. 1972. Cloth DM 48,–; US $21.60
ISBN 3-540-05735-8

Volume 12
T. Ando, M. Yamasaki, K. Suzuki: Protamines
Isolation, Characterization, Structure and Function
24 figs. Approx. 148 pages. 1973. Cloth DM 48,–; US $21.60
ISBN 3-540-06221-1

Volume 13
P. Jollès, A. Paraf: Chemical and Biological of Adjuvants
24 figs. Approx. 156 pages. 1973. Cloth DM 48,–; US $21.60
ISBN 3-540-06308-0

Volume 14
Micromethods in Molecular Biology
Editor: V. Neuhoff
Approx. 275 figs. (2 in color). Approx. 450 pages. 1973
Cloth DM 98,–; US $44.10
ISBN 3-540-06319-6

Prices are subject to change without notice

Distribution rights for U. K., Commonwealth, and the Traditional British Market (excluding Canada): Chapmann & Hall Ltd., London

 Springer-Verlag Berlin · Heidelberg · New York
München · Johannesburg · London · New Delhi · Paris
Rio de Janeiro · Sydney · Tokyo · Wien

Colloquien der Gesellschaft für Biologische Chemie
in Mosbach (Baden)

Biochemie des Sauerstoffs
19. Colloquium am 24. — 27. April 1968
Bearbeiter: B. Hess, H. Staudinger
188 Abb. VIII, 360 Seiten (283 Seiten in Englisch und 5 Seiten in
Französisch). 1968. DM 76,—; US $34.20   ISBN 3-540-04067-6

Inhibitors. Tools in Cell Research
20. Colloquium am 14. — 16. April 1969
Editors: Th. Bücher, H. Sies
150 figs. X, 415 pages. 1969. Cloth DM 54,—;. US $24.30
ISBN 3-540-04441-8

Mammalian Reproduction
21. Colloquium am 9. — 11. April 1970
Editors: H. Gibian, E. J. Plotz
255 figs. VI, 470 pages. 1970. Cloth DM 68,—; US $30.60
ISBN 3-540-05066-3

The Dynamic Structure of Cell Membranes
22. Colloquium am 15. — 17. April 1971
Editors: D. F. H. Wallach, H. Fischer
87 figs. IV, 253 pages. 1971. Cloth DM 48,—; US $21.60
ISBN 3-540-05669-6

Protein-Protein Interactions
23. Colloquium am 13. — 15. April 1972
Editors: R. Jaenicke, E. Helmreich
234 figs. VII, 464 pages. 1972. Cloth DM 78,—; US $35.10
ISBN 3-540-05992-X

Regulation of Transcription and Translation in Eucaryotes
24. Colloquium am 26. — 28. April 1973
Editor: E. Bautz
86 figs. Approx. 300 pages. 1973. In preparation
ISBN 3-540-06472-9

Preisänderungen vorbehalten.

If you have any concerns about our products,
you can contact us on
ProductSafety@springernature.com

In case Publisher is established outside the EU,
the EU authorized representative is:
**Springer Nature Customer Service Center GmbH
Europaplatz 3, 69115 Heidelberg, Germany**

Printed by Libri Plureos GmbH
in Hamburg, Germany